·全国CAD应用培训网络工程设计中心统编教材·

计算机绘图（初级）
——AutoCAD 2012版

李启炎　主编

郝泳涛
　　　　编著
李　旸

内容简介

本书重点介绍了 AutoCAD 2012 中文版在产品设计中的应用方法与技巧。全书共 11 章，分别介绍了 CAD 应用简介、软件基本概念、基本二维绘图工具、高级二维绘图工具、基本图形编辑工具、高级图形编辑工具、图层与实体属性、图块及外部参照、文字与表格、图形的尺寸标注、图纸空间和出图打印。全书阐说详实，图文并茂，语言简洁，思路清晰。众多知识点都配有案例讲解，使读者对知识点有更进一步的了解。

本书可作为 AutoCAD 的培训教材和院校学生的参考用书，也适合于 AutoCAD 绘图的初学者作自学使用，也可供有一定基础的设计人员作为参考之用。

图书在版编目（CIP）数据

计算机绘图：初级：AutoCAD 2012 版 / 李启炎主编；
郝泳涛，李旸编著 . -- 上海：同济大学出版社，2012.12（2020.8 重印）
ISBN 978-7-5608-5020-7

Ⅰ . ①计⋯ Ⅱ . ①李⋯ ②郝⋯ ③李⋯ Ⅲ . ① AutoCAD 软件 Ⅳ . ① TP391.72

中国版本图书馆 CIP 数据核字 (2012) 第 262981 号

计算机绘图（初级）——AutoCAD 2012 版

李启炎　主编
郝泳涛　李　旸　编著
责任编辑　姚烨铭　　责任校对　徐春莲　　封面设计　陈益平

出版发行	同济大学出版社　www.tongjipress.com.cn	
	（地址：上海市四平路1239号　邮编：200092　电话：021-65985622）	
经　销	全国各地新华书店	
印　刷	大丰科星印刷有限责任公司	
开　本	787mm×1092mm　1/16	
印　张	16.75	
字　数	418 000	
印　数	36401—39500	
版　次	2012年12月第1版　2020年8月第6次印刷	
书　号	ISBN 978-7-5608-5020-7	
定　价	43.00元	

本书若有印装质量问题，请向本社发行部调换　　版权所有　　侵权必究

把計祧机輔助設
計事业办得更好

甲申四月 韓啓德

普及计算机辅助设计 迎接人工智能新时代

宋健

前　言

　　计算机绘图是计算机辅助设计（CAD）的基础之一。设计人员通过创意构思，设计出新产品、新工程，需形成加工图或工程图才能付诸生产和施工。因此，计算机绘图是工程师和设计师从事 CAD 工作的必备技能。CAD 技术现在已经成为企业提高创新能力、提高产品开发能力、增强企业适应市场需求的竞争力的一项关键技术。大力推广应用 CAD 技术，开展全国性的"CAD 应用工程"是我国近十几年来重中之重的项目。未来 10~15 年内，企业信息化将是我国企业发展并为之追求的一个主题，而所有这一切都必须基于"人才先行"的基本方针。国家科技部和国家教育部在上海设立的"全国 CAD 应用培训网络工程设计中心"的主要任务之一就是大力推广普及 CAD 技术应用。该中心以同济大学为依托，已在全国范围内建立了近 250 个二级培训基地。每年培训超过 8 万人次以上的各类 CAD 技术人才。

　　为了更好地统一教学，提高教学质量，"全国 CAD 应用培训网络工程设计中心"统一制订了各科目的教学大纲并积极组织力量编写统一教材。《计算机绘图（初级）》就是其中之一。该书从 AutoCAD R12 版开始，经过 R13、R14、R2000、R2004、R2008 等多次改版，现在又进行了 AutoCAD R2012 改版，每次在改版过程中都认真吸取读者和网点教师的宝贵意见，力争不断完善。

　　本书有以下几个特点：

　　1. 在章节编排方面充分考虑到培训教学的特点，不同于许多其他计算机书籍手册型的编写方式。在介绍 AutoCAD 命令时始终与实际应用相结合，学以致用的原则贯穿全书，以使读者对绘图命令有深刻和形象的理解，有利于培养读者用 AutoCAD 独立完成设计绘图的能力。

　　2. 采用易于接受的、循序渐进的方式讲述计算机绘图知识，使初学者能由浅入深、由简到繁地掌握计算机绘图技术。

　　3. 第 1 章着重讲述了 CAD 技术的基本知识，有助于读者了解 CAD 技术的发展历史和应用领域，以及 CAD 技术发展的趋势。

4．以 AutoCAD R2012 为基础，讲述了 AutoCAD 的基本知识、基本操作、二维绘图工具、图形编辑工具、图层、图块、外部参照、文字与表格、尺寸标注、图纸空间以及出图打印等内容。同时新增了 AutoCAD R2012 的一些新功能。

5．与本书配套的《计算机绘图（初级）习题及实验手册》，作为培训教学用上机实验书，适合大专院校、中高等职业技术学院校学生以及广大初学者作上机指导书，能使读者更加深入地理解、熟练操作 AutoCAD 的命令。

本书由全国 CAD 应用培训网络工程设计中心主任李启炎教授主编，同济大学 CAD 研究中心郝泳涛博士、李旸博士共同编写。本书在编写过程中还得到了全国 CAD 应用培训网络工程设计中心以及二级网点的许多老师的关心和支持，他们提出了非常多的宝贵意见，同济大学 CAD 研究中心许多同志也给予了不少支持和帮助，在此，编者由衷地感谢他们。

虽然我们已尽心尽力，但要求在提高，期望也在提升，本书中如有错误和不足之处，望广大专家和读者能给予批评和指正，并真诚希望大家能提出宝贵意见，以供下次改版参考。

编著者

2012 年 10 月

目 录

前言
第1章 CAD应用简介 (1)
1.1 CAD技术历史 (1)
1.2 CAD技术应用 (2)
1.3 CAD技术展望 (3)
第2章 初识AutoCAD 2012 (5)
2.1 AutoCAD 2012软件界面 (5)
2.2 坐标系 (12)
2.3 基本操作 (16)
2.4 设置绘图环境 (28)
2.5 显示控制 (31)
第3章 基本二维绘图工具 (37)
3.1 画点（POINT） (37)
3.2 画直线（LINE） (40)
3.3 画圆（CIRCLE） (43)
3.4 画圆弧（ARC） (46)
3.5 画椭圆和椭圆弧（ELLIPSE） (49)
3.6 特殊点的捕捉 (52)
3.7 点的过滤 (55)
3.8 重新生成（REGEN） (58)
第4章 高级二维绘图工具 (60)
4.1 等分点（DIVIDE） (60)
4.2 参照线（构造线） (62)

4.3 多段线（PLINE） ………………………………………………………………（64）
4.4 矩形（RECTANG） ……………………………………………………………（67）
4.5 正多边形（POLYGON） ………………………………………………………（69）
4.6 实多边形（SOLID） ……………………………………………………………（72）
4.7 圆环和实心圆（DONUT） ……………………………………………………（74）
4.8 多线（MLINE） …………………………………………………………………（77）
4.9 样条曲线（SPLINE） …………………………………………………………（83）
4.10 徒手绘图（SKETCH） ………………………………………………………（84）
4.11 修订云线（REVCLOUD） ……………………………………………………（85）
4.12 图案填充与编辑 ………………………………………………………………（87）

第 5 章 基本图形编辑工具 …………………………………………………………（97）

5.1 命令的撤消和恢复 ………………………………………………………………（97）
5.2 删除（ERASE） …………………………………………………………………（99）
5.3 复制（COPY） …………………………………………………………………（100）
5.4 移动（MOVE） …………………………………………………………………（102）
5.5 旋转（ROTATE） ………………………………………………………………（103）
5.6 缩放（SCALE） …………………………………………………………………（105）
5.7 拉伸（STRETCH） ……………………………………………………………（107）
5.8 拉长（LENGTHEN） …………………………………………………………（109）
5.9 对齐（ALIGN） …………………………………………………………………（111）
5.10 修剪（TRIM） …………………………………………………………………（113）
5.11 延伸（EXTEND） ……………………………………………………………（115）

第 6 章 高级图形编辑工具 …………………………………………………………（119）

6.1 打断（BREAK） ………………………………………………………………（119）
6.2 合并（JOIN） …………………………………………………………………（120）
6.3 倒角（CHAMFER） ……………………………………………………………（121）
6.4 圆角（FILLET） ………………………………………………………………（124）
6.5 镜像（MIRROR） ………………………………………………………………（126）
6.6 偏移（OFFSET） ………………………………………………………………（127）
6.7 阵列（ARRAY） ………………………………………………………………（129）
6.8 分解（EXPLODE） ……………………………………………………………（132）
6.9 编辑多段线（PEDIT） …………………………………………………………（133）

6.10 编辑样条曲线（SPLINEDIT）……………………………………………（137）
6.11 修改"对象特性"………………………………………………………（140）
6.12 设置"选项"对话框……………………………………………………（141）

第7章 图层与实体属性 …………………………………………………………（144）
7.1 图层………………………………………………………………………（145）
7.2 实体的颜色………………………………………………………………（160）
7.3 实体的线型………………………………………………………………（161）
7.4 实体的线宽………………………………………………………………（165）
7.5 实体的特性匹配…………………………………………………………（167）

第8章 图块及外部参照 …………………………………………………………（168）
8.1 图块的基本概念与特点…………………………………………………（168）
8.2 图块操作…………………………………………………………………（169）
8.3 图块属性…………………………………………………………………（179）
8.4 外部参照…………………………………………………………………（186）

第9章 文字与表格 ………………………………………………………………（190）
9.1 文字………………………………………………………………………（190）
9.2 表格………………………………………………………………………（196）

第10章 尺寸标注 …………………………………………………………………（203）
10.1 尺寸标注概述…………………………………………………………（203）
10.2 尺寸标注的构成及类型………………………………………………（204）
10.3 设置尺寸标注样式……………………………………………………（204）
10.4 尺寸标注的类型………………………………………………………（214）
10.5 尺寸标注的编辑………………………………………………………（225）
10.6 尺寸变量………………………………………………………………（228）

第11章 图纸空间和出图打印 ……………………………………………………（229）
11.1 图纸空间………………………………………………………………（229）
11.2 出图打印………………………………………………………………（245）

第1章 CAD 应用简介

1.1 CAD 技术历史

CAD 诞生于 20 世纪 60 年代，是美国麻省理工大学提出的交互式图形学研究计划。其全称是 Computer Aided Design，即计算机辅助设计，也就是使用计算机和信息技术来辅助工程师和设计师进行生产或工程的设计。CAD 技术是一项综合性的、正在迅速发展和应用的高新技术。

20 世纪 60 年代，由于计算机及图形设备价格昂贵，技术复杂，只有一些实力雄厚的大公司，如波音公司、通用汽车公司等才能使用这一技术。作为 CAD 技术的基础，计算机图形学在这一时期得到了很快的发展。

20 世纪 70 年代是 CAD 技术充实提高的时期。由于电子电路设计采用了 CAD 技术，使集成电路技术得到了很大的发展，并在这一时期推出了以小型计算机为平台的 CAD 系统。同时图形软件和 CAD 应用支撑软件也不断充实提高。于是，在 70 年代出现了面向中小型企业的商业化 CAD 系统。

20 世纪 80 年代是 CAD 技术取得大发展的时期。由于集成电路技术的进一步发展，出现了大规模和超大规模集成电路（VLSI）。计算机硬件平台又向前推进一大步，微型计算机进入市场。在 80 年代中后期 RISC（精简指令集计算机）技术在 CAD 工作站系统上的应用使 CAD 系统的性能大大提高了一步。与此同时，图形软件更趋成熟，二维、三维图形处理技术、真实感图形技术以及有限元分析、优化、模拟仿真、动态景观、科学计算可视化等各方面都已进入实用阶段。包括 CAD/CAE/CAM 一体化的综合软件包使得 CAD 技术又更上一个层次。

20 世纪 90 年代是 CAD 技术广泛普及、继续完善和向更高水平发展的时期。出现了成熟的高标准化、集成化的 CAD 系统，由于 PC 平台的性能越来越好，基于 PC 平台的价廉物美的系统相继出现，使 CAD 技术的普及应用更具广阔诱人的前景。

现在，CAD 已在电子和电气、科学研究、机械设计、软件开发、机器人、服装业、出版业、工厂自动化、土木建筑、地质、计算机艺术等各个领域得到广泛应用。

1.2　CAD 技术应用

1）制造业中的应用

CAD 技术已广泛应用于各个领域。其中，以机床、汽车、飞机、船舶、航天器等制造业应用最为广泛和深入。众所周知，一个产品的设计过程要经过概念设计、详细设计、结构分析和优化、仿真模拟等几个阶段。概念设计主要解决产品的制造外观，在满足功能的前提下，使产品外观和外界环境协调，在现代化设计中，还应考虑对环境的污染，使其减至最小，当然还要考虑产品的整体结构、材料及实现主要功能的机构；详细设计是要确定产品的详细结构，各零部件的设计，所以又称为部件设计，包括各零部件的尺寸、形状和结构；结构分析主要包括有限元分析，将对各部件及产品整体的结构进行力学性能、热学性能的分析；仿真模拟则主要是对产品进行装配模拟、运动机构模拟，进行干涉和碰撞分析。

CAD 技术可以说贯穿整个设计过程。而且现代设计技术还从并行工程的概念出发，进行面向产品全生命周期的设计，即在设计阶段就对产品整个生命周期进行综合考虑，包括产品的功能和外观，对其可装配性、可生产性、可维修性、可循环利用性和环境的融合化等进行全面设计。

当前先进的 CAD 应用系统已经将设计、绘图、分析、仿真、加工等一系列功能集成于一个系统内。现在最常用的软件有：

美国 EDS 公司的 UG Ⅱ；

法国 DASSULT 公司的 CATIA；

美国 PTC 公司的 PRO/E。

以上软件目前在一些大型工程设计中，如飞机、汽车等设计分析中被广为应用。自 20 世纪 90 年代以来，一些适用于中小型企业的三维 CAD 软件相继推出，如 Solidworks，Solidedge，Autodesk 公司的 Inventor 以及以色列的 Cimatron 等。这些软件的特点是规模稍小，使用方便，工程师及设计师们容易掌握，大多在 Windows 平台上。此外 CATIA，PRO/E，UG Ⅱ 等也都陆续推出了 Windows 版本，为其普及应用打下了良好的基础。

2）工程设计中的应用

工程设计领域中 CAD 技术的应用也是比较早的。归纳起来，CAD 技术在工程领域中的应用有以下几个方面。

建筑：方案设计、三维造型、建筑渲染图，也就是我们通常所说的概念设计、平面布景、建筑构造设计、小区规划、日照分析、室内装潢（包括室内分隔、家具、环境设计等）。

结构：有限元分析、结构平面设计、框和排架结构计算和分析、高层结构分析、地基及基础设计、钢结构设计与加工。

设备：水、电、暖等各种设备及管道设计。

市政建设：城市规划、城市交通——道路高架、轻轨、地铁。

市政管线：自来水、污水排放、煤气、电力、暖气、通信（包括电话、有线电视、数据通信等）。

交通工程：公路、桥梁、铁路、航空、机场、港口、码头。

水利工程：大坝、水渠、河海工程。

房地产开发及物业管理、工程概预算、施工过程控制与管理、风景、旅游景点设计与布置、智能大厦设计等。

目前在工程 CAD 软件中集建筑、结构、水、电、暖设备于一体的集成化 CAD 软件尚不多见，在国内开发和市场上推出的软件大多为单项设计软件，工程领域中集成化软件的开发也是当今软件开发商们集中关注的热点。此外，科学计算可视化及虚拟现实技术正应用于建筑物抗震、抗风、抗灾的分析研究以及虚拟建筑、室内漫游等现代化设计方法中，具有广阔的应用前景。

3）其他应用

CAD 技术除了在制造业和工程设计领域中的应用外，在轻工、纺织、家电、服装、制鞋、医疗和医药乃至文化娱乐和体育方面都得到应用：如轻工机械的设计；化妆品和洗涤用品盛器的模具设计及包装平面设计；各种小商品的造型设计；纺织行业中印花提花设计、服装 CAD 及排料、裁剪；制鞋业中造型以及配合人体足部骨骼肌腱的人体工学设计；医药中的分子键结构分析、医疗器械以及辅助医疗手术；家电产品的造型和模具技术；在文化娱乐上已大量利用计算机造型仿真出逼真的原始动物和外星人，并将动画和实际背景以及演员的表演天衣无缝地合成在一起，在电影制作技术上大放异彩，拍制出一部部激动人心的巨片，如《未来世界》、《玩具总动员》、《侏罗纪公园》、《大灌篮》等。

1.3 CAD 技术展望

CAD 技术目前发展的趋势概括起来是：标准化、智能化和集成化。

（1）随着 CAD 技术应用越来越广泛，CAD 标准化体系将进一步完善。在 20 世纪 80 年代，已经出现了计算机图形系统方面的标准。如：计算机图形接口 CGI（Computer Graphics Interface）；图形核心系统 GKS（Graphics Kernel System）和 GKS-3D；层次结构图形系统 PHIGS（Programmers's Hierarchical Interactive Graphics System）等。产品数据交换方面的标准有：基本图形交换规范 IGES（Initial Graphics Exchange Specification）和产品模型数据交换标准 STEP（STandard for Exchange of Product model data）。STEP 标准目前正在不断完善之中，它是覆盖整个产品生命周期的数据交换标准，对协同设计、并行工程、集成制造等方面均具有重要的意义。

（2）系统智能化是 CAD 技术发展的又一热点。一方面设计领域的专家知识和工程技术人员的经验积累非常丰富，如何将这些宝贵的财富融合于 CAD 系统中，使之成为可以继承的知识宝库；另一方面 CAD 系统本身的智能化，如用户界面、数据采集、各种模型的自动生成、方案的优选、仿真模拟技术和多媒体技术的应用等。

（3）集成化是当今 CAD 技术发展的一大趋势，CAD 技术并不是孤立的。首先，它集成了计算机软件和硬件、数据库、外围设备、图形学、网络及各个应用领域的技术。同时，它又不断和 CAM（计算机辅助制造）、CAPP（计算机辅助工艺流程规划）以及 MIS（管理信息系统）、PDM（产品数据管理）、MRP（制造资源管理）等系统相集成。特别是当前全球经济一体化、并行工程、异地制造等概念的发展和应用，集成化技术将起到举足轻重的作用。由于 Internet 的发展，使得这些设想得以实现。因此，人们必须对 Internet 构架上建立起的 Intranet 进行深入的探讨，如何构造 Intranet 体系上的 CAD/CAM 集成化系统将会是人们追踪的热点。

（4）科学计算可视化、虚拟设计、虚拟制造技术是 20 世纪 90 年代 CAD 技术发展的新趋向。波音 777 飞机是世界上第一架实现无图纸设计与制造的飞机，它避免了传统的制造实样样机的过程，节约了投资，缩短了开发周期，这大大增强了企业的竞争能力。这种技术已经在制造业领域内推广，并会越来越为广大企业接受，它已成为企业技术进步的动力。另一方面，大型工程的数字化、可视化，城市规划设计的数字化、可视化也使人们在这一领域进入到一个新的境界。CAD 技术将给人类带来一个又一个的惊喜，人类也将成为 CAD 技术的最大受益者。

第 2 章 初识 AutoCAD 2012

2.1 AutoCAD 2012 软件界面

启动 AutoCAD 2012 后，我们将看到其默认界面，即草图与注释界面，如图 2-1 所示。AutoCAD 2012 作为最新版本，不仅有多种工作空间，同时每一种工作空间还具有更加人性化的界面设置。为了便于学习和使用，我们将以 AutoCAD 经典风格的界面为例进行相关的介绍。

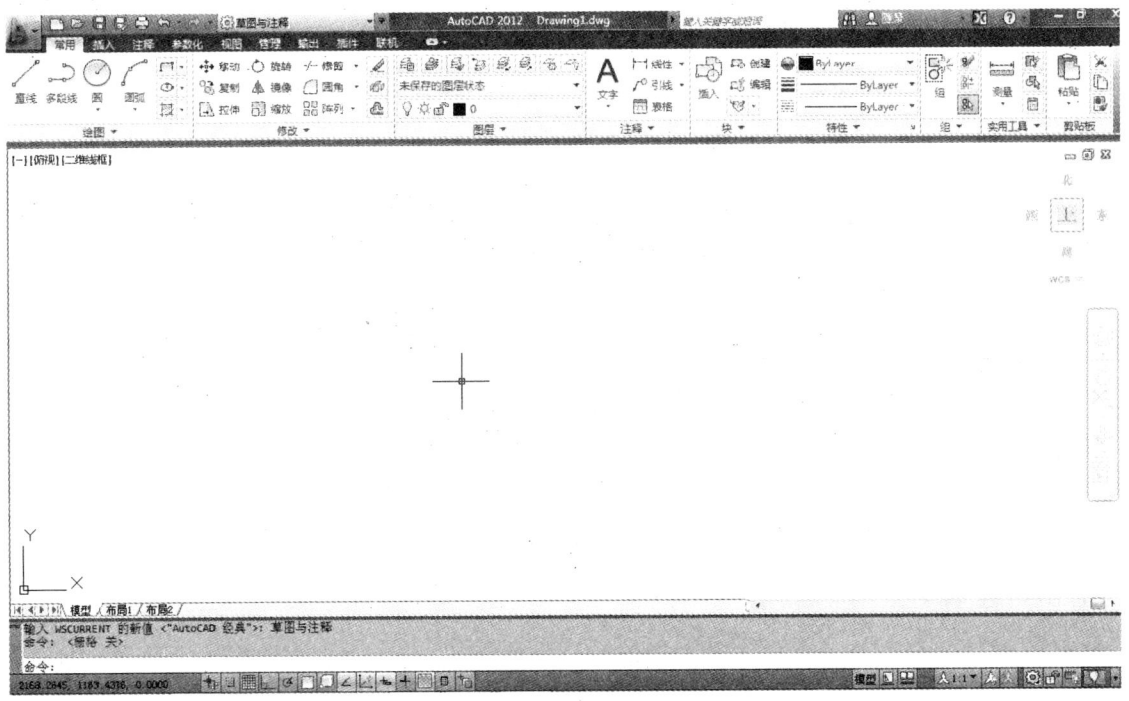

图 2-1 默认（草图与注释）界面

转换为经典工作空间的方法是：单击界面右下角名为"切换工作空间"的齿轮状图标，打开菜单后从中选择"AutoCAD 经典"选项后，系统自动转换到 AutoCAD 经典工作空间；或者单击界面左上角的齿轮状图标,选择"AutoCAD 经典"选项即可。

AutoCAD 经典工作空间的界面主要包括:标题栏、菜单栏、工具栏、绘图区、命令行、状态栏、功能区和选项板等,下面将对其做进一步介绍。

2.1.1 标题栏

在 AutoCAD 2012 操作界面中,标题栏位于其最上端。在标题栏中,显示了正在运行的应用程序和用户正在使用的图形文件。标题栏主要含有应用程序菜单、快速访问工具栏、工作空间选择区、程序名称显示区和窗口控制按钮等内容,如图 2-2 所示。

图 2-2 标题栏

2.1.2 菜单栏

菜单栏位于标题栏的下方,提供了"文件"、"编辑"、"视图"、"插入"、"格式"、"工具"、"绘图"、"标注"、"修改"、"参数"、"窗口"、"帮助"12 个主菜单。每一个菜单采用下拉形式,并在菜单中包含子菜单,如图 2-3 所示。

图 2-3 菜单栏

注意在二维草图与注释以及三维建模工作空间中,经典菜单栏在默认情况下处于关闭状态。要想使其显示,可以在标题栏中的快速访问工具栏上,依次单击"自定义快速访问工具栏"→"显示菜单栏",如图 2-4 所示。

当然,通过控制变量 MENUBAR 的值也能使菜单栏处于显示或者隐藏状态,如表 2-1 所示。

表 2-1　　　　　　　　　　　MENUBAR 取值表

MENUBAR 的取值	菜单栏的显示状态
0	隐藏菜单栏
1	显示菜单栏

2.1.3 工具栏

使用工具栏上的按钮可以启动命令以及打开工具栏和显示工具提示,还可以显示或隐藏工具栏、锁定工具栏和调整工具栏大小。

工具栏包含启动命令的按钮。将鼠标或定点设备移到工具栏按钮上时,工具提示将显示按

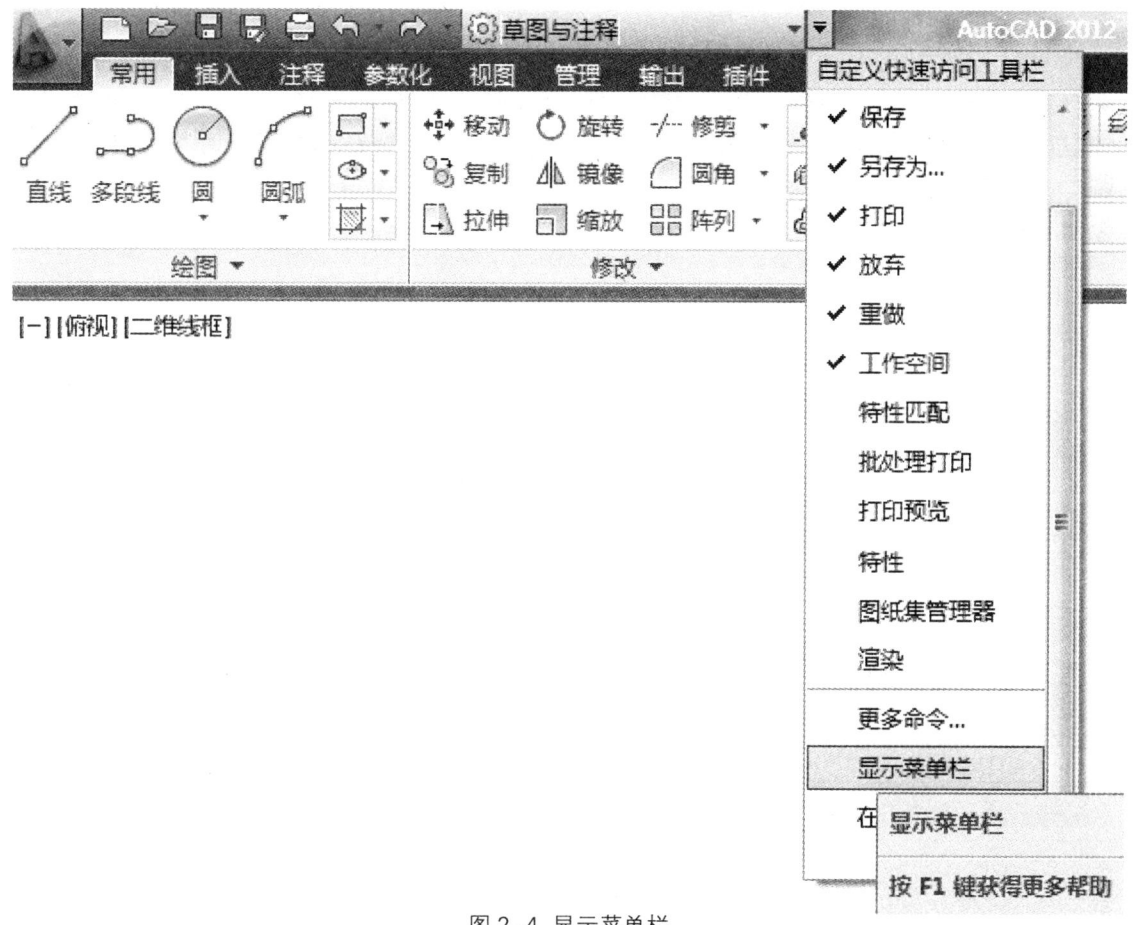

图 2-4 显示菜单栏

钮的名称。右下角带有小黑三角形的按钮是包含相关命令的弹出工具栏。光标停在图标上时，按住鼠标左键直至显示弹出工具栏。

　　工具栏以浮动或固定方式显示。浮动工具栏可以显示在绘图区域的任意位置，可以将浮动工具栏拖动至新位置、调整其大小或将其固定，如图 2-5 所示。固定工具栏附着在绘图区域的任一边上，固定在绘图区域上边界的工具栏位于功能区下方，可以通过将固定工具栏拖到新的固定位置来移动它。

　　同时，将光标放在任意工具栏的非标题区后单击鼠标右键，系统将会自动打开单独的工具栏标签。其中带有勾号的表示已经在界面打开，不带勾号的表示在界面还没有打开。当在不带勾号的菜单上单击，即可使其显示在界面上；在带有勾号的菜单上单击，即可将已经打开的工具栏隐藏。

图 2-5 "浮动"工具栏

2.1.4 绘图区

绘图区位于界面的正中央,是一片空白区域,用户利用此区域进行 AutoCAD 图形的绘制,是用户的工作区域,用户将在这里完成图形的绘制和修改。

1)光标的不同显示

在绘图区域中,系统将根据操作更改光标的外观。

(1)如果系统提示您指定点位置,光标显示为"十字光标"。

(2)当提示您选择对象时,光标将更改为一个称为"拾取框"的小方形。

(3)如果未在命令操作中,光标显示为一个"十字光标"和"拾取框"光标的组合。

(4)如果系统提示您输入文字,光标显示为竖线。

2)十字光标大小的修改

当在绘图区域上移动鼠标时,会出现一个十字符号,也就是我们所说的"十字光标"。光标的大小系统默认为屏幕大小的 5%,用户可以通过以下两种方法对其进行修改:

（1）在菜单栏中单击工具菜单，选中最下方的"选项"命令，屏幕将弹出选项对话框，打开"显示"选项卡，在"十字光标大小"处的编辑框输入想要的数值或者拖动编辑框后面的滑块，即可对十字光标的大小进行调整，如图2-6所示。

（2）通过改变系统变量CURSORSIZE的值，实现对十字光标大小的修改。

3）绘图窗口颜色的修改

绘图窗口在默认状态下是黑色背景、白色线条，如果用户不习惯，可以通过以下方法对其进行修改，以达到满意的效果。

修改绘图窗口颜色的步骤如下：

（1）菜单栏中单击工具菜单，选中最下方的"选项"命令，屏幕将弹出选项对话框，打开"显示"选项卡，如图2-6所示。

（2）展开"显示"选项卡后，在"窗口元素"选项组中单击"颜色"按钮，系统将打开"图

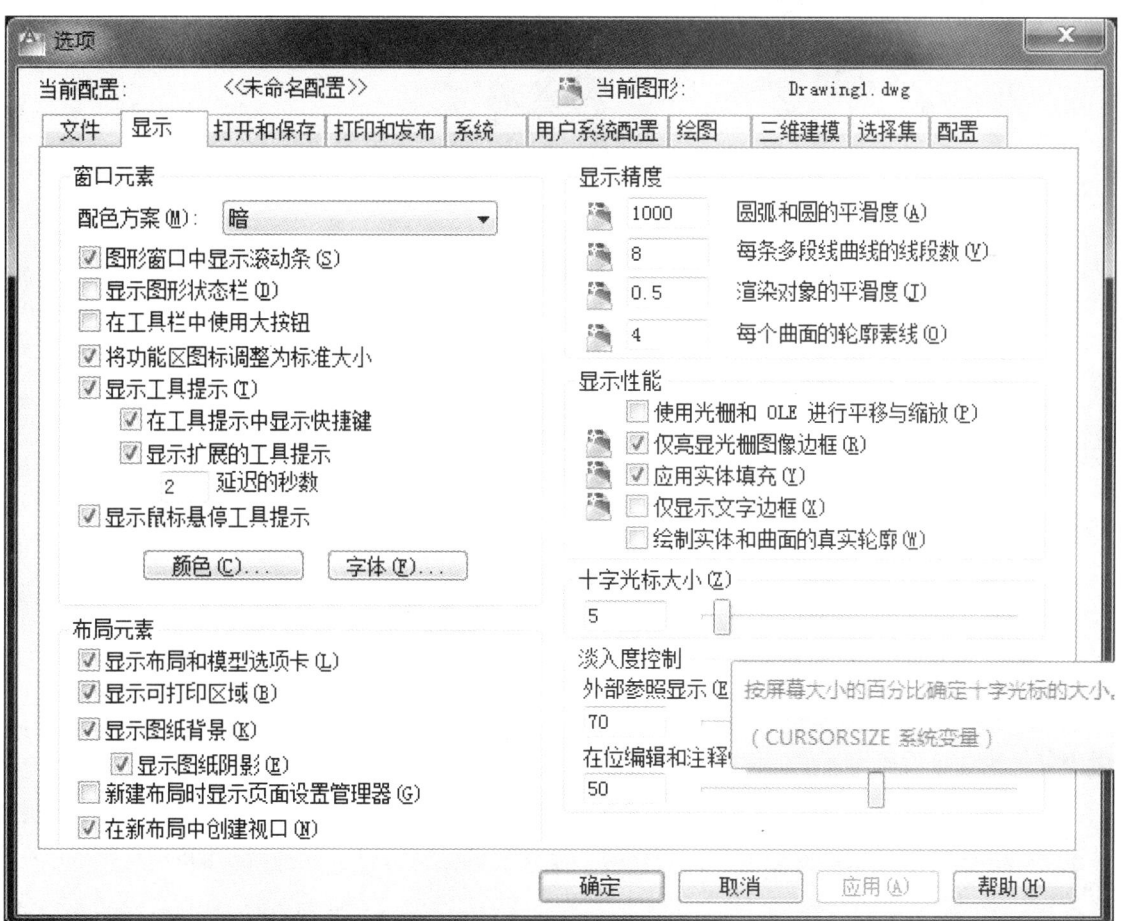

图2-6 "选项"对话框

形窗口颜色"对话框,在"颜色"下拉列表中选择满意的颜色,如图 2-7 所示。

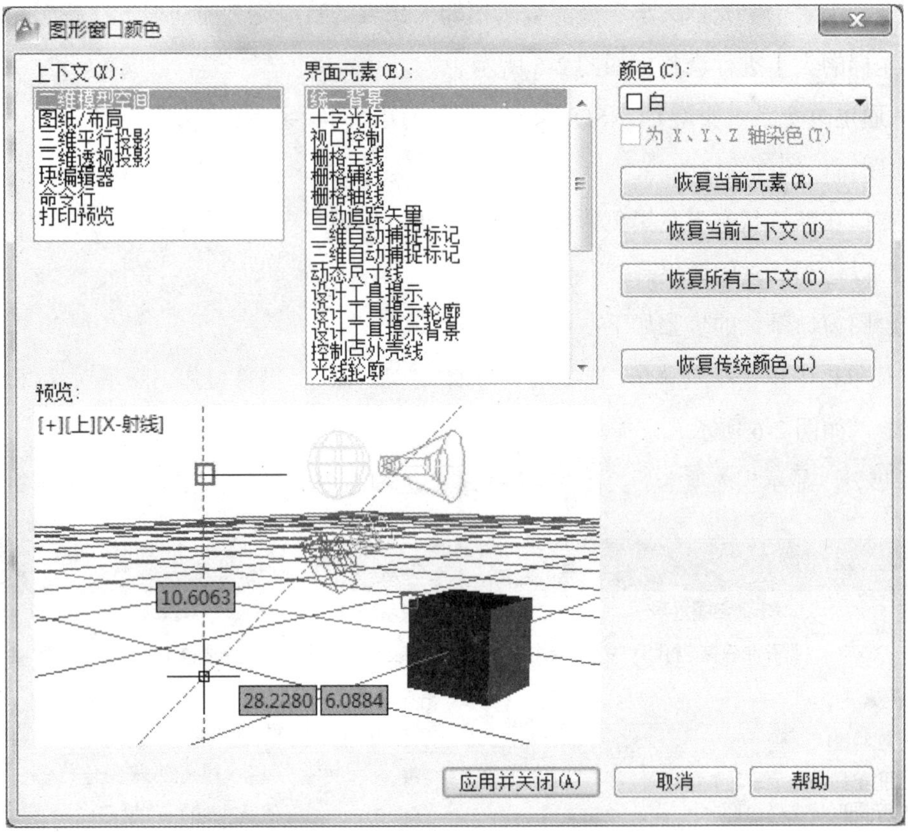

图 2-7 "图形窗口颜色"对话框

(3)单击"应用并关闭"按钮返回"选项"对话框,再单击"确定"按钮,系统将自动按照要求修改绘图区的背景颜色。

2.1.5 命令行窗口

命令行窗口位于绘图区的正下方,用于输入命令和显示命令提示,是用户与软件进行数据交流的平台,如图 2-8 所示。

命令行分为"命令历史窗口"和"命令输入行"。命令行的上面两行为"命令历史窗口",用于显示执行过的操作信息,便于用户查看;命令行的下面一行为"命令输入行",用于提示用户输入命令以及显示命令的相关选项和使用说明。

下面介绍使用命令行的几点说明:

图 2-8 命令行窗口

（1）要使用键盘输入命令，请在命令行中输入完整的命令名称，然后按 Enter 键或空格键。

（2）如果要重复刚刚使用过的命令，可以按 Enter 键或空格键；也可以在命令提示下，在定点设备上单击鼠标右键。

（3）要取消进行中的命令，请按 ESC 键。

（4）通过依次单击"工具"菜单→"命令行"或者按 Ctrl+9 组合键可以实现隐藏和重新显示命令行，如图 2-9 所示。

（5）通过拖动分割条可以垂直调整命令窗口的大小。当窗口固定在底部时，分割条定位在窗口的上边界；当窗口固定在顶部时，分割条定位在窗口的下边界。

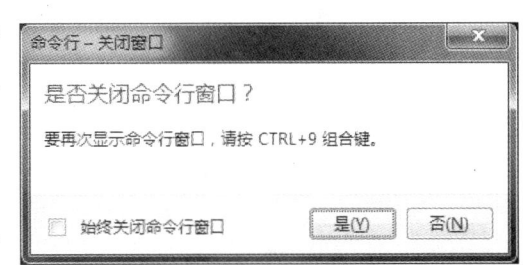

图 2-9 命令行 – 关闭窗口

（6）隐藏命令行时，用户仍然可以输入命令。但是，某些命令和系统变量将在命令行上返回值，因此，在这些情况下，用户可能希望重新显示命令行。

（7）可以按 F2 键用文本编辑的方法进行编辑，如图 2-10 所示，再按一次 F2 键，文本编辑窗口关闭。

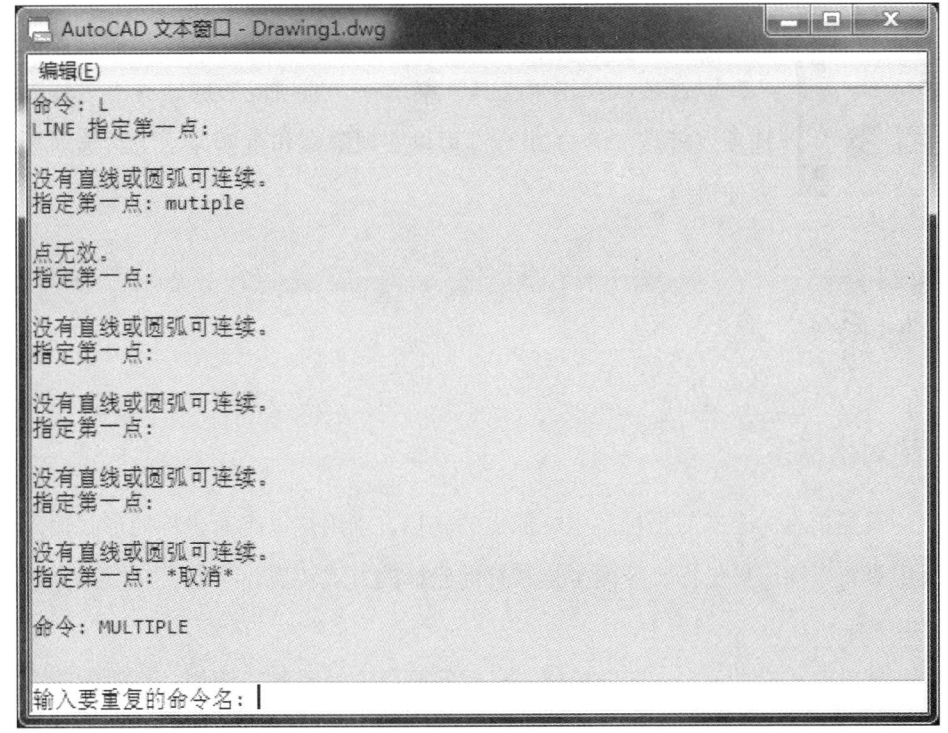

图 2-10 AutoCAD 文本窗口

2.1.6 状态栏

状态栏位于软件界面的最下方,在状态栏的最左端是用来显示绘图区中光标定位点的坐标,然后依次是"推断约束"、"捕捉模式"、"栅格显示"、"正交模式"、"极轴追踪"、"对象捕捉"、"三维对象捕捉"、"对象捕捉追踪"、"允许/禁止动态UCS"、"动态输入"、"显示/隐藏线宽"、"显示/隐藏透明度"、"快捷特性"、"选择循环"功能开关按钮,如图2-11所示。

图 2-11 状态栏

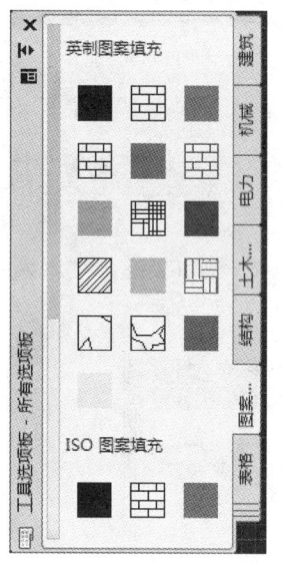

图 2-12 工具选项卡

2.1.7 选项板

选项板由块、图案填充、自定义工具等组合在一个窗口中,以方便用户使用,而这个窗口被我们称之为"选项板",如图2-12所示。

在工具选项板中包含多个类别的选项卡,这些选项卡中又分别包含多种相对应的工具按钮或图案等,用户通过这个可以方便地创建新工具,然后使用新工具创建与拖至工具选项板的对象具有相同特性的对象,更加便于用户的使用。

通过依次单击"工具"菜单→"选项板"选项→"工具选项板"选项或者按Ctrl+3组合键可以实现隐藏和重新显示工具选项板,非常方便快捷。

2.2 坐标系

2.2.1 绝对坐标系

绝对坐标系是指相对于当前坐标系坐标原点的坐标。当用户以绝对坐标的形式输入一个点时,可以采用直角坐标、极坐标、球面坐标和柱面坐标的方式实现。

1) 直角坐标

直角坐标就是输入点的 x,y,z 坐标值,坐标间要用逗号隔开。例如,要输入一个点,其 x 坐标为8,y 坐标为6,z 坐标为5,则可在输入坐标点的提示后输入:8,6,5。

如果省略去 z 轴坐标的值，则 z 轴取为当前的高度值。当绘制二维图时，用户只要输入点的 x, y 坐标即可。

图 2-13 表示了直角坐标的几何意义。

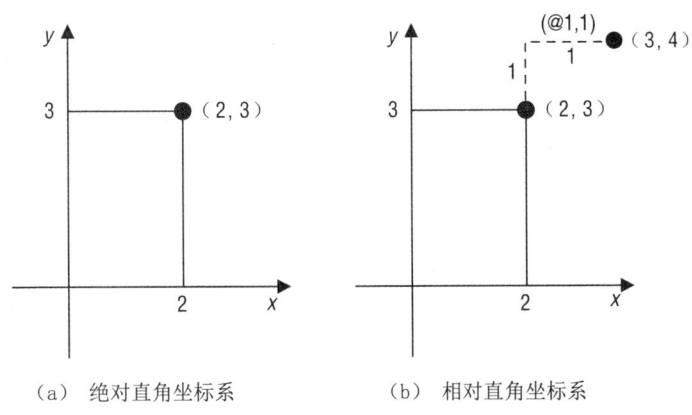

（a）绝对直角坐标系　　　　（b）相对直角坐标系

图 2-13　直角坐标系

2）极坐标

用户可以通过某点在 xOy 坐标平面上的投影与坐标系原点的距离以及这两点之间的连线与 x 轴正向的夹角（中间用"<"号隔开）来确定该点，这种形式的坐标称为极坐标。对于二维点来说，某点的极坐标即为该点距坐标系原点的距离以及这两点的连线与 x 轴正方向的夹角（中间用"<"号隔开）。例如，某二维点距坐标系原点的距离为 5，该点与坐标系原点的连线相对于坐标系 x 轴正方向的夹角为 30°，那么该点的极坐标形式为：

$$5<30$$

图 2-14 为极坐标的几何意义。

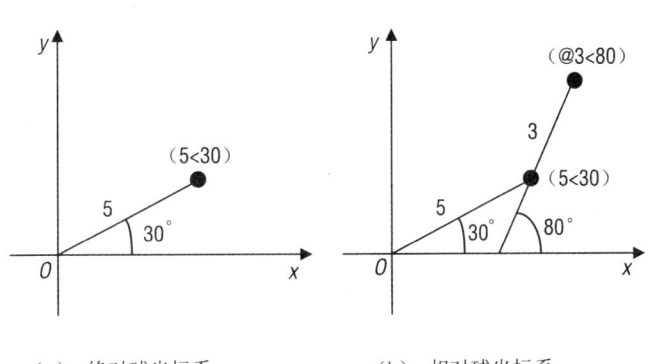

（a）绝对球坐标系　　　　（b）相对球坐标系

图 2-14　极坐标系

3）球面坐标

球面坐标是极坐标在三维空间的推广，此格式采用以下三项描述点的位置：距当前坐标系原点的距离，该点在 xOy 平面的投影同坐标系原点的连线与 x 轴正方向的夹角，以及该点与坐标系原点的连线同 xOy 坐标平面的夹角，同时三者之间用"<"隔开。例如，某点与 UCS 原点的距离为 70，在 xOy 平面上与 x 轴正方向的夹角为 95°，与 xOy 平面的夹角为 60°，则该点的球面坐标输入格式为：

70<95<60

图 2-15 为球面坐标的几何意义。

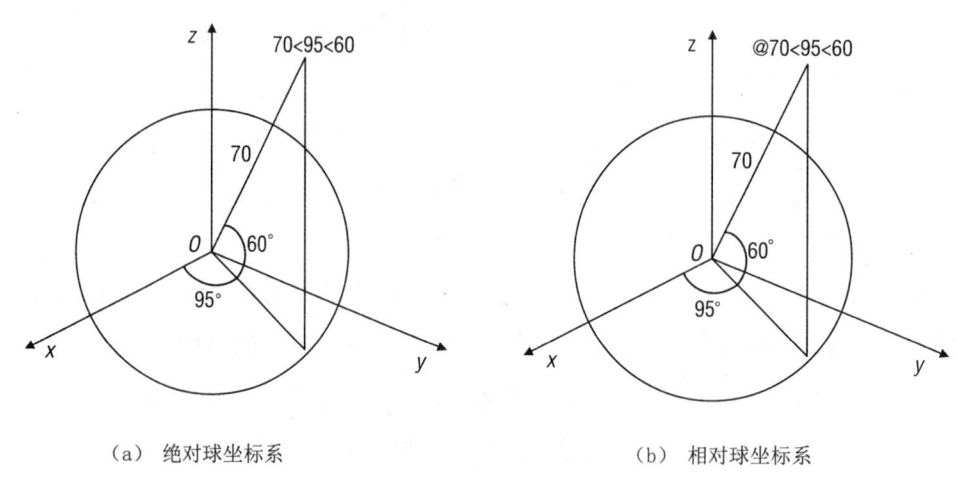

（a）绝对球坐标系　　　　　　　　（b）相对球坐标系

图 2-15　球坐标系

4）柱面坐标

柱面坐标是极坐标在三维空间的另一种推广形式，它通过以下三项来描述点：与当前坐标系原点的距离，在 xOy 平面上与 x 轴正方向的夹角以及该点的 z 坐标值。距离和角度间用"<"隔开，角度值和 z 坐标值间以逗号隔开。例如，某点距坐标系原点的距离为 20，在 xOy 平面上与 x 轴正方向的夹角为 60°，该点的 z 坐标值为 80，则该点的柱面坐标输入格式为：

20<60，80

图 2-16 说明了柱面坐标的几何意义。

2.2.2　相对坐标

相对坐标是指相对于前一坐标点的坐标。相对坐标也有直角坐标、极坐标、球面坐标、柱面坐标四种输入方式，输入的格式同绝对坐标相同，但是要求在坐标前面加上"@"。例如，

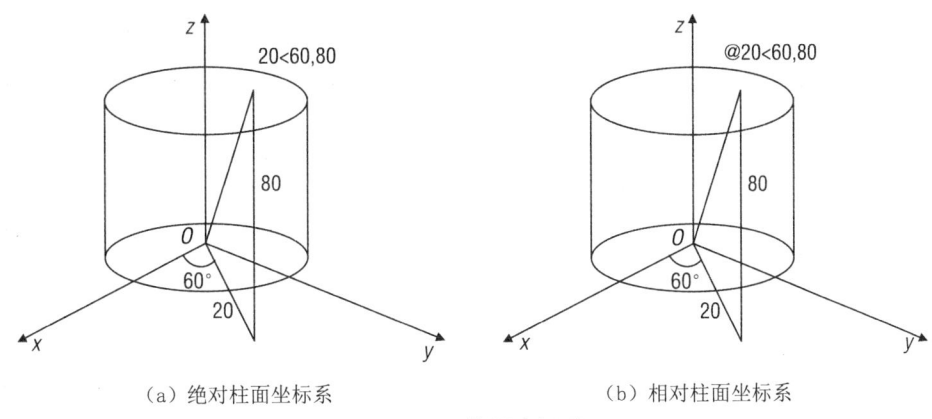

图 2-16 柱面坐标系

已知前一点的坐标为（15，12，28），如果在输入点的提示后输入 @2，5，-5，则相对于该点的绝对坐标为（17，17，23）。

注意，在默认设置下，系统以 x 轴的正方向为 0°的起始方向，逆时针方向为正方向，而且逗号的输入要在英文状态下输入才有效。

2.2.3　认识 AutoCAD 2012 坐标系

在绘图区域的左下角存在一个箭头指向的图标，称之为坐标系，如图 2-17 所示。在 AutoCAD 2012 绘图空间中，存在着世界坐标系（WCS）和用户坐标系（UCS）这两种坐标系，而系统默认的坐标系是世界坐标系，此坐标系由三条互相垂直并相交的坐标轴组成，x 轴指向水平方向，y 轴指向垂直方向，z 轴指向垂直于屏幕并向外指向用户的方向。

根据需要，用户可以关闭或者打开坐标系，其方法是："视图"→"显示"→"UCS 图标"→"开"，如图 2-18 所示。

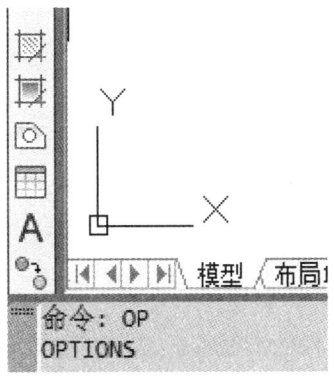

图 2-17 坐标系图标

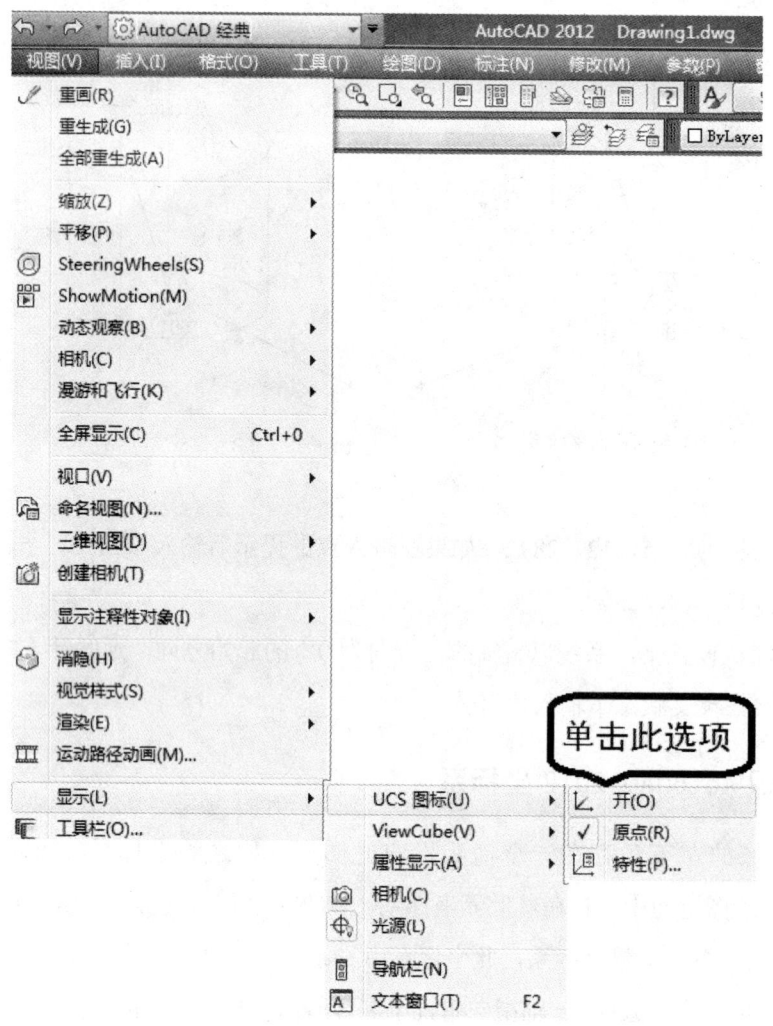

图 2-18 "视图"菜单

2.3 基本操作

2.3.1 AutoCAD 文件的基本操作

1) 打开一个已有的图形文件

（1）首先进入 AutoCAD 2012 的绘图环境。

（2）打开一个已有的图形文件的方法比较多。例如可以从主菜单"文件"→"打开"；也可以直接在命令行上输入 Open，然后回车。还可以从"标准工具栏"上直接点取"打开"图标。

图 2-19 "选择文件"对话框

不论以何种方式,都会出现如图 2-19 所示的"选择文件"对话框。

(3)在该对话框中选择文件(包括路径),注意,每点选一个文件,在对话框的右边的"预览"框中都会将所选的图形进行预览。这样就比较方便了,有时文件名忘记了,就可以通过预览很快找到。

(4)确信要打开某个文件时,按"打开"按钮,即可将文件打开。

2)将一个已经打开的文件进行修改后再存盘,并且用另一个文件名存一个备份

例如在上一个实验打开的图形文件中画了几根直线,然后要保存。

(1)如果不改文件名,仅仅将新的内容存进打开的文件中,只需点击"标准工具栏"上的"保存"图标,或者按 Ctrl+S 组合建,就可以实现快速存盘。

提示:随时存盘是个好习惯,在绘图过程中难免会发生一些意想不到的事情,如果突然死机,或突然停电,没有进行存盘处理的内容将不复存在。建议每完成一定的操作步骤后即存盘一次。

(2)如果要将修改后的文件存成另一个文件名,就要用主菜单"文件"→"另存为"进行操作了,如图 2-20 所示。但注意原来的文件中的内容并没有改变。

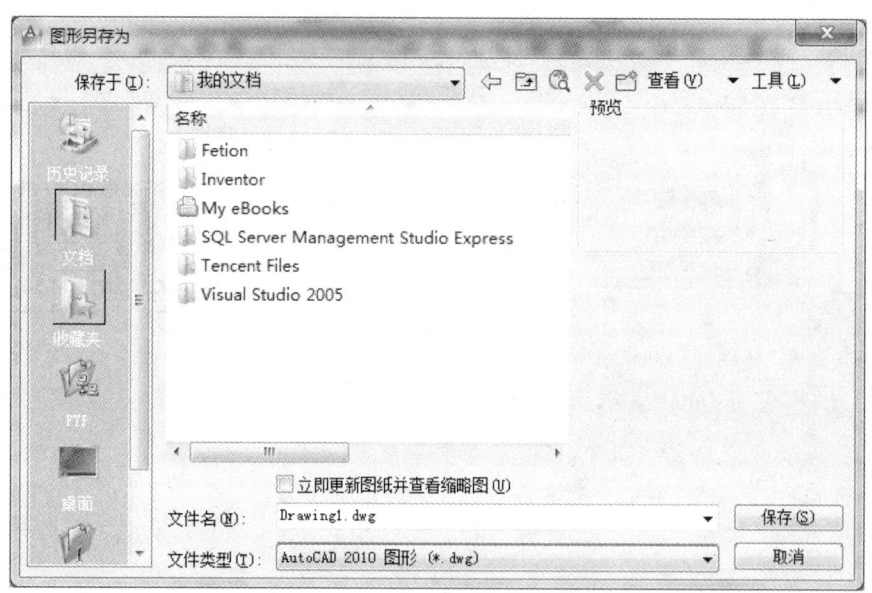

图 2-20 "图形另存为"对话框

3）恢复一个图形文件

有时会有这种情况发生，从软盘里拷进来一个文件，但这个文件就是打不开。发生这种情况有可能是由于该文件遭到破坏，这时可以用 AutoCAD 提供的恢复工具进行恢复。提醒读者的是，有的文件是可以进行恢复的，而有些遭到严重破坏的文件就无法恢复了。因此平时还应注意对已画好的图形文件进行保管，以免发生这种情况。到了要恢复它的时候总归不是一件好事。

（1）从主菜单"文件"→"图形实用工具"→"修复"进入该命令，或直接从命令行输入 RECOVER 命令。同时进入"选择文件"对话框，从中选择要恢复的文件名，然后按"打开"按钮。

（2）这时系统会自动做一些处理。如果该文件可恢复，经过处理后再打开时就可以打开了。如果还打不开，可能就要想其他方法了。

4）部分打开文件

AutoCAD 具有部分打开文件的功能，并且在部分打开文件后，还可以追加加载文件。使用这个新功能，对于修改大型图形文件可以较大地提高工作效率。

部分打开文件的方法是：如图 2-21 右下角所示按"打开"按钮右边三角键，出现所示下拉菜单，选择"局部打开"，出现如图 2-22 所示对话框。

在该对话框中，用户可以在图形文件中选择需要打开的部分。

图 2-21 局部打开

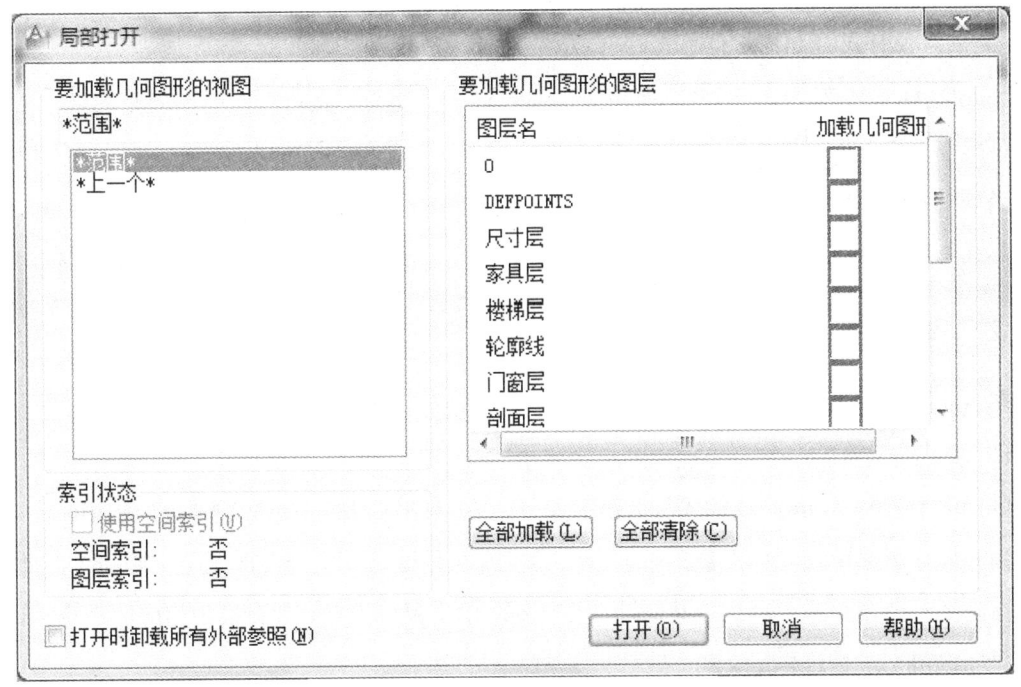

图 2-22 "局部打开"对话框

（1）"要加载几何图形的视图"区：定义要加载的几何图形，其中第一栏中显示要加载的视图名称；而下面的列表框中列出了已定义的视图名称，供用户选择。"*范围*"、"*上一个*"为两种省略方式。选中"*范围*"加载，则在右边的"要加载几何图形的图层"列表框中定义要加载的部分图形的条件，并按该列表中定义的条件加载图形；选中"*上一个*"加载，则表示加载上次部分打开的内容。

（2）"要加载几何图形的图层"区：设置加载图形的过滤条件。如果要加载某层的图形，则把该层名右边的"加载几何图形"复选框选中，屏幕上出现大勾符号。

（3）"索引状态"区：定义是否使用空间索引或图层索引。

（4）"全部加载"按钮：表示打开所有图形，即加载图形的过滤条件全部选中。

（5）"全部清除"按钮：单击该按钮，清除在加载图形的过滤条件中的所有选中项。

（6）"打开时卸载所有的外部参照"复选框：选中该复选框，表示打开图形文件时不加载所有的外部参照。

5）文件的部分加载

当打开部分图形文件后，如还要继续打开图形中的某部分，可以使用部分加载功能来实现，或在命令行状态下直接输入"Partialload"命令，AutoCAD 则弹出和图 2-22 相似的对话框，用户可通过它确定追加载入的图形过滤条件。

6）同时打开多个图形文件

AutoCAD 支持多个文档操作，既可以同时打开多个文件，又可以同时在多个图纸中工作，这样可提高工作效率。

当同时打开多个文件时，利用下拉菜单"窗口"中的设置，可控制各图形文件在窗口中的排列形式。打开该下拉菜单，有以下四个选项：层叠、水平平铺、垂直平铺、排列图标。

2.3.2　命令输入方法

在 AutoCAD 中，目前最常见的命令输入方法是使用键盘和鼠标。

1）使用鼠标输入命令

鼠标用于控制 AutoCAD 的光标和屏幕指针。在绘图窗口中，光标通常是十字形。

当光标移至菜单项（如下拉菜单）、工具栏或对话框时，它会变成一个空心箭头，此时将光标指向某一个命令或工具栏中某一个命令图标，单击鼠标左键，则会执行相应的命令和动作。

鼠标按钮一般是这样定义的：

左键——一般定义为拾取键，用于单击对象，AutoCAD 表示选取该选项或执行该命令，单击此按钮弹出一个光标菜单，显示光标所在的位置；

右键——相当于回车或弹出快捷菜单；

中键——一般定义为弹出按钮，相当于 Shift 和 Enter 键的结合。

提示：关于鼠标右键的功能可通过系统配置，"工具"→"选项"中的"用户系统配置"选项卡中的"自定义右键单击"按钮。单击该按钮得到如图 2-23 所示的对话框。

2）使用键盘

大部分 AutoCAD 功能都可以通过键盘输入完成，而且键盘是输入文本对象以及在"命令："提示符下输入命令或在对话框中输入参数的唯一方法。

3）通过单击工具栏图标命令

用鼠标右键单击工具栏或单击下拉菜单"视图"→"工具栏"，就可以打开工具栏菜单或工具栏对话框，如图 2-24 所示。用户可以选取要打开的工具栏，打开的工具栏放置在绘图窗

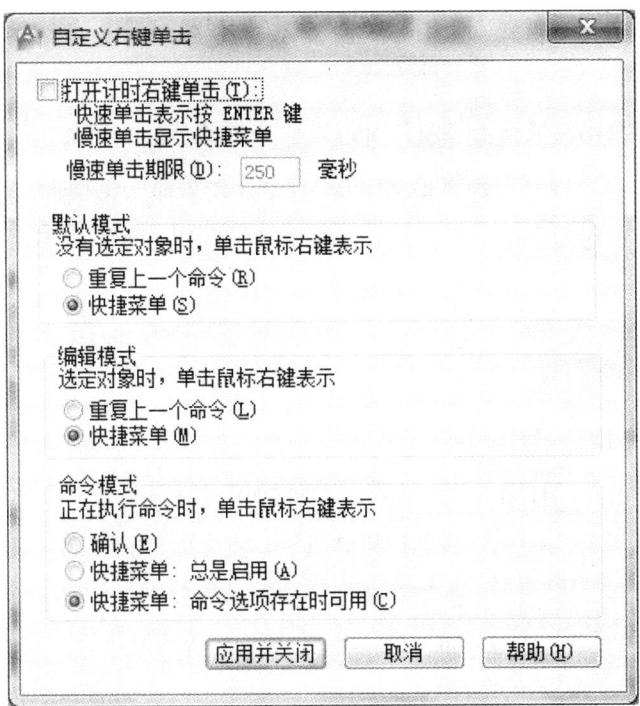

图 2-23 "自定义右键单击"对话框

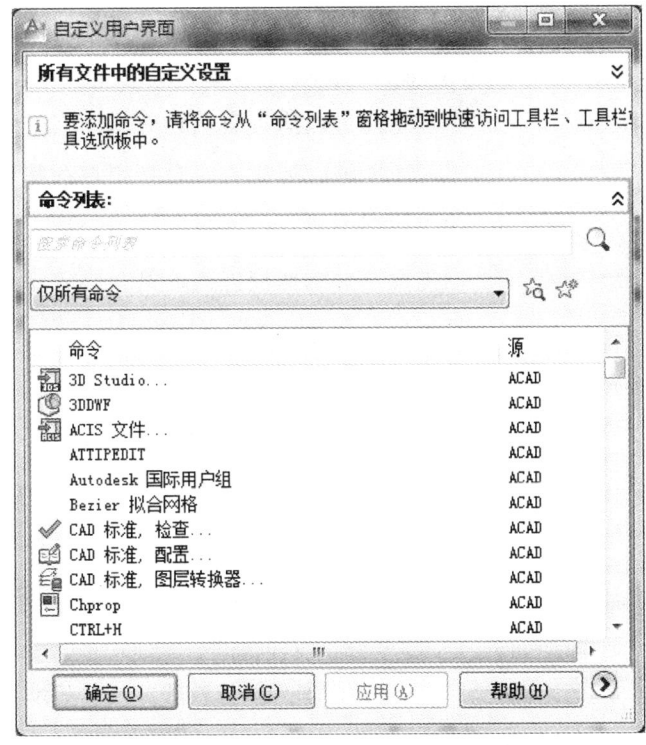

图 2-24 "自定义用户界面"对话框

的周围。单击某个图标,则激活该图标所代表的命令。

4)透明命令

所谓透明命令是指在其他命令执行时可以输入但并不影响原来功能执行的命令。例如,用户希望缩放视图,则可以透明地激活 ZOOM 命令(在该命令的前面加一个单引号)。当透明命令使用时,其提示前面有两个右尖括号,表示它是透明使用。许多命令和系统变量都可以透明使用。

2.3.3 点的输入方法

在使用 AutoCAD 绘图时,经常要输入一些点,如线段的端点、圆的圆心、圆弧的圆心及其端点等。一般来说有三种输入点的方法:一种是用定标设备(以鼠标为例)输入点,具体过程是:移动鼠标,将光标移到所需位置,然后单击鼠标左键,但这种方法不能准确定位。另一种是通过键盘输入点的坐标,通过键盘可以输入点的绝对坐标,也可以输入相对坐标。而且在每一种坐标方式中,又有直角坐标和极坐标之分。

本节主要介绍的是第三种输入方法:利用目标捕捉方式进行定位输入。该方法在实际应用中经常使用,不仅方便而且可以精确定位。

点的目标捕捉有两种方式:临时捕捉方式和隐含捕捉方式,所谓临时捕捉方式是指用户在需要获取点的坐标时使用的点捕捉方式,每次只能使用一次。而隐含捕捉方式是一种预先设置好的捕捉方式,例如隐含端点捕捉,当鼠标移动到某一个端点附近时端点捕捉的标记就会出现。

1)临时捕捉方式

用户可以右击绘图区最下面的状态栏中的对象捕捉图标 ,从中选择所需的捕捉类型。

还有一个方法是在命令行要求输入点的时候,按住 Shift 键的同时,右击鼠标,则会出现如图 2-25 所示的快捷菜单。

各种捕捉类型如下:

(1)端点:捕捉直线或圆弧的端点。

(2)中点:捕捉直线或圆弧的中点。

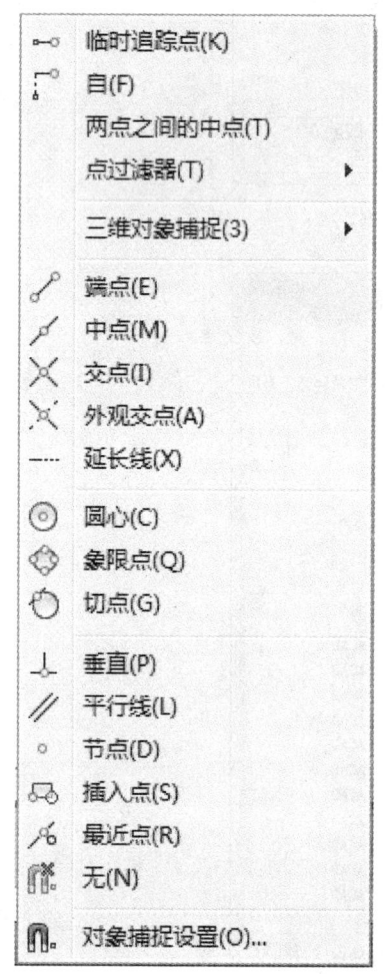

图 2-25 "对象捕捉"快捷菜单

（3）圆心：捕捉圆或圆弧的圆心。

（4）节点：捕捉菜单"绘图"中"点"、在命令下所有功能所生成的点，这种类型的点有时也称之为"自由节点"。

（5）象限点：捕捉象限点，即圆、圆弧、圆环上的四分点，捕捉离选取点最近的那个象限点。

（6）交点：捕捉图形中相交的点。

（7）范围：就是在某一个图形对象的延长线上获取一个点。

（8）插入：捕捉文本或图块的插入点。

（9）垂足：在一条直线、圆弧或圆上捕捉一点，从当前已选点到该捕捉点的连线与所选择的实体垂直。

（10）切点：在圆或圆弧上捕捉一点，使该点与已确定的另外一点的连线与实体相切。

（11）最近点：捕捉直线、圆弧或其他图形对象上离靶区中心最近的点。

（12）外观交点：这是针对三维图形而言，捕捉空间中的两个图形对象在某一个视图上的交点，该交点可能并不存在，而仅仅是视觉上存在的交点。

（13）平行：从当前已选点作一条和某一条直线平行的线。

提示：

① 在捕捉圆心时，一定要用选取框选择圆或弧本身，而非直接选择圆心部位，此时光标将自动在圆心闪烁。

② 当靶区捕捉到捕捉点时，便会在该点闪出一个蓝色的特定小框，以提示用户不需要移动靶区，可以确定该捕捉点。

③ 临时捕捉方式每使用一次都必须重新启动。

2）隐含捕捉方式

设置隐含目标捕捉后，当在选择点的提示下执行目标捕捉功能时，AutoCAD会自动在所捕捉的点处给出一个标志，对于不同类型点的捕捉具有不同的标记。用户可以根据需要，预先设置一些目标捕捉模式。绘图时，AutoCAD自动捕捉已设置的捕捉模式的特殊点。

在菜单"工具"中选择"绘图设置"功能，就会弹出如图2-26所示的对话框，选择"对象捕捉"标签。用户可以根据需要在选定的复选框中打勾。

用户可以利用菜单"工具"→"选项（N）"→"绘图"功能设置"自动捕捉标记颜色"、"自动捕捉标记大小"和"靶框大小"。对话框如图2-27所示。

提示：以上介绍了隐含目标捕捉功能的设置，用户还可以控制是否使用隐含目标捕捉功能。方法是：点击状态条上的"对象捕捉"按钮（图2-28），AutoCAD会在是否使用隐含目标捕

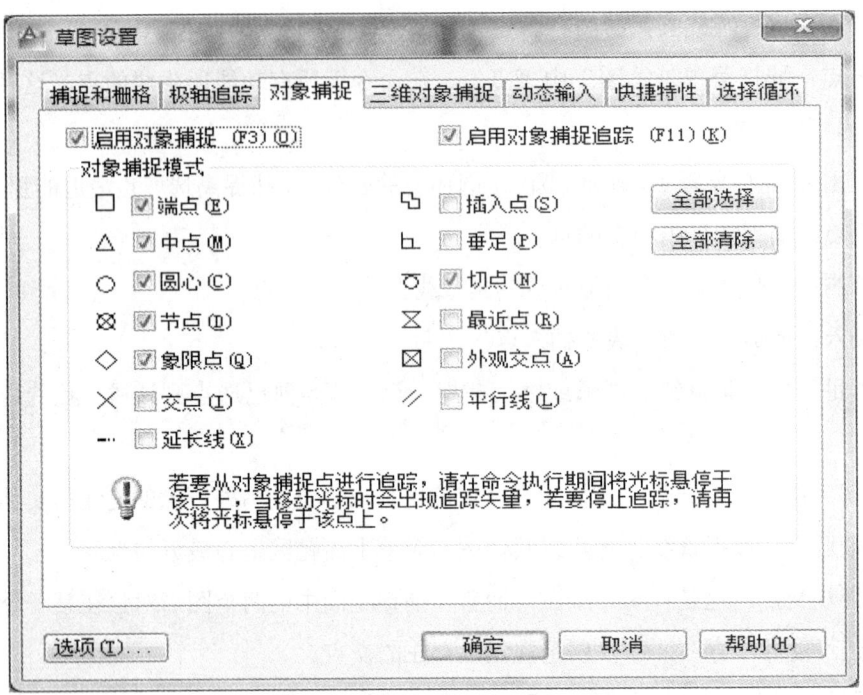

图 2-26 "草图设置"对话框

图 2-27 "绘图"标签

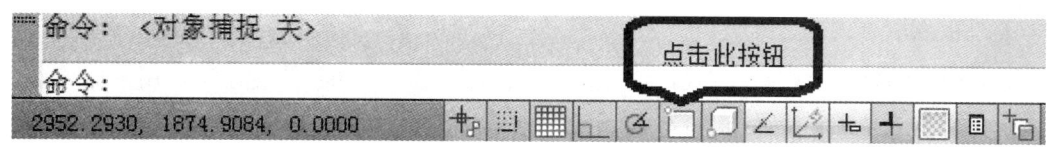

图 2-28 "对象捕捉"按钮

捉功能之间进行切换。

3）用极坐标跟踪功能确定点

极坐标跟踪捕捉功能是使用相对极坐标形式进行自动跟踪。

在图 2-28 中选择"极轴追踪"标签，就会出现如图 2-29 所示的对话框。选中"启用极轴追踪"选框表示打开极坐标跟踪功能。在"极轴角设置"区可以设置极坐标跟踪的角度增量，其中的"增量角"中只有一些特定的数值，而"附加角"内可以设置用户所需的角度数值。

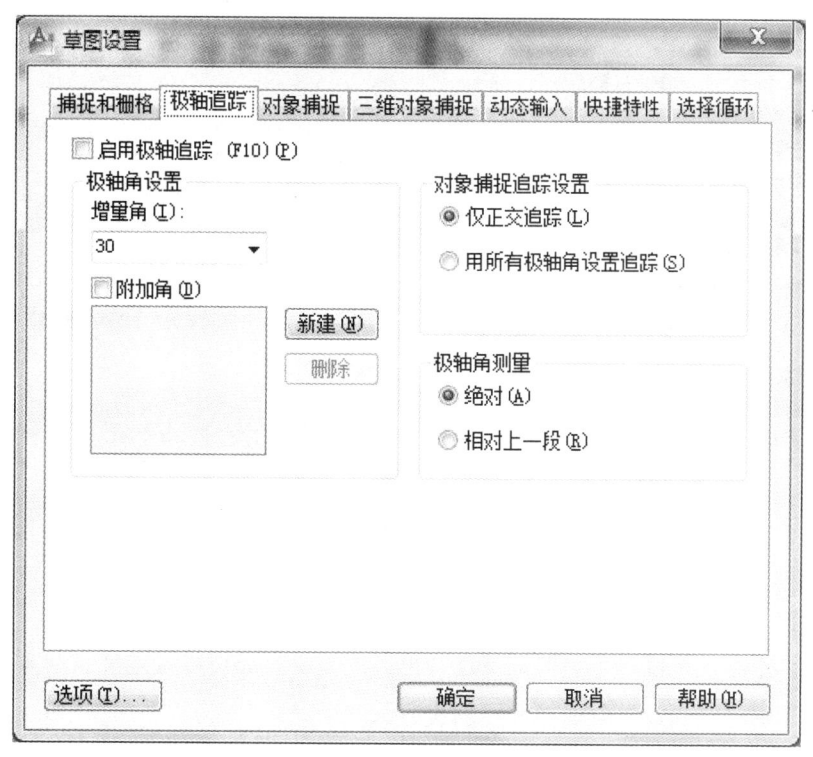

图 2-29 "极轴追踪"选项卡

2.3.4 实体选择方式

当输入一条编辑命令或进行其他某些操作时，AutoCAD 一般会提示："选择对象："，表示要求用户在屏幕上选择要进行操作的对象，并且此时十字光标框变成了一个小方框（称为选择框）。AutoCAD 提供了各种对象选择方法，下面作详细介绍。

1）直接点取方式

这是一种默认的选择对象方式，选择方式是：在"选择对象："提示下，用鼠标移动选择框到对象上，然后单击左键，该对象将以高亮度方式显示，表示被选中。选择框的大小可以调整，方法是：单击下拉菜单"工具"下的"选项"功能，在"选项"对话框中选取"选择集"标签，结果对话框如图 2-30 所示。

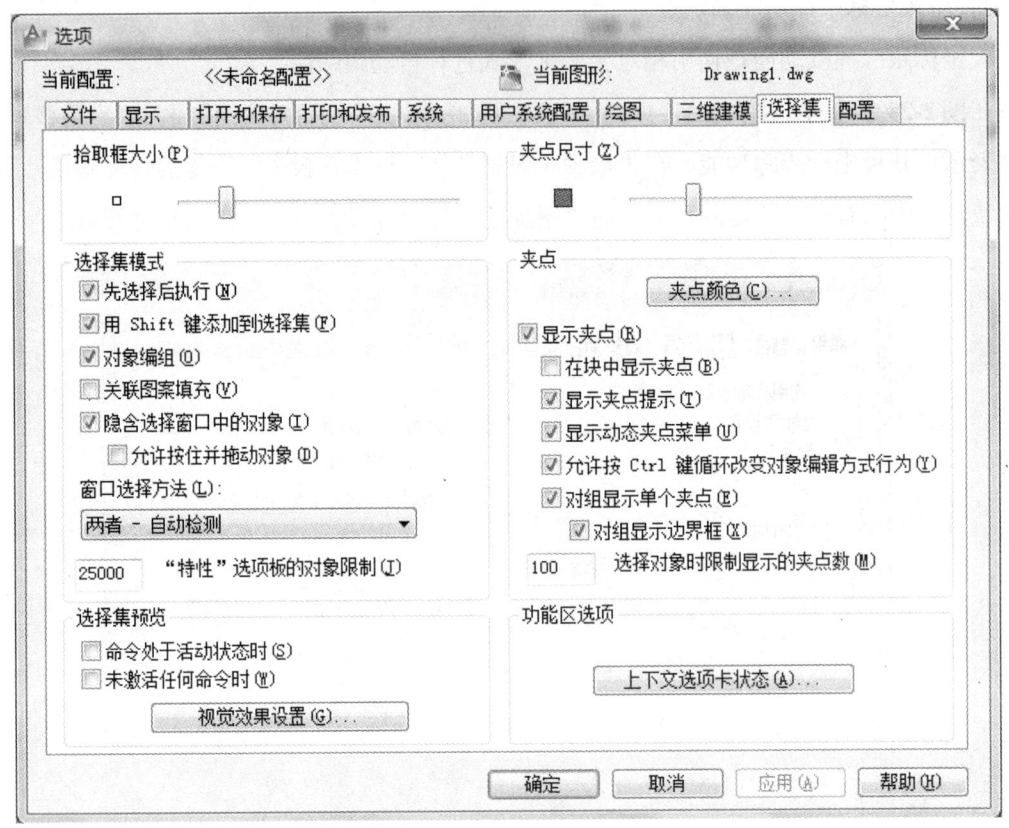

图 2-30 "选择集"选项卡

在该对话框中不仅可以设定拾取框（选择框）的大小，还可以设定夹点的大小和颜色。在"选择集模式"中可以确定对象选择方式的设置，其中：

（1）"先选择后执行（N）"——在作图时，有"名词/动词"和"动词/名词"两种编辑方式。默认为"动词/名词"编辑方式，即先发出编辑命令（动词），然后选取执行的操作对象（名词）。选中本复选框就可以使用"名词/动词"方式，先选取执行的操作对象然后发出编辑命令。

（2）"用 Shift 键添加到选择集（F）"——编辑图形时，系统要求选取对象（即建立一个临时的对象集），这个选择集有时不能一次选择完毕，可能要往选择集中添加或减去对象。

实现这个操作的一种方法是按下 Shift 键不放且同时选取对象，选中该复选框 AutoCAD 就具有了这种复合操作功能。

（3）"对象编组（O）"——选中该复选框，系统允许进行对象组编辑。

（4）"关联图案填充（V）"——选中该复选框，在填充图案的同时，也可以选中其边界。

2）默认窗口方式

当出现"选择对象："提示时，如果将选择框移动到图中某一点处单击鼠标左键，系统会提示："指定对角点："，此时将光标移动到另一个位置并单击左键，AutoCAD 会自动以这两个点作为对角点确定一个默认的矩形窗口。若矩形窗口定义时移动光标的方向是从左向右，则矩形窗口为实线，被窗口框住的对象均被选中；若矩形窗口定义时移动光标是从右向左，则矩形窗口为虚线，这时不仅在窗口内部的对象被选中，与窗口边界相交的对象也被选中。

凡被选中的对象都会变成虚线形式，并以高亮度在屏幕上显示。

3）窗口方式和交叉窗口方式

"窗口方式"表示选取某矩形窗口内的所有图形，操作方法是在"选择对象："后面输入 W（表示 Window），后面就和"默认窗口方式"方法相同。

"交叉窗口方式"表示选取某矩形窗口内部及与窗口边界相交的所有图形，操作方法是在"选择对象："后面输入 C（表示 Crossing Window），该方法和"默认窗口方式"的区别在于没有方向的规定。

4）扣除模式（Remove）与加入（Add）模式

AutoCAD 构造选择集操作有以下两种模式：加入模式和扣除模式。加入模式是将选中的对象加到选择集中，而扣除模式是将选中的对象移出选择集。正常情况下，构造选择集的模式为加入模式，如果在提示行"选择对象："后输入 R 并回车，此时 AutoCAD 的提示改为："删除对象："；若要返回加入模式，只要在"删除对象："提示下输入 A 即可。

5）命令取消和重复

在绘图过程中如果出现错误操作，AutoCAD 允许取消其操作，在"命令："提示行下输入 U 或 Undo 就可以撤消已执行的前一个命令的操作。这里注意输入 U 和输入 Undo 是不同的输入："U"表示撤消前一命令的执行，它没有选项；而输入"Undo"时为全命令功能，它具有下列选项：

（1）"自动（A）"——设为 ON 后，则同一菜单项后的几条命令操作可以用一个 Undo 命令返回；

（2）"控制（C）"——该选项允许用户决定保留多少恢复信息；

(3)"开始(BE)"——与"结束(E)"配合使用,用于定义命令组的开始部位;

(4)"结束(E)"——与开始"(BE)"配合使用,用户可以通过这两个命令定义为一个小组,用户定义命令组的结束部位;

(5)"标记(M)"——与"后退"联合使用,在编辑过程中设置标记;

(6)"后退(B)"——与"标记"联合使用,返回到标记位置。

6)命令重新执行

在执行 Undo 命令后,如果还需要恢复命令执行,可使用该命令。重新执行的命令是"Redo"。在这里说明两点:第一是用快捷键 Ctrl 十 Y 也可以执行"Redo"命令;第二是"Redo"命令只有在 U 或 Undo 命令之后才起作用,它仅指取消命令的重新执行,若想重复编辑或使用绘图命令,则在"命令:"提示下直接回车或单击鼠标右键,选取其 Repeat 选项即可。

2.4 设置绘图环境

2.4.1 图形单位与精度的设置

图形单位与精度的设置是进行精确绘图的关键,所以建议读者在绘图之前首先对单位和精度进行设置。在 AutoCAD 中可以利用相关命令对图形单位和精度进行具体设置。

执行方式

命令行:DDUNITS 或者 UNITS(简化命令:UN)。

下拉式菜单:"格式"→"单位"。

操作方法

执行"单位"命令后,系统会自动打开"图形单位"对话框,用户可以进行长度、角度、精度等相关设置,如图 2-31 所示。

选项说明

(1)长度单位的设置

展开"类型"下拉列表后,用户可以根据需要进行长度单位的设置,默认为"小数"。AutoCAD 软件提供了"分数"、"工程"、"建筑"、"科学"、"小数"五种长度类型。

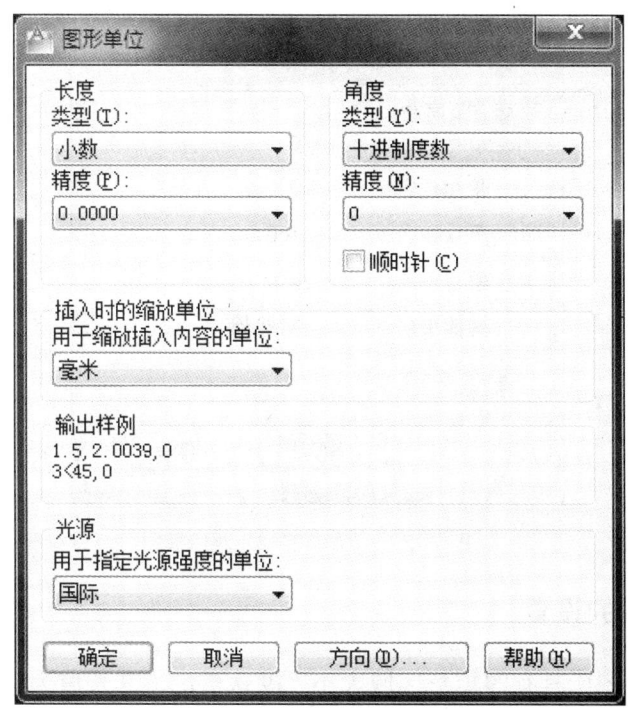

图 2-31 "图形单位"对话框

（2）长度精度的设置

展开"精度"下拉列表，用户可以根据需要设置精度大小，默认的大小为：0.0000。

（3）角度单位的设置

展开"类型"下拉列表后，用户可以根据需要进行角度单位的设置，默认为"十进制度数"。

（4）角度精度的设置

展开"精度"下拉列表，用户可以根据需要设置精度大小，默认的大小为：0。

（5）插入时的缩放单位设置

该选项组用于确定拖放内容的单位，默认为"毫米"。

（6）输出样例

用于显示采用当前单位和角度设置的例子。

（7）"光源"下拉列表框

该选项用于控制当前图形中光度控制光源的强度测量单位。

（8）角度的基准方向设置

单击对话框底部的"方向"按钮，系统将自动打开"方向控制"对话框，如图 2-32 所示。该对话框用来设置角度测量的起始位置。

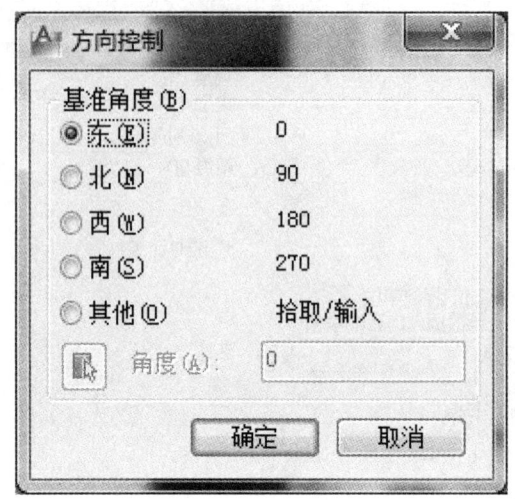

图 2-32 "方向控制"对话框

2.4.2 绘图范围的设置

绘图范围是指绘图所具有的矩形区域大小,默认情况下其长度为490、宽度为270,其右下角点位于坐标系的原点上。AutoCAD 2012允许用户利用"图形界限"命令重新设置绘图范围。

执行方式

命令行:LIMITS。

下拉式菜单:"格式"→"图形界限"。

操作方法

通过设置大小为220×120的图形界限来熟悉此命令,命令行执行过程如下。

命令: LIMITS   // 执行绘图范围设置命令
重新设置模型空间界限:
指定左下角点或 [开(ON)/关(OFF)] <0.0000,0.0000>:
                // 可以直接按Enter键或者输入数值"0,0"后按回车键。
指定右上角点 <420.0000,297.0000>:
         // 输入"@220,120",并按回车键,完成大小为220×120的图形界限设置。

选项说明

（1）开（ON）

ON 的作用是使绘图边界有效，系统在绘图边界以外拾取点被视为无效。

（2）关（OFF）

OFF 的作用是使绘图边界无效，用户可以在绘图边界以外拾取点或实体。

（3）最大化显示图形界限

执行菜单栏中的"视图"→"缩放"→"全部"便可使图形界限最大化显示。

2.5 显示控制

AutoCAD 提供了多种显示图形和视图的方式。在编辑图形时，如果想查看所作修改的整体效果，那么可以控制图形显示并快速移动到图形的不同区域；可以通过缩放图形显示来改变大小或通过平移重新定位视图在绘图区域中的位置；还可以保存视图，然后需要打印或查看特定细节时将其还原；也可以将屏幕划分为几个平铺的窗口来同时显示几个视图。

2.5.1 视图缩放（ZOOM）

按照一定比例、观察位置和角度显示图形称为视图。改变视图最常见的方法是选择 AutoCAD 众多缩放方法中的一种来放大或缩小绘图区域中的图像。增大图像以便更详细地查看细节称为放大，收缩图像以便在更大范围内查看图形称为缩小。下面两个图例分别示范了缩小和放大的效果，如图 2-33 所示。

需要注意的是，缩放并没有改变图形的绝对大小。它仅仅改变了绘图区域中实体显示的大小。AutoCAD 提供了几种方法来改变视图：指定显示窗口、按指定比例缩放以及显示整个图形等。

执行方式

命令行：ZOOM。

下拉式菜单："视图"→"缩放"。

操作方法

命令行提示与操作如下。

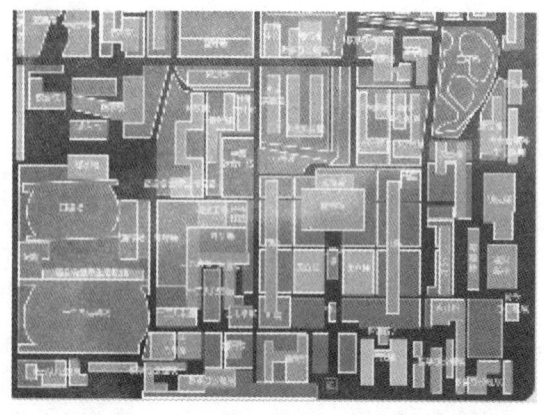 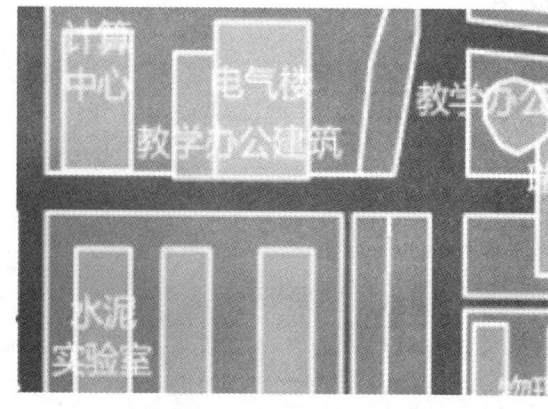

缩小的视图　　　　　　　　　　　　　　放大的视图

图 2-33　视图的缩小和放大

命令：　ZOOM　　　　　　　　　　　　　　　　　　　　　　//执行图形缩放命令。

指定窗口的角点，输入比例因子（nX 或 nXP），或者

[全部（A）/中心（C）/动态（D）/范围（E）/上一个（P）/比例（S）/窗口（W）/对象（O）]
<实时>：　　　　　　　　　　　　　　　　　　//默认为实时缩放或选择类型。

选项说明

（1）全部（A）：在当前视口中缩放显示整个图形。如图 2-34 所示的效果图。

（2）中心（C）：缩放显示由中心点和缩放比例（或高度）所定义的窗口。如图 2-35 所示。

（3）动态（D）：缩放显示在视图框中的部分图形。视图框表示视口，可以改变它的大小，或调整它的大小，或在图形中移动。移动视图框或调整它的大小，将其中的图像平移或缩放，以充满整个视口。

（4）范围（E）：缩放显示图形范围，此时，系统将文件中的几何图形满屏显示，当几何图形超出图形的 limits 范围时，系统将几何图形以及 limits 范围同时满屏显示，如图 2-36 所示。

（5）上一个（P）：AutoCAD 在进行视图缩放时，会保存最近的几个显示视图，可以调出这些以前的显示视图来观察，最多可恢复此前的十个视图。需要注意的是，如果改变用 SHADEMODE 进行的着色，视图将发生变化。如果在改变着色后输入"ZOOM_"、"上一个"，它将恢复上一个不同着色的视图，而不是不同缩放的视图。

（6）比例（S）：此时以指定的比例因子缩放显示。

（7）窗口（W）：显示由两个角点定义的矩形窗口框定的区域，并将该区域满屏显示。

（8）实时：利用定点设备，在合适的范围内交互缩放。

 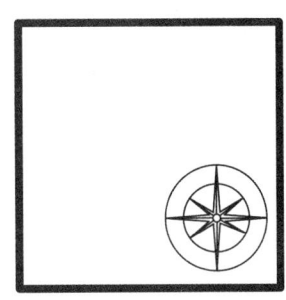

全部缩放之前　　　　　　　　　　　全部缩放之后

图 2-34　全部缩放

中心缩放之前　　　　　　　　　　　中心缩放之后

图 2-35　指定中心点缩放

 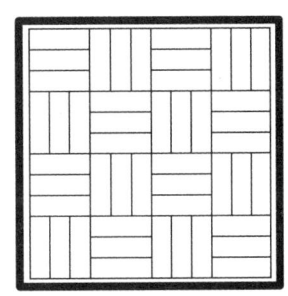

范围缩放之前　　　　　　　　　　　范围缩放之后

图 2-36　利用"范围"进行缩放

2.5.2　视图平移（PAN）

平移的操作就是在视图中选择需要观察的位置，可以理解为移动图纸，在图纸上选择观看的位置，平移（PAN）命令与缩放（ZOOM）命令构成了显示操作的主要部分，它们分别进行横向和纵向的显示操作。

执行视图平移命令时可以在命令行输入 PAN，或者打开"视图"菜单，选择"平移"，有一组用于视图平移的菜单，如图 2-37 所示。

图 2-37 "视图平移"菜单

 执行方式

命令行：PAN。

下拉式菜单："视图"→"平移"。

操作方法

在命令行输入平移命令后，鼠标箭头变为手形光标，这时便可以平移图形了。

在 AutoCAD 2012 中，还为显示控制命令设置了一个快捷菜单，只需右击鼠标，将显示如图 2-38 所示的菜单，用户便可随意切换。

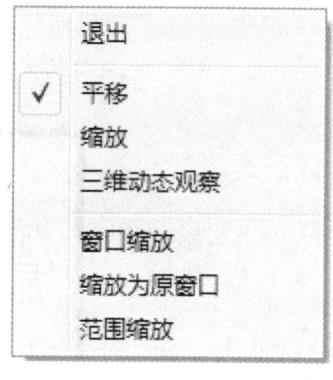

图 2-38 右键快捷菜单

 **选项说明**

（1）在实时平移的状态下光标将变为手形光标。按住定点设备上的拾取键可以锁定光标于相对视口坐标系的当前位置，窗口中的图形随光标向同一方向移动。

（2）如果到达某个逻辑范围（图形空间的边界），手形光标处（即到达范围的一边）将显示边界栏。根据此逻辑范围处于图形顶部、底部还是两边，将相应地显示出水平（顶部或底部）或垂直（左边或右边）边界栏。

（3）释放拾取键，平移将停止。可以释放拾取键，将光标移动到图形的其他位置，然后再按拾取键，接着在该位置进行平移。任何时候要停止平移，请按 Enter 键或 Esc 键。

2.5.3 打开或关闭可见元素

图形的复杂度会影响 AutoCAD 刷新屏幕或处理命令的速度。如果需要提高程序的性能，可关闭文本、线宽、填充、亮显选择内容以及点标记。

1）填充

可以为宽线、宽多段线和实体填充打开或关闭填充，关闭填充可以提高 AutoCAD 的显示处理速度。当实体填充模式是关闭的时候，填充不可打印，改变填充模式的设置并不影响显示具有线宽的对象。另外，FILLMODE 控制所有使用 AutoCAD R14 或更早版本创建或保存的填充对象的显示。无论何时修改了实体填充模式，都可以使用 REGEN 查看对现有对象的效果。新对象自动反映新的设置。

打开或关闭填充显示的步骤：

（1）在命令提示下输入 fill；

（2）输入 on 显示填充，输入 off 仅显示轮廓；

（3）输入 regen 显示所作的修改。

系统变量 FILLMODE 控制一些实体填充和图案填充的显示。

相关信息 OPTIONS 命令将打开"选项"对话框，选择对话框中的"显示"选项卡，然后选择或清除"应用实体填充"。

2）线宽

当在模型空间或图纸空间中工作时，为了提高 AutoCAD 的显示处理速度，可以关闭线宽的显示。线宽可以给对象添加宽度。通过选择状态栏上的"线宽"按钮或使用"线宽设置"对话框，可以切换线宽显示的开和关。线宽以实际尺寸打印，但在模型选项卡中与像素成比例显示。任何线宽的宽度如果超过了一个像素就有可能降低 AutoCAD 的显示处理速度。如果要使 AutoCAD 的显示性达到最优，则需要在图形工作时，把线宽显示功能关闭。

打开或关闭线宽显示的步骤：

（1）从"格式"菜单，选择"线宽"，如图 2-39 所示；

（2）在"线宽设置"对话框中，清除"显示线宽"选项；

（3）选择"确定"，退出"线宽设置"对话框。

系统变量 LWDISPLAY 控制线宽在当前图形中的显示。

3）文字

可以通过打开"快速文字"模式来关闭文字的显示。"快速文字"模式打开时，只显示定

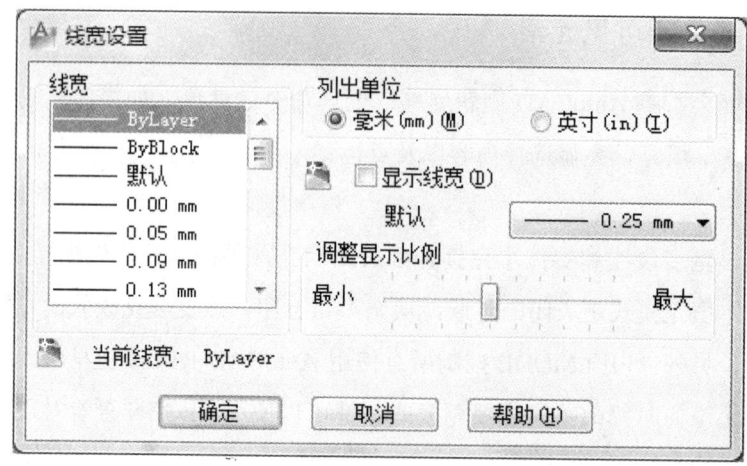

图 2-39 "线宽设置"对话框

义文字的框架。与填充模式一样,关闭文字显示可以提高 AutoCAD 的显示处理速度。打开"快速文字",则只打印文字框而不打印文字。

无论何时修改了"快速文字"模式,都可以使用 REGEN 查看现有文字上的改动效果。新的文字自动反映新的设置。

打开或关闭文字显示的步骤:

(1) 在命令提示下输入 qtext;

(2) 输入 on 隐藏文字,输入 off 显示文字;

(3) 输入 regen 显示所作修改。

系统变量 QTEXTMODE 控制文字的显示。相关信息 OPTIONS 命令将打开"选项"对话框。选择对话框中的"显示"选项卡,然后选择或清除"仅显示文字边框"。

4)选择内容亮显

要想打开或关闭标识选定对象的亮显,请使用 HIGHLIGHT 系统变量。关闭亮显可以提高性能。

打开或关闭选择内容亮显的步骤:

(1) 在命令提示下输入 highlight;

(2) 输入数字 1 打开亮显,输入数字 0 关闭亮显。

第 3 章
基本二维绘图工具

点、线、圆等是任何图形的基本元素，本章将通过学习基本的点、线、圆、圆弧等的绘制，开始在 AutoCAD 2012 中的绘图工作。

3.1 画点（POINT）

点是最简单的图形元素，只要确定点坐标，即可生成点对象。

在 AutoCAD 中，点的样式多种多样，用户可以根据需要进行设置。在缺省状态下，点的样式显示为一个小圆点，如果屏幕中有较多的图形，不容易看清。此时可以按下面的方法设置点的样式。

3.1.1 设置点的样式

设置点样式的具体方法如下。

执行方式

命令行：DDPTYPE。

下拉式菜单："格式" → "点样式"。

操作方法

在命令行输入命令或点击"格式" → "点样式"后，视图区内弹出如图 3-1 所示的"点样式"对话框。对话框中列出了可用来表示点的图形，只需用鼠标左键单击其中一个，即选中该图形作为点的样式。黑底显示的样式为当前样式或选中的样式。

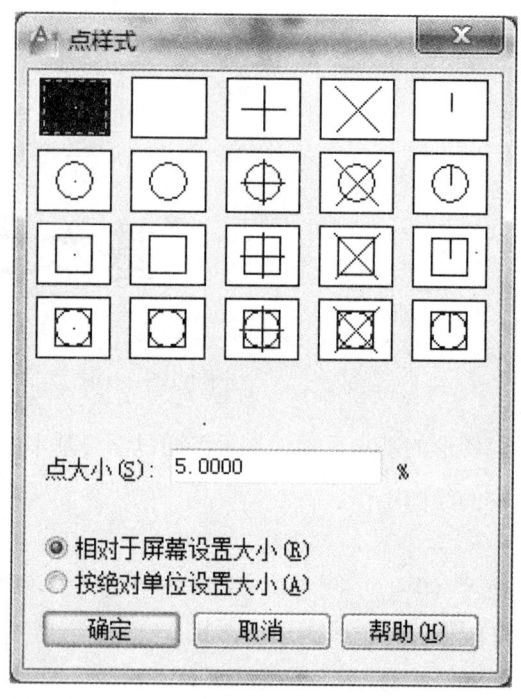

图 3-1 "点样式"对话框

 **选项说明**

（1）点大小

设置点的显示大小。AutoCAD 将点的显示大小存储在 PDSIZE 系统变量中。

（2）相对于屏幕设置大小

按屏幕尺寸的百分比设置点的显示大小。当进行缩放时，点的显示大小并不改变。

（3）按绝对单位设置大小

按"点大小"下指定的实际单位设置点的显示大小。当进行缩放时，点的显示大小随之改变。

3.1.2 点命令

 执行方式

命令行：POINT（简化命令：PO）。

下拉式菜单："绘图"→"点"。

工具栏：单击"绘图"工具栏中"点"按钮。

操作方法

命令行提示如下。

命令: POINT   // 执行点命令。

当前点模式: PDMODE=0 PDSIZE=0.0000   // 显示当前设置。

指定点: // 指定点的位置。

选项说明

可以通过下拉式菜单的方式选择"单点"或者"多点",如图3-2所示。"单点"命令只输入一个点,而"多点"命令可连续输入多个点(输入方法和单点相同)。

图3-2 "点"的下拉式菜单

3.2 画直线（LINE）

直线命令是 AutoCAD 最常使用的命令之一，使用该命令可以在输入的两点之间绘制一条直线段，输入第一个端点后，在屏幕上就会出现一条从该端点到鼠标当前位置的直线，并会随鼠标的移动而移动，这条线称为橡皮筋线。在 2012 版本中，与橡皮筋线同时出现的还有在线段长度及与零方向夹角的提示，对下一点坐标的输入有一定的帮助。输入另一个端点后，可确定一条直线。

3.2.1 直线命令

执行方式

命令行：LINE（简化命令：L）。

下拉式菜单："绘图" → "直线"。

工具栏：单击"绘图"工具栏中的"直线"按钮 。

功能区：单击"常用"选项卡下的"绘图"面板中的"直线"按钮 直线 。

操作方法

命令行提示与操作如下。

命令：LINE   // 执行直线命令。

指定第一点：   // 此时可输入一个点或按回车键。如果输入一个点，则输入的点
                      作为线段的起点。

指定下一点或 [放弃(U)]：   // 此时再输入一个点，则该点与上一点连成一条线段。

指定下一点或 [放弃(U)]：

指定下一点或 [闭合(C)/放弃(U)]：

选项说明

（1）直线命令在画出第一段后，AutoCAD 会自动以该点为下一条线段的起点，开始绘制下一条线段。此时命令行中仍然提示："指定下一点或 [放弃(U)]："。这样连续输入多个点，可以绘制一系列连续的直线段，但每条线段均为独立的图形元素，可以通过编辑命令单独被删除或修改。

（2）如果在画线过程中画错了某一段，不必退出画线命令，可以输入"U"，则放弃上一

步中输入的点,即可删除最后一段,重新输入端点。

(3)要结束画线命令,根据在此命令中所画的线段是否闭合,可以有两种不同的方式。如果画一段,或多段但所画线段不闭合,则按回车键或 ESC 键或在右键菜单中选择"确认"退出画线命令。

(4)如果画多段且首尾相连,则输入"C",即以当前的端点为起点、第一条线段的起始点作为端点,生成最后一条线段,形成一个闭合的线段环。同时退出本次画线命令。只有在绘制了一系列线段(两条以上)之后,才能使用"闭合"选项。

(5)如果直接回车,则表示从上次绘图的终点处继续绘图,如果上一次的绘图操作中画了一条线段,则以这条线段的终点为本次画线的起点,如图 3-3 所示。

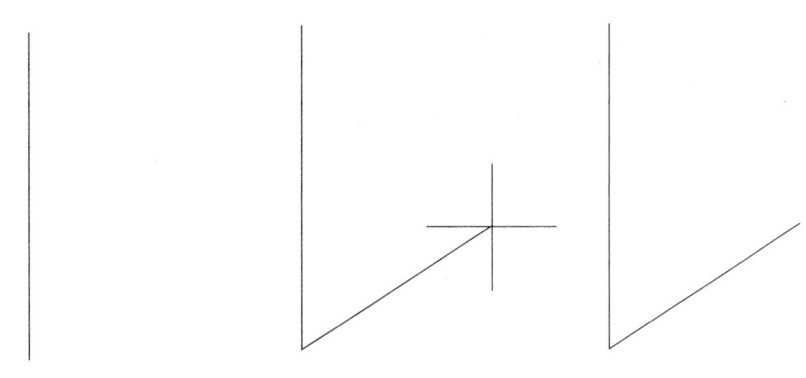

图 3-3 连续画线

3.2.2 实例 3-1——画直线

如图 3-4 所示,通过绝对坐标输入法、直角坐标系下的相对坐标输入法和极坐标系下的相对坐标输入法绘制三个边长均为 100 的正方形。

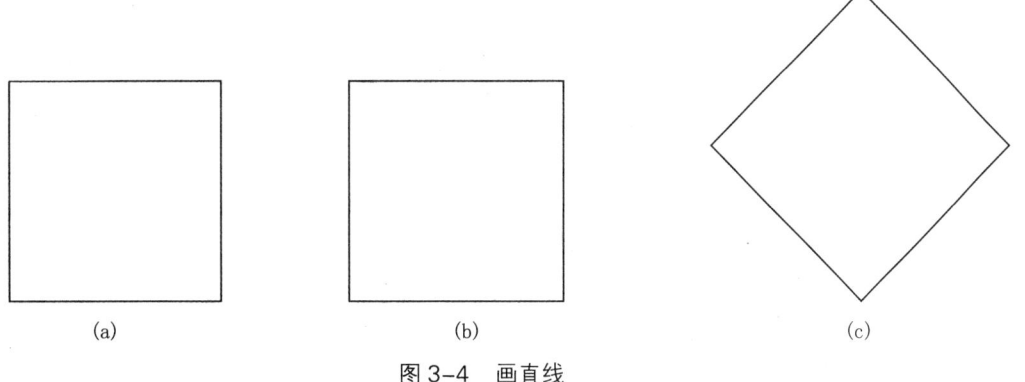

图 3-4 画直线

(1) 通过绝对坐标输入法绘制三个边长为100的正方形的步骤

Step 绘制步骤

① 输入"LINE（简化命令：L）"命令并回车，命令行提示如下：

指定第一点：

② 输入"100,100"并回车，命令行提示如下：

指定下一点或 [放弃(U)]：

③ 输入"200,100"并回车，命令行提示如下：

指定下一点或 [放弃(U)]：

④ 输入"200,200"并回车，命令行提示如下：

指定下一点或 [闭合(C)/放弃(U)]：

⑤ 输入"100,200"并回车，命令行提示如下：

指定下一点或 [闭合(C)/放弃(U)]：

⑥ 输入"C"并回车，效果如图3-4（a）的正方形所示。

(2) 通过直角坐标系下的相对坐标输入法绘制三个边长为100的正方形的步骤

Step 绘制步骤

① 输入"LINE（简化命令：L）"命令并回车，命令行提示如下：

指定第一点：

② 输入"260,100"并回车，命令行提示如下：

指定下一点或 [放弃(U)]：

③ 输入"@100,0"并回车，命令行提示如下：

指定下一点或 [放弃(U)]：

④ 输入"@0,100"并回车，命令行提示如下：

指定下一点或 [闭合(C)/放弃(U)]：

⑤ 输入"@-100,0"并回车，命令行提示如下：

指定下一点或 [闭合(C)/放弃(U)]：

⑥ 输入"C"并回车，效果如图3-4（b）的正方形所示。

(3) 通过极坐标系下的相对坐标输入法绘制三个边长为100的正方形的步骤

Step 绘制步骤

① 输入"LINE（简化命令：L）"命令并回车，命令行提示如下：

指定第一点:

② 输入"500,100"并回车,命令行提示如下:

指定下一点或 [放弃(U)]:

③ 输入"@100<45"并回车,命令行提示如下:

指定下一点或 [放弃(U)]:

④ 输入"@100<135"并回车,命令行提示如下:

指定下一点或 [闭合(C)/放弃(U)]:

⑤ 输入"@100<225"并回车,命令行提示如下:

指定下一点或 [闭合(C)/放弃(U)]:

⑥ 输入"C"并回车,效果如图3-4(c)的正方形所示。

3.3 画圆(CIRCLE)

圆也是我们所熟悉的图形元素之一,画圆命令可通过多种方式画出我们所需要的圆。在AutoCAD中,有六种画圆的方法,分别对应了下拉式菜单中的六项子菜单。

1)"绘图"→"圆"→"圆心、半径"

这是最常用的画圆方法,此时只需输入圆心和半径,就可画出一个圆。

2)"绘图"→"圆"→"圆心、直径"

同上一种方法类似,此时输入圆心和直径,同样也可以画出一个圆。

3)"绘图"→"圆"→"两点"

此时输入两点作为直径的两个端点,以这两点的中点为圆心,两点间的距离为直径,可唯一地确定一个圆。

4)"绘图"→"圆"→"三点"

根据几何原理,不在同一条直线上的三点可唯一地确定一个圆。因此输入不在同一条直线上的三个点必能得到经过这三点的一个圆。

5)"绘图"→"圆"→"相切、相切、半径"

此时选择两个与要做的圆相切的对象,一般在靠近切点处选择,再输入半径值即可以得到一个与两个所选元素相切,并以输入值为半径的圆。有时有不止一个圆符合命令中所给条件,此时AutoCAD绘制出切点与选定点最近的圆。同时这种方法并不能保证作出一个圆,如果半径值不合理就可能作不出一个圆。

6)"绘图"→"圆"→"相切、相切、相切"

选择三个与要作的圆相切的对象,如果有一个圆与所选元素都相切,则作出这个圆。这种方法也不能保证肯定能画出一个圆。

3.3.1 画圆命令

执行方式

命令行:CIRCLE(简化命令:C)。

下拉式菜单:"绘图"→"圆"。

工具栏:单击"绘图"工具栏中的"圆"按钮。

功能区:单击"常用"选项卡下的"绘图"面板中的"圆"按钮。

操作方法

命令行提示与操作如下:

命令: CIRCLE   //执行圆命令。

指定圆的圆心或 [三点(3P)/两点(2P)/切点、切点、半径(T)]:

　　　　　　　　　　　　　　　　　　　　　　　　//此时输入圆心点或输入选项。

指定圆的半径或 [直径(D)]:   //此时输入圆的半径或输入选项D。

选项说明

(1)通过命令行或工具条上的按钮启动画圆命令,则默认为"圆心、半径"法画圆,如果要采用其他方式,则可以根据命令行的提示,输入相应选项后小括号内的数字和字母(大小写均可)。

(2)如果已知圆心和半径或直径,此时输入圆心点,然后输入半径值;或在输入圆心后,再输入"D",最后输入直径值。

(3)如果要按三点方式画圆,需首先输入"3P";输入"2P"则按两点方式画圆;或输入"T",画一个与所选的两个对象相切,且半径为指定值的圆。操作方式同上。

3.3.2 实例3-2——绘制四个圆

以不同的方法绘制图3-5中的四个圆。

(1)以"圆心、半径"法绘制左下侧的圆的绘制步骤

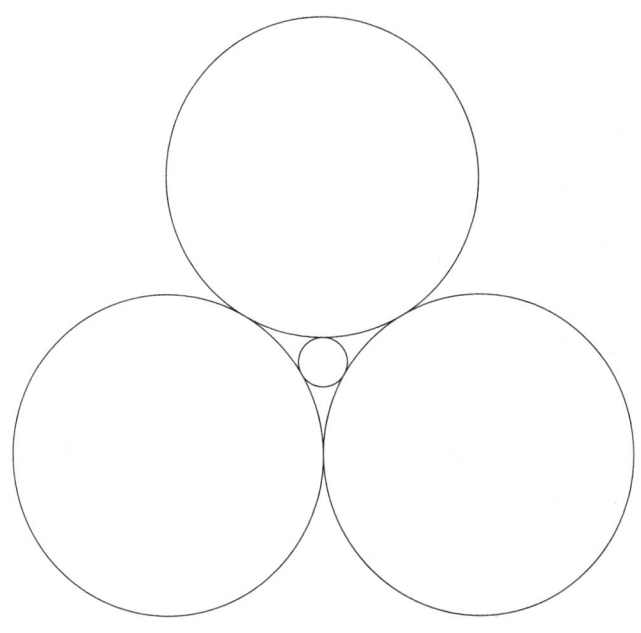

图 3-5 四个圆绘制

Step 绘制步骤

① 输入"CIRCLE（简化命令：C）"命令并回车，命令行提示如下：

指定圆的圆心或［三点（3P）/两点（2P）/切点、切点、半径（T）］：

② 输入"100，100"并回车，命令行提示如下：

指定圆的半径或［直径（D）］：

③ 输入"100"并回车，效果如图 3-5 左下侧的圆所示。

（2）以"两点"法绘制右下侧的圆的绘制步骤

Step 绘制步骤

① 输入"CIRCLE（简化命令：C）"命令并回车，命令行提示如下：

指定圆的圆心或［三点（3P）/两点（2P）/切点、切点、半径（T）］：

② 输入"2P"并回车，选择"两点"法绘制，命令行提示如下：

指定圆直径的第一个端点：

③ 输入"@100，0"并回车，命令行提示如下：

指定圆直径的第二个端点：

④ 输入"@200，0"并回车，效果如图 3-5 右下侧的圆所示。

（3）以"相切、相切、半径"法绘制（此处用了对象捕捉，详细内容请参见3.6节）上

侧的圆的绘制步骤

Step 绘制步骤

① 输入"CIRCLE（简化命令：C）"命令并回车，命令行提示如下：

指定圆的圆心或 [三点（3P）/两点（2P）/切点、切点、半径（T）]：

② 输入"T"并回车，选择"相切、相切、半径"法绘制，命令行提示如下：

指定对象与圆的第一个切点：

③ 用鼠标左键选择左侧圆的右上方，命令行提示如下：

指定对象与圆的第二个切点：

④ 用鼠标左键选择右侧圆的左上方，命令行提示如下：

指定圆的半径 <100.0000>：

⑤ 回车，默认圆的半径为100，效果如图3-5上侧的圆所示。

（4）以"相切、相切、相切"法绘制中间的圆的绘制步骤

Step 绘制步骤

① 输入"CIRCLE（简化命令：C）"命令并回车，命令行提示如下：

指定圆的圆心或 [三点（3P）/两点（2P）/切点、切点、半径（T）]：

② 输入"3P"并回车，选择"相切、相切、相切"法绘制，命令行提示如下：

指定圆上的第一个点：

③ 用鼠标左键选择左侧圆的右上方，命令行提示如下：

指定圆上的第二个点：

④ 用鼠标左键选择右侧圆的左上方，命令行提示如下：

指定圆上的第三个点：

⑤ 用鼠标左键选择上侧圆的下方，效果如图3-5中间的圆所示。

3.4 画圆弧（ARC）

圆弧同样也为常见的图形之一，三个参数可确定一条圆弧。AutoCAD 2012中提供了多达11种方法来画圆弧。缺省的方法是指定三点：起点、圆弧上一点和端点。其他方式为圆弧起点、圆心、端点、角度、半径、方向和长度等参数的不同组合。从绘图菜单中的圆弧子菜单下的11个选项中，可清楚地看到这些方法，如图3-6所示。

虽然画圆弧的方法较多，但是如果对圆弧的参数有较好的理解，则有助于掌握画圆弧的各种方法。

缺省情况下，AutoCAD将按逆时针方向绘制圆弧。参数中的"角度"指的是圆弧的起点和终点与圆心的连线所成的角度，即圆心角。缺省情况下，输入正值的角度，将按逆时针方向绘制圆弧；输入负值，则按顺时针方向绘制圆弧。"长度"指圆弧的弦长，即圆弧起点和终点之间的距离。如果输入的弦长绝对值小于直径，则圆周上有两点到起点的距离等于弦长，此时如果输入的弦长为正值，则画出沿逆时针方向得到的满足条件的第一条圆弧，即小于半圆的弧，也称之为劣弧；如果输入的弦长为负值，则画出另一条大于半圆的弧，也称之为优弧。如果输入的弦长绝对值等于直径，无论正负，均沿逆时针方向画出半圆。如果输入的弦长绝对值大于直径，无论正负，均作不出圆弧。

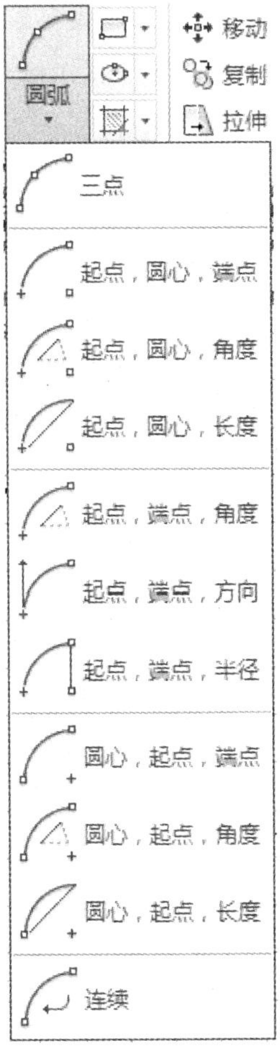

3.4.1 圆弧命令

图3-6 "圆弧"子菜

执行方式

命令行：ARC（简化命令：A）。

下拉式菜单："绘图"→"圆弧"。

工具栏：单击"绘图"工具栏中的"圆弧"按钮。

功能区：单击"常用"选项卡下的"绘图"面板中的"圆弧"按钮。

操作方法

命令行提示与操作如下：

命令： ARC   // 执行圆弧命令。
指定圆弧的起点或 [圆心(C)]:   // 指定圆弧起点。
指定圆弧的第二个点或 [圆心(C)/端点(E)]:   // 指定圆弧第二个点。
指定圆弧的端点: // 指定末端点。

选项说明

（1）如果在命令行输入命令，缺省方式是以三点法作圆弧。如果在命令行启动画圆弧命令，并要按其他方式来画,则需根据命令行的提示,确认不同的选项,执行相应的操作。

(2)如果在输入第一点时直接回车,即表示按连续作图方式画圆弧,绘制一条圆弧与最后绘制的直线或圆弧相切。

3.4.2 实例3-3——绘制八卦图

绘制如图3-7所示的八卦图。

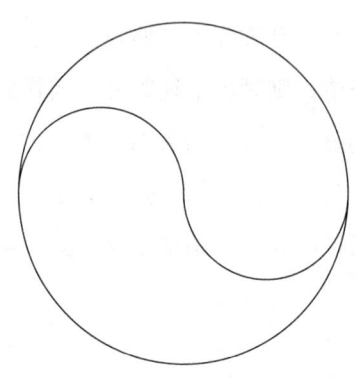

图3-7 八卦图的绘制

Step 绘制步骤

① 绘制外侧的圆,输入"CIRCLE(简化命令:C)"命令并回车,命令行提示如下:

指定圆的圆心或[三点(3P)/两点(2P)/切点、切点、半径(T)]:

② 输入"100,200"并回车,命令行提示如下:

指定圆的半径或[直径(D)]<10.0000>:

③ 输入"50"并回车,得到一个外侧圆。

④ 用"起点、圆心、角度"法绘制左侧半圆,输入"ARC(简化命令:A)"命令并回车,命令行提示如下:

指定圆弧的起点或[圆心(C)]:

⑤ 输入"@ -50,0"并回车,命令行提示如下:

指定圆弧的第二个点或[圆心(C)/端点(E)]:

⑥ 输入"C"并回车,命令行提示如下:

指定圆弧的圆心:

⑦ 输入"@ 25,0"并回车,命令行提示如下:

指定圆弧的端点或[角度(A)/弦长(L)]:

⑧ 输入"A"并回车,命令行提示如下:

⑨ 指定包含角:

输入"-180"并回车,得到左侧半圆。

⑩ 用继续方式绘制右侧半圆,输入"ARC(简化命令:A)"命令并回车,命令行提示如下:

指定圆弧的起点或[圆心(C)]:

⑪ 输入回车后,命令行提示如下:

指定圆弧的端点:

⑫ 输入"@50,0"并回车,得到如图3-7所示的八卦图。

3.5 画椭圆和椭圆弧(ELLIPSE)

在几何学中,圆是椭圆的一种特例。如图3-8所示,椭圆有两根相互垂直的轴线,较长的轴称为长轴,较短的轴称为短轴。从圆心出发,到轴线的端点则称之为半轴。当长轴和短轴长度相等时就是一个圆。

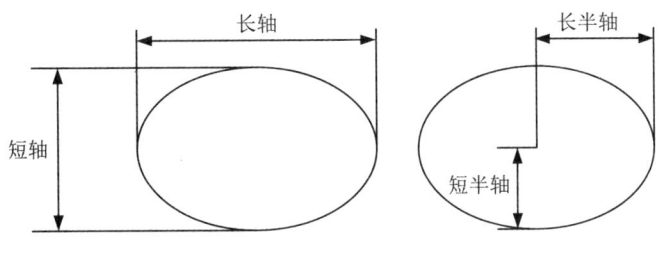

图3-8 椭圆的轴

椭圆(ELLIPSE)命令既可以画一个完整的椭圆,也可以画椭圆的一部分,即椭圆弧。画椭圆时,关键是确定两根轴的位置和长度。AutoCAD中提供了如图3-9所示的方法来绘制椭圆和椭圆弧,对应于"椭圆"下的子菜单或者"常用"选项卡下的"绘图"面板中的"椭圆"选项。

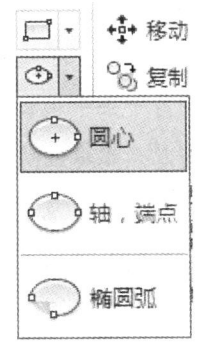

图3-9 "椭圆"子菜单

3.5.1 椭圆和椭圆弧命令

执行方式

命令行：ELLIPSE（简化命令：EL）。

下拉式菜单："绘图"→"椭圆"→"圆弧"。

工具栏：单击"绘图"工具栏中的"椭圆"按钮 或 "椭圆弧"按钮 。

功能区：单击"常用"选项卡下的"绘图"面板中的"椭圆"按钮 。

操作方法

命令行提示与操作如下：

命令：ELLIPSE   //执行椭圆命令。

指定椭圆的轴端点或 [圆弧(A)/中心点(C)]：   //确定一条轴的一端。

指定轴的另一个端点：   //确定另一条轴的一端。

指定另一条半轴长度或 [旋转(R)]：   //确定另一条半轴的长度。

选项说明

（1）如果通过工具栏或命令行启动该命令，缺省方式为轴一端点法，命令行提示"指定椭圆的轴端点或 [圆弧（A）/中心点（C）]："，此时可输入"A"，表示画椭圆弧，或输入"C"选择中心点法。

（2）圆弧（A）：椭圆弧的绘制就是在画完椭圆以后，取该椭圆的一部分。选择"A"项，画椭圆弧，其命令行提示如下。

指定椭圆弧的轴端点或 [中心点(C)]：   //指定端点。

指定轴的另一个端点：   //指定另一端点。

指定另一条半轴长度或 [旋转(R)]：   //指定另一半轴长度。

指定起点角度或 [参数(P)]：   //指定起始角度。

指定端点角度或 [参数（P）/包含角度（I）]：

其中各项含义如下：

起始角度：从圆弧第一根轴的起点到圆心的连线以圆心为中心沿逆时针方向转到圆弧起点转过的角度。

终止角度：从圆弧第一根轴的起点到圆心的连线、以圆心为中心沿逆时针方向转到圆弧终点转过的角度。

包含角度：终止角度与起始角度的差，即椭圆弧所夹的圆心角。

参数：用来确定椭圆弧的起点角度。AutoCAD 使用以下矢量参数方程式创建椭圆弧：

$$p(u) = c + a * \cos(u) + b * \sin(u)$$

其中，c 是椭圆的中心点，a 和 b 分别是椭圆的半长轴和半短轴。

中心点（C）：通过指定中心点创建椭圆。

旋转（R）：通过环绕第一条轴旋转来创建椭圆。

3.5.2 实例 3-4——绘制"雏菊"

利用椭圆命令绘制如图 3-10 所示的"雏菊"。

图 3-10 "雏菊"的绘制

Step 绘制步骤

① 输入"ELLIPSE（简化命令：EL）"命令并回车，命令行提示如下：

指定椭圆的轴端点或 ［圆弧（A）/ 中心点（C）］：

② 输入"C"并回车，命令行提示如下：

指定椭圆的中心点：

③ 输入"50，0"并回车，命令行提示如下：

指定轴的端点：

④ 输入"@40，0"并回车，命令行提示如下：

指定另一条半轴长度或 ［旋转（R）］：

⑤ 输入"100"并回车，得到一个椭圆。下面利用阵列命令 ARRAY（将在第 6 章中介绍，读者可以暂作了解）。

⑥ 输入"ARRAY"并回车，命令行提示如下：

选择对象：

⑦ 鼠标左键单击之前绘制的椭圆图形并回车，命令行提示如下：

选择对象： 输入阵列类型［矩形（R）/路径（PA）/极轴（PO）］＜极轴＞：

⑧ 输入"PO"并回车，命令行提示如下：

类型 = 极轴 关联 = 是

指定阵列的中心点或［基点（B）/旋转轴（A）］：

⑨ 选择椭圆的右下侧，命令行提示如下：

输入项目数或［项目间角度（A）/表达式（E）］＜4＞：

⑩ 输入"25"并回车，命令行提示如下：

指定填充角度（+=逆时针、-=顺时针）或［表达式（EX）］＜360＞：

⑪ 输入回车，命令行提示如下：

按 Enter 键接受或［关联（AS）/基点（B）/项目（I）/项目间角度（A）/填充角度（F）/行（ROW）/层（L）/旋转项目（ROT）/退出（X）］

＜退出＞：

⑫ 输入"X"并回车，退出编辑命令，得到如图 3-10 所示的"雏菊"。

3.6 特殊点的捕捉

在前面的作图命令中，需要频繁地输入点。在 AutoCAD 中，既可以通过键盘在命令行中输入点的坐标，也可以通过鼠标输入点。当鼠标在绘图区移动时，在状态栏中左端会显示鼠标在用户坐标系的 xOy 面内对应的坐标。在输入点时，如果处于非捕捉状态时，点下鼠标左键时将拾取该点坐标。

如果图纸中已经绘制了一部分内容，则现有的内容，如，线段的端点、中点和圆的圆心等就可以在以后的作图中得到利用。在绘图命令或编辑命令运行期间，可以用鼠标捕捉对象上的几何点，如端点、中点、圆心和交点等。

3.6.1 对象捕捉的打开及步骤

在 AutoCAD 中，可以通过以下三种方式之一打开对象捕捉：

（1）单点（或替代）对象捕捉：设置当前一次使用的对象捕捉。按住 SHIFT 键并在绘图区域中单击鼠标右键，然后从快捷菜单中选择一种对象捕捉。

(2)执行对象捕捉:一直运行对象捕捉,直至将其关闭。点取"工具"→"绘图设置"菜单,在弹出的对话框中,选择对象捕捉属性页,如图 3-11 所示。选中的选项将在以后的作图中可以一直使用。

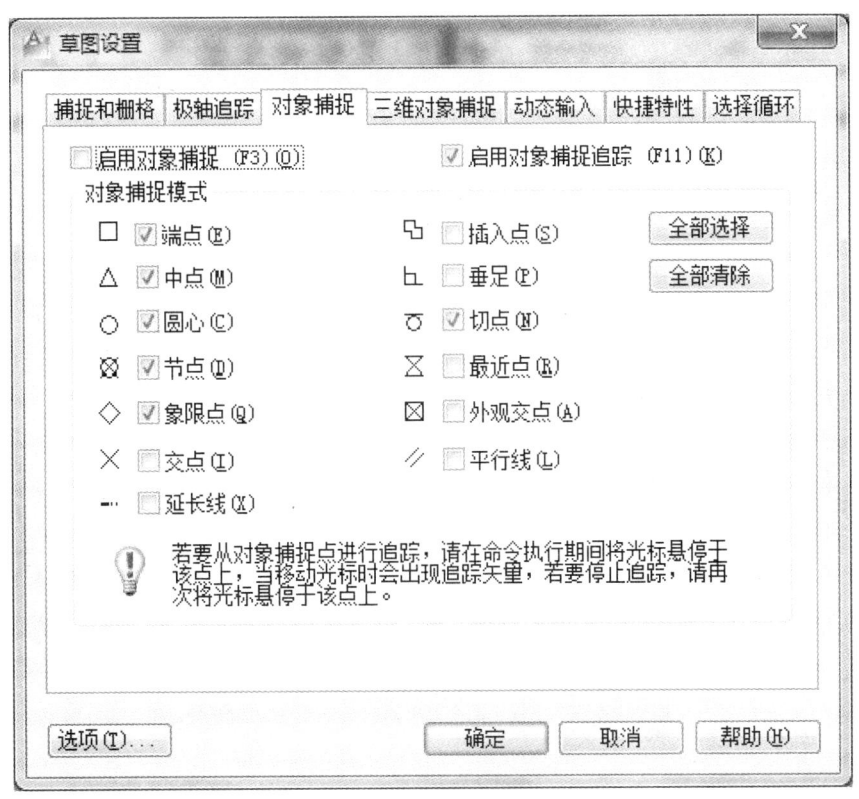

图 3-11 "草图设置"对话框

(3)在命令行中输入一种对象捕捉的缩写。

对象捕捉的步骤如下:

①启动需要输入点的命令,例如,LINE, CIRCLE, ARC 等。

②当命令提示指定点时,选择一种对象捕捉方式。

③将光标移动到捕捉位置上,当出现捕捉标记时单击鼠标左键。

3.6.2 各捕捉类型含义

在 AutoCAD 中,提供了下列捕捉类型,每一种类型有其相应的捕捉标记,即图 3-11 的对话框中每种类型左侧的符号。

各捕捉类型的含义如表 3-1 所示。

表 3-1　　　　　　　　　　　　特殊点的捕捉功能含义表

捕捉类型	快捷命令	功能含义
端点	END	捕捉到圆弧、椭圆弧、直线、多线、多段线线段或射线上最近的端点，或者捕捉到宽线、实体或三维面的最近角点
中点	MID	捕捉到圆弧、椭圆、椭圆弧、直线、多线、多段线线段、实体、样条曲线或参考线的中点
圆心	CEN	捕捉到圆弧、圆、椭圆或椭圆弧的圆心
节点	NOD	捕捉到一个点对象
象限点	QUA	捕捉到圆弧、圆、椭圆或椭圆弧的象限点，即四分点
交点	INT	捕捉到圆弧、椭圆、椭圆弧、直线、多线、多段线、射线、样条曲线或参照线的交点
延长线	EXT	捕捉到对象的延伸点
插入点	INS	捕捉到一个属性、块、形或文字的插入点
垂足	PER	捕捉到圆弧、圆、椭圆、椭圆弧、直线、多线、多段线、射线、实体、样条曲线或参照线的垂足
切点	TAN	捕捉到圆弧、圆、椭圆或椭圆弧的切点
最近点	NEA	捕捉到圆弧、圆、椭圆、椭圆弧、直线、多线、点、多段线、样条曲线或参照线的最近点
外观交点	APP	"外观交点"包括两个独立的捕捉模式："外观交点"和"延伸外观交点"。"外观交点"捕捉到两个对象（圆弧、圆、椭圆、椭圆弧、直线、多线、多段线、射线、样条曲线或参照线）的外观交点，这两个对象在三维空间中并不相交，只是在图形显示中相交。"延伸外观交点"捕捉到两个对象的假想交点，也就是使对象沿实际路径延伸后出现的交点
平行线	PAR	捕捉到与对象平行的延长线

3.6.3　实例 3-5——绘制"猫眼"

利用之前所学的直线、圆、圆弧命令以及本节所介绍的对象捕捉绘制如图 3-12 所示的"猫眼"。

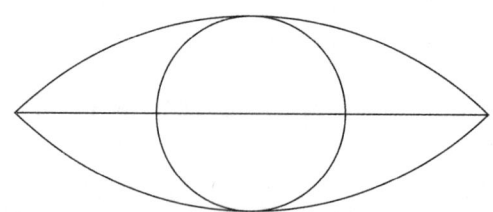

图 3-12　"猫眼"的绘制

Step 绘制步骤

① 利用直线命令绘制水平线，输入"LINE"命令并回车，命令行提示如下：

指定第一点：

② 输入"100，100"并回车，命令行提示如下：

指定下一点或 [放弃(U)]：

③ 输入"@200，0"并回车，命令行提示如下：

指定下一点或 [放弃(U)]：

④ 回车后得到一条水平线。再利用圆命令绘制中间的圆，输入"CIRCLE"命令并回车，命令行提示如下：

指定圆的圆心或 [三点(3P) / 两点(2P) / 切点、切点、半径(T)]：

⑤ 捕捉水平线的中点后，命令行提示如下：

指定圆的半径或 [直径(D)]：

⑥ 输入"40"并回车，得到一个圆。再利用圆弧命令绘制上下两根圆弧，输入"ARC"命令并回车，命令行提示如下：

指定圆弧的起点或 [圆心(C)]：

⑦ 捕捉线段的左侧端点后，命令行提示如下：

指定圆弧的第二个点或 [圆心(C) / 端点(E)]：

⑧ 用象限点捕捉法捕捉圆的最上方点后，命令行提示如下：

指定圆弧的端点：

⑨ 捕捉线段右侧端点后，得到上侧圆弧。再用类似的方法绘制下侧圆弧，便得到如图 3-12 所示的"猫眼"。

3.7 点的过滤

3.7.1 点过滤命令

一个点完整的三维坐标由 x，y，z 三部分组成。通过点过滤可以一次只指定 x 或 y 或 z 或 xy 或 xz 或 yz，而暂时忽略其他坐标值。与对象捕捉一起使用时，点过滤可以分别取不同点的坐标的不同部分，用不同点的 x 或 y 或 z 来合成另一个点。例如，在 AutoCAD 中，并不能直接捕捉矩形的中心点，但我们可以方便地通过点过滤方式，用水平边中点的 x 坐标和竖直边中点的 y 坐标合成矩形中点。

指定一个点过滤可以将下一个输入限制为特定的坐标值，比如 x 或 y 值。对于三维模型还可以指定 z 值。在指定第一个值之后，AutoCAD 会接着提示输入其余的值。

点过滤可以在所有绘图命令或编辑命令中需要指定点时使用。

点过滤输入点的步骤是：

（1）启动一个绘图命令或编辑命令；

（2）需要输入点时选择过滤器；

（3）选择对象捕捉方式，然后进行捕捉；

（4）提示输入下一个坐标值，再次指定点或选择对象捕捉，然后选择对象。

如果第一个过滤器指定 x 值，则新点的坐标匹配第一个点的 x 值和第二个点的 y, z 值。

过滤器的选择有两种方法：

（1）命令行

可以在提示下输入".X"或".Y"，指出想要指定哪个值。

（2）快捷菜单

按住 SHIFT 键的同时在绘图区域中单击右键，然后从"点过滤器"的级联菜单中选择一个过滤器，如图 3-13 所示。

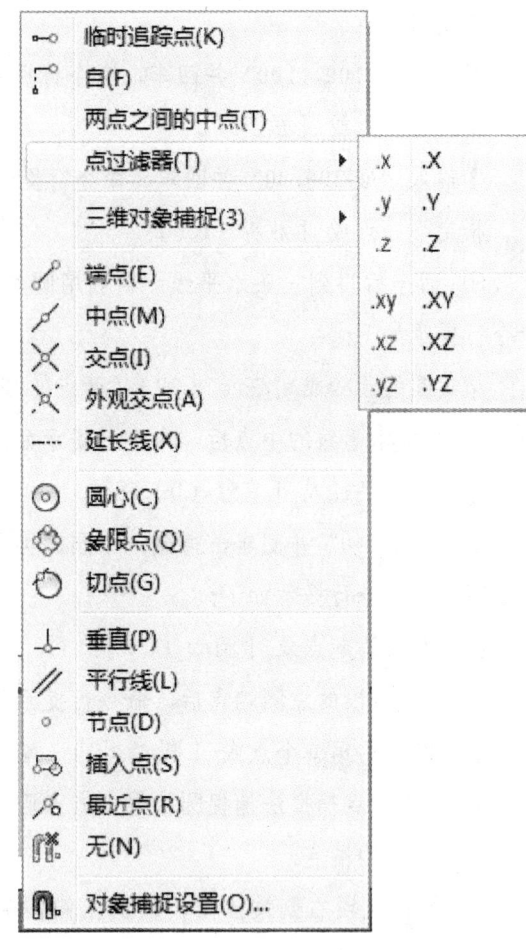

图 3-13 对象捕捉快捷菜单

3.7.2 说明实例

1）实例——标记矩形中心

如图 3-14 所示，标记矩形中心。

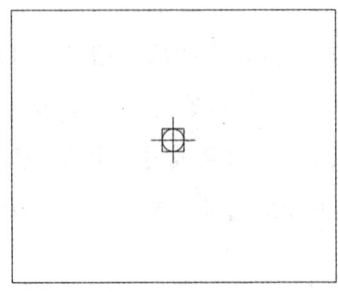

图 3-14 矩形的中心点

Step 绘制步骤

① 任意绘制一个矩形。

② 为了方便观察，需设置点样式，方法如下：

"格式" → "点样式"

③ 在弹出的对话框内选择合适的点样式。

④ 利用点命令和点过滤命令画矩形的中心点。输入"POINT"并回车，命令行提示如下：

当前点模式： PDMODE=98 PDSIZE=0.0000

指定点：

⑤ 按住SHIFT键的同时在绘图区域中单击右键，然后从"点过滤器"的级联菜单中选择".X"过滤器，捕捉矩形上方或者下方水平线的中点，命令行提示如下：

指定点： .X 于 （需要 YZ）：

⑥ 捕捉左侧或者右侧竖直线的中点，则标记出矩形的中心点，如图3-14所示。

2）实例——绘制两个等腰直角三角形

绘制两个如图3-15所示的斜边长为100的等腰直角三角形。

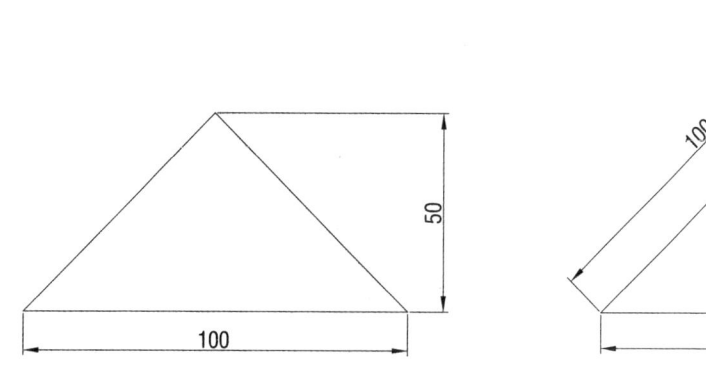
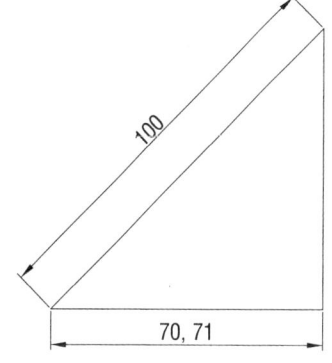

图3-15 两个等腰直角三角形

（1）绘制图3-15左侧的等腰直角三角形，采用常规的画法——由左向右侧画出斜边。再向左偏移50个单位，向上偏移50个单位即可得到直角顶点，具体步骤如下所示：

Step 绘制步骤

① 输入"LINE"命令并回车，命令行提示如下：

指定第一点：

② 输入"50,100"并回车，命令行提示如下：

指定下一点或 [放弃(U)]：

③ 输入"@ 100，0"并回车，命令行提示如下：

指定下一点或 [放弃（U）]：

④ 输入"@ -50，50"并回车，命令行提示如下：

指定下一点或 [闭合（C）/放弃（U）]：

⑤ 输入"C"并回车，得到图 3-15 左侧的等腰直角三角形。

（2）绘制图 3-15 右侧的等腰直角三角形，采用本节所学的知识——仍然先绘制斜边。由于直角边的长度是一个无限不循环小数，不可能精确输入。但是直角顶点的 x 坐标与斜边右上角点的 x 坐标相同，y 坐标与斜边左下角点的 y 坐标相同，具体步骤如下所示：

Step 绘制步骤

① 输入"LINE"命令并回车，命令行提示如下：

指定第一点：

② 输入"200，100"并回车，命令行提示如下：

指定下一点或 [放弃（U）]：

③ 输入"@ 100<45"并回车，命令行提示如下：

指定下一点或 [放弃（U）]：

④ 输入".X"并回车，命令行提示如下：

于：

⑤ 捕捉右上角点，命令行提示如下：

于（需要 YZ）：

⑥ 捕捉左下角点，命令行提示如下：

指定下一点或 [闭合（C）/放弃（U）]：

⑦ 输入"C"并回车，得到图 3-15 右侧的等腰直角三角形。

3.8 重新生成（REGEN）

在使用本章前面所学习的画圆和画圆弧的命令，在绘图区画出圆或圆弧后，再使用后面章节中学习的视图缩放命令，将视图区放大到一定程度，这时可看到我们所绘制的圆不像是一个圆，而变成了一段段的折线。

在计算机进行绘图时，由于其硬件条件的限制，不可能像圆规一样画出一个标准的圆。计算机进行绘图时，一个圆是用正多边形来逼近的，当正多边形的边数越多，就越接近一个圆。当我们所画的圆在屏幕上比较小时，由于肉眼分辨能力的限制，我们难以看出正多边形和圆之间的区别，因此计算机所作的正多边形在我们看起来就是一个圆。而当我们将其放大到一定程度，我们就能清楚地看到用来逼近圆的正多边形的各条边，而我们所作的圆看上去也不再是圆，而是一段段的折线。

这时我们使用重新生成（REGEN）命令，就可以使所作的圆用更多边数的正多边形来逼近，从而使绘图区中的圆变得光滑，更像一个圆，如图3-16所示。

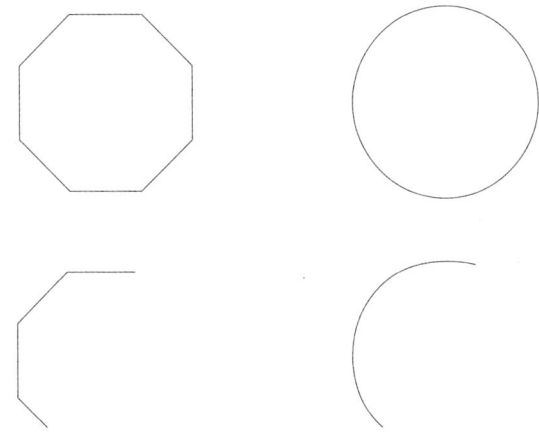

图 3-16　重新生成

所画的圆弧、椭圆（弧）、样条曲线等，在计算机中都是由多条折线段来逼近的。折线段的段数越多，所画的曲线就越光滑，所看到的视觉效果就越好。

重新生成（REGEN）命令将重新计算所有对象的屏幕坐标并重新生成整个图形。它还重新建立图形数据库索引，从而优化显示和对象选择的性能。

重新生成命令可通过在命令行输入：REGEN 或者点击"视图"→"重生成"来执行。

第4章 高级二维绘图工具

在第 3 章中我们学习了点、线、圆等基本图形元素的绘制，AutoCAD 中还提供了许多高级绘图命令，使我们能够方便地直接绘制出如矩形、圆环等较为复杂的图形。

4.1 等分点（DIVIDE）

在前文 3.1 中我们通过输入点的坐标可以直接生成一个点或多个点。AutoCAD 中通过等分点的方法也可以方便地生成点对象。

4.1.1 定数等分命令

将指定个数的点等分的放置在所选对象上。

执行方式

命令行：DIVIDE（简化命令：DIV）。

下拉式菜单："绘图"→"点"→"定数等分"。

操作方法

命令行提示如下：

命令：DIVIDE   // 执行定数等分命令。

选择要定数等分的对象：   // 选中要被等分的图形。

输入线段数目或 [块(B)]：   // 指定等分数值。

选项说明

（1）对于封闭图形，等分是按照封闭图形的周长来等分的。

（2）如果输入等分数 N，则在被选对象的 N 等分点上生成 $N-1$ 个点对象。输入的线段数目范围：2-32767。

（3）如果输入"B"，则沿选定对象以相等间距放置图块，然后输入要插入的图块名，并确定插入时是否旋转，最后输入等分数，就可在被选对象的 N 等分点上插入指定的图块。

4.1.2 定距等分命令

将点对象或块按指定的间距放置。

执行方式

命令行：MEASURE（简化命令：ME）。

下拉式菜单："绘图"→"点"→"定距等分"。

操作方法

命令行提示如下：

命令：MEASURE   //执行定距等分命令。

选择要定距等分的对象：   //选中要被等分的图形。

指定线段长度或［块(B)］：   //指定分段长度。

选项说明

（1）如果输入"B"，表示在等分点处插入指定的块；如果输入距离，表示从与用来选择对象的点距离最近的端点处开始沿选定的对象按照指定的间距生成若干个点对象。

（2）最后一段长度大小可能和前面等分的距离大小一样。

（3）对于封闭图形，等分是按照封闭图形的周长来等分的。

4.1.3 实例——绘制等分三角形

绘制如图 4-1 所示的等分三角形。

绘制步骤

① 使用 LINE 命令绘制边长为 60 的正三角形。

② 用定数等分方法将两条边三等分。输入"DIVIDE"并回车，命令行提示如下：

选择要定数等分的对象：

③ 选择左侧的边，命令行提示如下：

④ 输入线段数目或［块（B）］：

输入"3"并回车，现已将左侧的边三等分，再利用同样的方法把右侧的边三等分。

⑤ 使用节点捕捉法连接等分点绘制上下两条水平线。

⑥ 用定距等分法在中间的两条线上每隔5个单位生成一个点。输入"MEASURE"并回车，命令行提示如下：

选择要定距等分的对象：

⑦ 选择上面的一条边，命令行提示如下：

指定线段长度或［块（B）］：

⑧ 输入"5"并回车，现已在上面的边上每隔5个单位生成一个点，再利用同样的方法在下面的边上每隔5个单位生成一个点。

⑨ 反复使用节点捕捉法连接等分点绘制中间的斜线，便绘制了如图4-1所示的等分三角形。

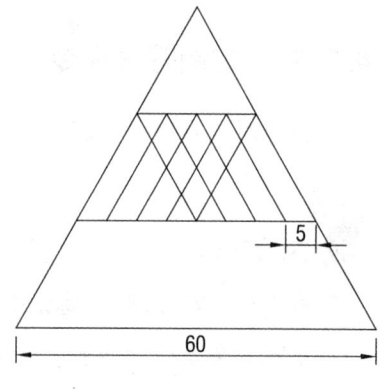

图4-1 等分三角形的绘制

4.2 参照线（构造线）

在第3章中，我们学习了使用LINE命令绘制直线，也就是数学意义上的线段在AutoCAD中还可以创建向一个或两个方向无限延伸的构造线作为绘图时的辅助线。向两个方向延伸的构造线通常称为参照线，只向一个方向延伸的构造线称为射线。

构造线可以作为创建其他对象的参照。例如，可以用构造线寻找三角形的中心，准备同一个对象的多个视图，或创建对象捕捉所用的临时交点等。

构造线不修改图形范围，因此，它们无限的尺寸不影响缩放或视点。和其他对象一样，构造线可以移动、旋转和复制，可以把构造线放置在一个构造线图层上，这样可以在打印出图之前冻结或关闭这个图层，不打印构造线。

4.2.1 射线命令

RAY命令创建单向无限长直线，称为射线，它通常作为辅助作图线使用。射线具有一个确定的起点并单向无限延伸，射线是三维空间中从一个指定点开始并且向一个方向无限延伸的直线。射线可以减少大量的构造线所造成的视觉混乱，显示图形范围的命令将忽略射线。

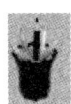
执行方式

命令行：RAY。

下拉式菜单："绘图"→"射线"。

功能区：单击"常用"选项卡下的"绘图"面板中的"射线"按钮。

操作方法

命令行提示与操作如下：

命令：RAY   //执行射线命令。

指定起点：   //输入射线的端点。

指定通过点：   //输入射线要经过的一个点。

指定通过点：   //画出经过端点的另一条射线，按Enter键结束命令。

选项说明

每输入一个点，AutoCAD就绘制一条射线并继续提示输入通过点，这样可以创建多条射线。起点和通过点定义了射线延伸的方向，射线在此方向上延伸到显示区域的边界。按回车键结束命令。

4.2.2 构造线命令

XLINE命令创建的无限长直线，通常称为参照线。这类线通常也作为辅助作图线使用。

执行方式

命令行：XLINE（简化命令：XL）。

下拉式菜单："绘图"→"构造线"。

工具栏：单击"绘图"工具栏中的"构造线"按钮。

功能区：单击"常用"选项卡下的"绘图"面板中的"构造线"按钮。

操作方法

命令行提示与操作如下：

命令：XLINE   //执行构造线命令。

指定点或 [水平（H）/垂直（V）/角度（A）/二等分（B）/偏移（O）]：

　　　　　　　　　　　　　　　　　　　　　　　//输入一个点或输入一个选项。
指定通过点：　　　　　　　　　//输入构造线要经过的一个点。
指定通过点：　　　　　　　　　//画出经过同一个指定点的另一条构造线，按Enter键结束命令。

📖 选项说明

（1）水平（H）：绘制平行于x轴的参照线。接下来每输入一点，就可画出一条经过该点的水平线，直到按回车键结束。

（2）垂直（V）：绘制平行于y轴的参照线。同样每输入一点，就可画出一条经过该点的垂直线，直到按回车键结束。

（3）角度（A）：以指定的角度创建一组参照线。需首先确定角度。可以直接输入角度值，也可以按参照方式选择一条直线对象并输入与选定对象之间的夹角来确定本次所作参照线的角度。然后每输入一点，就可以画出一条经过该点并与x轴成指定角度的直线，直到按回车键结束。

（4）二等分（B）：可以非常方便地绘制一个角的角平分线。根据命令行的提示依次输入角的顶点、起点和端点后，就可以绘制一条参照线，它经过选定的角顶点，并且将起点和端点分别和顶点相连的两条线之间的夹角平分。以后每输入一组起点和端点，就可画出一条经过第一点（顶点）的角平分线，直到按回车键结束。

（5）偏移（O）：创建平行于另一个对象的参照线。首先指定参照线偏离选定对象的距离，然后选择直线对象，可以选择一条直线、多段线、射线或参照线，最后指定一点以确定向哪一边偏移。连续地选择直线对象并指定要偏向的边，即可连续地做出多条参照线，直到按回车键结束。

4.3　多段线（PLINE）

　　多段线由相连的直线段或弧线序列组成，作为单一对象使用。要想一次编辑所有线段，就要使用多段线。使用多段线时，也可以分别编辑每条线段、设置各线段的宽度、使线段的始末端点具有不同的线宽或者封闭、打开多段线。绘制弧线段时，弧线的起点是前一个线段的端点。可以指定弧的角度、圆心、方向或半径。通过指定一个中间点和一个端点也可以完成弧的绘制。

4.3.1　多段线命令

　　通过多段线（PLINE）命令可以方便地绘制出多段线图形，而且每一个均是一个整体。

执行方式

命令行：PLINE（简化命令：PL）。

下拉式菜单："绘图"→"多段线"。

工具栏：单击"绘图"工具栏中的"多段线"按钮。

功能区：单击"常用"选项卡下的"绘图"面板中的"多段线"按钮。

操作方法

命令行提示与操作如下：

命令：PLINE   //执行多段线命令。

指定起点：   //指定多段线的起点。

当前线宽为 0.0000   //显示当前线宽。

指定下一个点或 [圆弧（A）/半宽（H）/长度（L）/放弃（U）/宽度（W）]：

　　　　　　　　　　　　　　　　　　　　　　　//此时可以输入下一顶点或输入一个选项。

选项说明

（1）半宽（H）：进入半宽选项，指定宽多段线线段的中心到其一边的宽度。起点半宽与端点半宽可以不同。起点半宽将成为缺省的终点半宽。终点半宽在再次修改半宽之前将作为所有后续线段的统一半宽。宽线段的起点和终点位于直线的中心点。

（2）宽度（W）：进入宽度选项，指定下一条直线段的宽度。同样也需要制定起点和端点的宽度。起点宽度将成为缺省的端点宽度。端点宽度在再次修改宽度之前将作为所有后续线段的统一宽度。宽线段的起点和端点同样也位于直线的中心点。

（3）圆弧（A）：绘制圆弧的方法与"圆弧"命令相似。

4.3.2 实例——绘制平移图标

绘制如图 4-2 所示的平移图标。

绘制步骤

① 输入 "PLINE" 并回车，命令行提示如下：

指定起点：

② 输入 "100，300" 并回车，命令行提示如下：

当前线宽为 0.0000

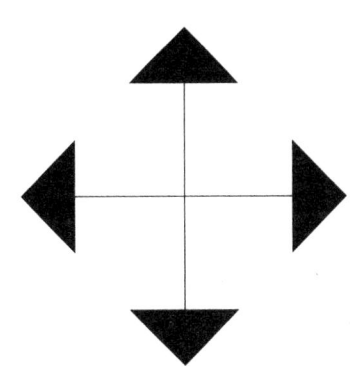

图 4-2 平移图标的绘制

指定下一个点或 ［圆弧（A）/半宽（H）/长度（L）/放弃（U）/宽度（W）］：

③ 输入"W"并回车，命令行提示如下：

④ 指定起点宽度 <0.0000>：

输入"0"并回车，命令行提示如下：

指定端点宽度 <0.0000>：

⑤ 输入"100"并回车，命令行提示如下：

指定下一个点或 ［圆弧（A）/半宽（H）/长度（L）/放弃（U）/宽度（W）］：

⑥ 输入"@ 50，0"并回车，命令行提示如下：

指定下一点或 ［圆弧（A）/闭合（C）/半宽（H）/长度（L）/放弃（U）/宽度（W）］：

⑦ 输入"W"并回车，命令行提示如下：

指定起点宽度 <0.0000>：

⑧ 输入"0"并回车，命令行提示如下：

指定端点宽度 <0.0000>：

⑨ 输入"0"并回车，命令行提示如下：

指定下一个点或 ［圆弧（A）/半宽（H）/长度（L）/放弃（U）/宽度（W）］：

⑩ 输入"@ 200，0"并回车，命令行提示如下：

指定下一个点或 ［圆弧（A）/半宽（H）/长度（L）/放弃（U）/宽度（W）］：

⑪ 输入"W"并回车，命令行提示如下：

指定起点宽度 <0.0000>：

⑫ 输入"100"并回车，命令行提示如下：

指定端点宽度 <0.0000>：

⑬ 输入"0"并回车，命令行提示如下：

指定下一个点或 ［圆弧（A）/半宽（H）/长度（L）/放弃（U）/宽度（W）］：

⑭ 输入"@ 50，0"并回车，命令行提示如下：

⑮ 指定下一点或 ［圆弧（A）/闭合（C）/半宽（H）/长度（L）/放弃（U）/宽度（W）］：

按回车键，得到一条水平的双向箭头，用类似的方法画出竖直的双向箭头，便得到如图4-2所示的平移图标。

4.4 矩形（RECTANG）

在第 3 章中，我们学习了使用画线段（LINE）命令来绘制一个矩形。在 AutoCAD 中，我们还可以更方便地使用矩形（RECTANG）命令直接绘制一个矩形。

4.4.1 矩形命令

执行方式

命令行：RECTANG（简化命令：REC）。

下拉式菜单："绘图"→"矩形"。

工具栏：单击"绘图"工具栏中的"矩形"按钮。

功能区：单击"常用"选项卡下的"绘图"面板中的"矩形"按钮。

操作方法

命令行提示与操作如下：

命令：RECTANG   //执行矩形命令。

指定第一个角点或 [倒角（C）/标高（E）/圆角（F）/厚度（T）/宽度（W）]：

                                   //输入第一个角点或者输入一个选项。

指定另一个角点或 [面积（A）/尺寸（D）/旋转（R）]：

                                   //输入另一个角点或者输入一个选项。

选项说明

（1）倒角（C）：根据命令行提示设置矩形的倒角的两个距离。设置倒角距离后，如果所输入两点决定的矩形边长大于倒角距离，则作出的矩形将被倒角，如图 4-3（a）所示。

（2）标高（E）：指定矩形的 Z 坐标。

（3）圆角（F）：根据命令行提示指定矩形的圆角半径。设置圆角半径后，如果所输入两点决定的矩形边长大于圆角半径，则作出的矩形将被倒圆角，如图 4-3（b）所示。

（4）厚度（T）：指定矩形的厚度。

（5）宽度（W）：指定线宽。

（6）面积（A）：此选项为使用面积与长度或宽度创建矩形。如果"倒角"或"圆角"选

项被激活,则面积将包括倒角或圆角在矩形角点上产生的效果。单击此选项,命令行提示与操作如下:

输入以当前单位计算的矩形面积 <233.0000>:　　　　//输入一个正值,作为矩形的面积。
计算矩形标注时依据 [长度(L)/宽度(W)] <长度>:
　　　　　　　　　　　　　　//按Enter键(默认为长度)或者输入"W"选择宽度。
输入矩形长度 <10.0000>:　　　　　　　　　　　　//指定长度或者宽度。

系统根据面积和长度计算宽度,或根据面积和宽度计算长度,最终确定矩形的尺寸。

(7)尺寸(D):此选项将使用长和宽来创建矩形。根据命令行的提示依次输入矩形的长度和宽度,即可最终确定一个矩形。

(8)旋转(R):此选项可绘制与当前坐标系不平行的矩形。输入第一点并选择此选项后,根据命令行提示输入旋转角度,则最终的矩形将以第一点为基点按逆时针旋转制定角度。命令行提示与操作如下:

指定旋转角度或 [拾取点(P)] <0>:　　　　　　　　　　　//输入旋转角度。
指定另一个角点或 [面积(A)/尺寸(D)/旋转(R)]:　　//输入另一个角点或者输入一个选项。

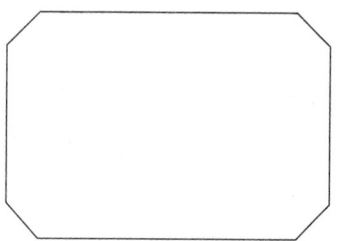 

图4-3 倒角矩形和圆角矩形

4.4.2　实例——绘制倾斜倒角矩形

绘制如图4-4所示的倾斜倒角矩形。

Step 绘制步骤

① 输入"RECTANG"并回车,命令行提示如下:
当前矩形模式:　倒角=20.0000 x 20.0000　宽度=3.0000　旋转=45
指定第一个角点或 [倒角(C)/标高(E)/圆角(F)/厚度(T)/宽度(W)]:

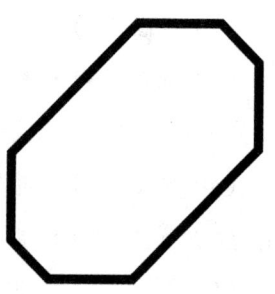

图4-4 倾斜倒角矩形的绘制

② 输入"W"并回车,命令行提示如下:

指定矩形的线宽 <3.0000>:

③ 输入"3"并回车,命令行提示如下:

指定第一个角点或[倒角(C)/标高(E)/圆角(F)/厚度(T)/宽度(W)]:

④ 输入"C"并回车,命令行提示如下:

指定矩形的第一个倒角距离 <20.0000>:

⑤ 输入"20"并回车,命令行提示如下:

指定矩形的第二个倒角距离 <20.0000>:

⑥ 输入"20"并回车,命令行提示如下:

指定第一个角点或[倒角(C)/标高(E)/圆角(F)/厚度(T)/宽度(W)]:

⑦ 输入"0,0"并回车,命令行提示如下:

指定另一个角点或[面积(A)/尺寸(D)/旋转(R)]:

⑧ 输入"R"并回车,命令行提示如下:

指定旋转角度或[拾取点(P)] <45>:

⑨ 输入"45"并回车,命令行提示如下:

指定另一个角点或[面积(A)/尺寸(D)/旋转(R)]:

⑩ 输入"A"并回车,命令行提示如下:

输入以当前单位计算的矩形面积 <5000.0000>:

⑪ 输入"5000"并回车,命令行提示如下:

计算矩形标注时依据[长度(L)/宽度(W)] <长度>:

⑫ 输入"L"并回车,命令行提示如下:

输入矩形长度 <100.0000>:

⑬ 输入"100"并回车,得到如图4-4所示的倾斜倒角矩形。

4.5 正多边形(POLYGON)

AutoCAD中可以通过POLYGON命令方便地绘制正多边形。每个正多边形每条边的边长必定相等。而且每个正多边形必有一个内切圆和外接圆。如图4-5所示,正多边形的每条边与内切圆相切,而且切点就是每条边的中点。同时,正多边形的每一个顶点都在外接圆的圆周上。

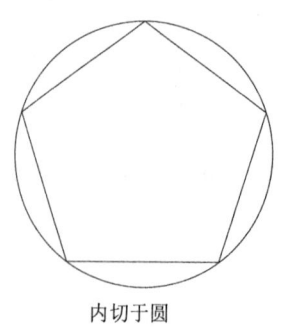
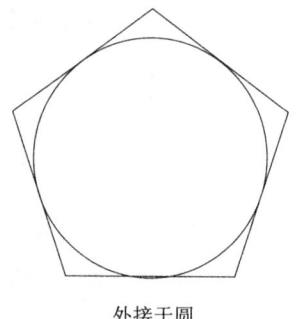

内切于圆　　　　　　　　　外接于圆

图4-5　正多边形与圆

正多边形（POLYGON）命令中可以通过边长、外接圆和内切圆来确定正多边形。

4.5.1　正多边形命令

执行方式

命令行：POLYGON（简化命令：POL）。

下拉式菜单："绘图"→"正多边形"。

工具栏：单击"绘图"工具栏中的"正多边形"按钮。

功能区：单击"常用"选项卡下的"绘图"面板中的"矩形"按钮右面的小三角号，在菜单中选择"正多边形"选项，如图4-6所示。

图4-6　"矩形"子菜单

操作方法

命令行提示与操作如下：

命令：POLYGON　　　　　　　　　　　　　　　　　//执行正多边形命令。

输入侧面数 <5>：　　//输入一个3到1024之间的数值或按回车键直接输入当前值。

指定正多边形的中心点或 [边(E)]：　　　　　　　　//输入中心点。

输入选项 [内接于圆(I)/外切于圆(C)] <C>：　　　　//选择正多边形类型。

指定圆的半径：　　　　　　　　　　　　　　　　//输入半径值。

选项说明

（1）边（E）：通过指定第一条边的端点来定义正多边形。只需按照命令行的提示输入一条边的两个端点即可，系统按角度增长方向生成正多边形，缺省情况下为逆时针方向。输入两点的顺序相反，将得到以该边对称的两个不同的正多边形。

（2）内接于圆（I）：如果选择该选项，则下一步为指定外接圆的半径，可以输入一个点或输入一个半径值。如果输入一个点，则该点就是正多边形的一个端点，同时该点到中心的距离就是外接圆的圆心。用点指定半径将决定正多边形的旋转角度和尺寸。

（3）外切于圆（C）：该选项下一步为指定内切圆的半径，同样可以输入一个点或输入一个半径值。如果输入一个点，则该点就是一个切点，也就是正多边形一边的中点，同时该点到中心的距离就是内切圆的圆心。用点指定半径将决定正多边形的旋转角度和尺寸。

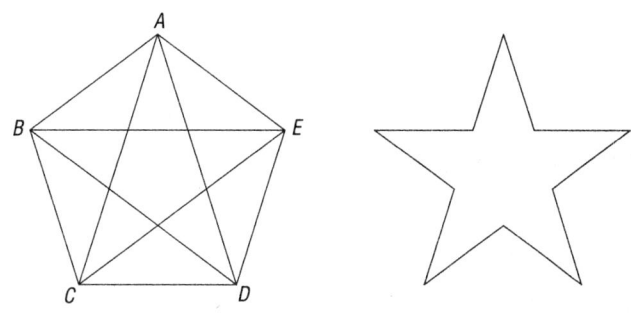

图 4-7 五角星的绘制

4.5.2 实例——绘制五角星

绘制如图 4-7 所示的五角星。

Step 绘制步骤

① 输入"POLYGON"并回车，命令行提示如下：

输入侧面数 <4>:

② 输入"5"并回车，命令行提示如下：

指定正多边形的中心点或 [边（E）]:

③ 输入"100, 150"并回车，命令行提示如下：

输入选项 [内接于圆（I）/外切于圆（C）] <I>:

④ 输入"I"并回车，命令行提示如下：

指定圆的半径：

⑤ 输入"100"并回车，得到一个五边形。下面利用 LINE 命令，分别捕捉点 A，C，E，B，D，A，得到图 4-7 左面的图形。

⑥ 再利用修剪命令（TRIM，将在第 5 章介绍）将图 4-7 左面的图形修剪成右面的图形。输入"TRIM"并回车，命令行提示如下：

当前设置：投影=UCS，边=无

选择剪切边…

选择对象或＜全部选择＞：

⑦ 选择刚才所画的所有线段，右键确认，命令行提示如下：

选择要修剪的对象，或按住 SHIFT 键选择要延伸的对象，或

[栏选（F）/窗交（C）/投影（P）/边（E）/删除（R）/放弃（U）]：

⑧ 选择 BE、AC，BD、CE，AD 的中间部分后回车，再单击五边形，选中五边形后单击 Delete 键删除五边形，得到如图 4-7 所示的五角星。

4.6 实多边形（SOLID）

当 AutoCAD 中 FILLMODE 系统变量为开，"视图"设置为"平面视图"时，可以使用 SOLID 命令创建二维填充多边形。

4.6.1 实多边形命令

执行方式

命令行：SOLID

操作方法

命令行提示与操作如下：

令：SOLID　　　　　　　　　　　　　　　　　　　　　　　　　　//执行实多边形命令。

指定第一点：　　　　　　　　　　　　　　　　　　　　　　　　　　　//输入第一点。

指定第二点：　　　　　　　　　　　　　　　　　　　　　　　　　　　//输入第二点。

指定第三点：　　　　　　　　　　　　　　　//输入第三点，第三点与第二点成对角关系。

指定第四点或＜退出＞：指定圆的半径：　　　　　　　　//输入第四点或按回车键。

选项说明

（1）在"第四点"提示下按回车键将创建填充的三角形，输入第四点则创建四边形区域。后两点构成下一填充区域的第一边，AutoCAD 将重复"第三点"和"第四点"提示。连续输入第三点和第四点将在一个二维填充命令中创建更多相连的填充三角形和四边形。按回车键结束

SOLID 命令。

（2）内在该命令中，必须注意点的输入顺序，如果对四边形进行填充，前三个点构成一个三角形进行填充，后三个点构成一个三角形进行填充。

（3）仅当 FILLMODE 系统变量设定为"开"且观察方向与二维实体正交时才填充二维实体。

4.6.2 实例——绘制填充正方形

绘制如图 4-8 所示的填充正方形。两幅图中，点的输入顺序不同，填充的结果不同。

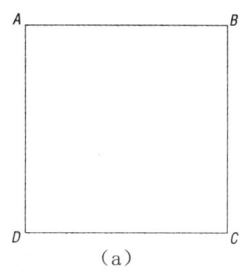  

（a）　　　　　　　（b）　　　　　　　（c）

图 4-8　填充正方形

（1）按 A、B、D、C 顺序输入四个点，将完全填充矩形，绘制步骤如下。

Step 绘制步骤

① 输入"SOLID"并回车，命令行提示如下：

指定第一点：

② 捕捉 A 点，命令行提示如下：

指定第二点：

③ 捕捉 B 点，命令行提示如下

指定第三点：

④ 捕捉 D 点，命令行提示如下：

指定第四点或 <退出>：

⑤ 输捕捉 C 点，命令行提示如下：

指定第三点：

⑥ 按回车键，得到如图 4-8（b）这个完全被填充的矩形。

（2）按 A，B，C，D 顺序输入四个点，只能填充矩形的一半，绘制步骤如下。

Step 绘制步骤

① 输入"SOLID"并回车，命令行提示如下：

指定第一点：

② 捕捉 A 点，命令行提示如下：

指定第二点：

③ 捕捉 B 点，命令行提示如下：

指定第三点：

④ 捕捉 C 点，命令行提示如下：

指定第四点或＜退出＞：

⑤ 输捕捉 D 点，命令行提示如下：

指定第三点：

⑥ 按回车键，得到如图 4-8（c）这个只填充一半的矩形。

4.7 圆环和实心圆（DONUT）

在第 3 章中我们学习过用 CIRCLE 命令来画圆，下面我们将学习通过 DONUT 命令来绘制同心圆环或实心圆。

4.7.1 实多边形命令

执行方式

命令行：DONUT（简化命令：DO）。

下拉式菜单："绘图"→"圆环"。

功能区：单击"常用"选项卡下的"绘图"面板中的"圆环"按钮◎。

操作方法

命令行提示与操作如下：

命令：DONUT   //执行圆环命令。

指定圆环的内径＜0.5000＞：   //输入内径或按回车键直接输入当前值。

指定圆环的外径＜1.0000＞：   //输入外径或按回车键直接输入当前值。

指定圆环的中心点或＜退出＞：   //输圆环中心或按回车键直接输入当前值。

选项说明

（1）输入内径和外径时，可以直接输入数值，也可以输入两个点，以两点间的距离为内径或外径。如果指定内径为零，则圆环成为填充圆，即实心圆。

（2）确定了内径和外径后，可以连续地输入圆心的位置，在不同的位置绘制大小相同的圆环，直到按回车键结束。

（3）圆环是由宽弧线段组成的封闭多段线构成的，圆环内的填充图案取决于 FILL 命令的设置。当 FILL 命令中的模式为开（ON）时，画出的圆环将被填充。当 FILL 命令中的模式为关（OFF）时，画出的圆环将不被填充。具体方法如下：

命令: FILL　　　　　　　　　　　　　　　　　　　　　　　　// 执行填充命令。

输入模式 [开(ON)/关(OFF)] <开>:　　　　　　　　　　　　　// 选择模式。

选择开（ON）模式，则打开"填充"模式，使对象填充可见。

选择关（OFF）模式，则关闭"填充"模式，只显示和打印对象的轮廓。

4.7.2　实例——绘制实心圆环

绘制如图 4-9 所示的实心圆环。

（1）画实心圆，如图 4-9（a）所示，绘制步骤如下。

　　　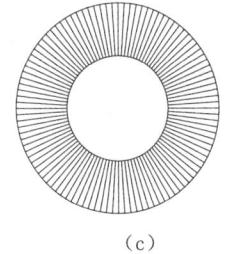

（a）　　　　　　　　（b）　　　　　　　　（c）

图 4-9　实心圆环的绘制

Step 绘制步骤

① 输入"DONUT"并回车，命令行提示如下：

指定圆环的内径 <0.0000>:

② 输入"0"并回车，命令行提示如下：

指定圆环的外径 <100.0000>:

③ 输入"100"并回车，命令行提示如下：

指定圆环的中心点或 <退出>：

④ 输入"50，150"并回车，命令行提示如下：

指定圆环的中心点或 <退出>：

⑤ 按回车键，得到如图 4-9（a）所示的实心圆。

（2）画实心圆环，如图 4-9（b）所示，绘制步骤如下。

Step 绘制步骤

① 输入"DONUT"并回车，命令行提示如下：

指定圆环的内径 <0.0000>：

② 输入"50"并回车，命令行提示如下：

指定圆环的外径 <100.0000>：

③ 输入"100"并回车，命令行提示如下：

指定圆环的中心点或 <退出>：

④ 输入"200，150"并回车，命令行提示如下：

指定圆环的中心点或 <退出>：

⑤ 按回车键，得到如图 4-9（b）所示的实心圆环。

（3）画空心圆环，如图 4-9（c）所示，绘制步骤如下。

Step 绘制步骤

① 首先将 FILL 模式改为"关"，输入"FILL"并回车，命令行提示如下：

输入模式 [开（ON）/关（OFF）] <开>：

② 输入"OFF"并回车，FILL 模式改为"关"。

③ 再画圆环，输入"DONUT"并回车，命令行提示如下：

指定圆环的内径 <0.0000>：

④ 输入"50"并回车，命令行提示如下：

指定圆环的外径 <100.0000>：

⑤ 输入"100"并回车，命令行提示如下：

指定圆环的中心点或 <退出>：

⑥ 输入"350，150"并回车，命令行提示如下：

指定圆环的中心点或 <退出>：

⑦ 按回车键，得到如图 4-9（c）所示的空心圆环。

4.8 多线（MLINE）

在第 3 章中，我们学习了画线（LINE）命令，画出一段段连续的单线段。而这一节将学习的多线命令可以一次画出两条甚至两条以上平行的线段。

多线可包含 1～16 条平行线，这些平行线称为元素，通过指定距多线初始位置的偏移量，可以确定元素的位置。用户可以创建和保存多线样式，或者使用具有两个元素的缺省样式，还可以设置每个元素的颜色、线型，并且显示或隐藏多线的连接。连接就是那些出现在多线元素每个顶点处的线条。有多种类型的封口可用于多线，例如，直线或弧线。

在使用多线命令进行绘制之前，我们需要首先设置多线的式样。

4.8.1 多线样式设置

执行方式

命令行：MLSTYLE。

下拉式菜单："格式"→"多线样式"。

操作方法

输入该命令或点击菜单会弹出如图 4-10 所示的对话框。

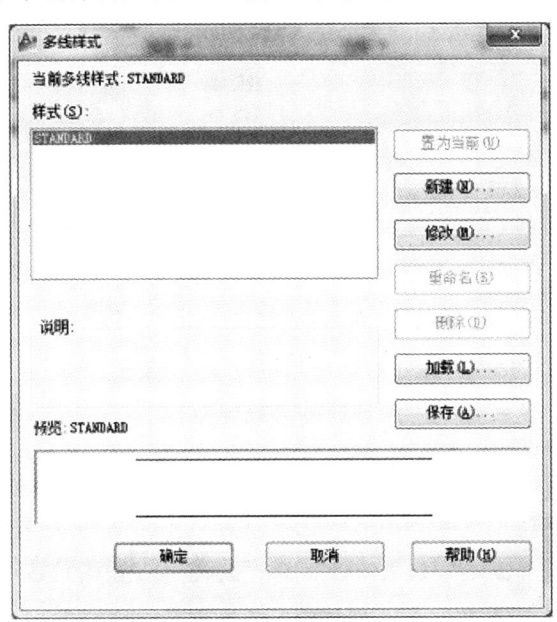

图 4-10 "多线样式"对话框

选项说明

（1）在该对话框中不能编辑 STANDARD 多线样式或图形中正在使用的任何多线样式的元素和多线特性。要编辑现有多线样式，必须在使用该样式绘制多线之前进行。

（2）"新建"按钮可新建多线样式。点击"新建"按钮将弹出如图 4-11 所示的对话框，为新样式取名后点击"继续"按钮将弹出如图 4-12 所示的对话框，确定个元素的特性。

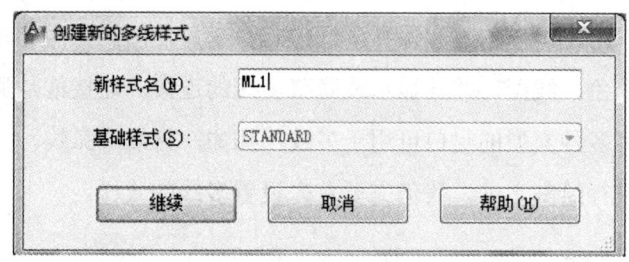

图 4-11 "创建新的多线样式"对话框

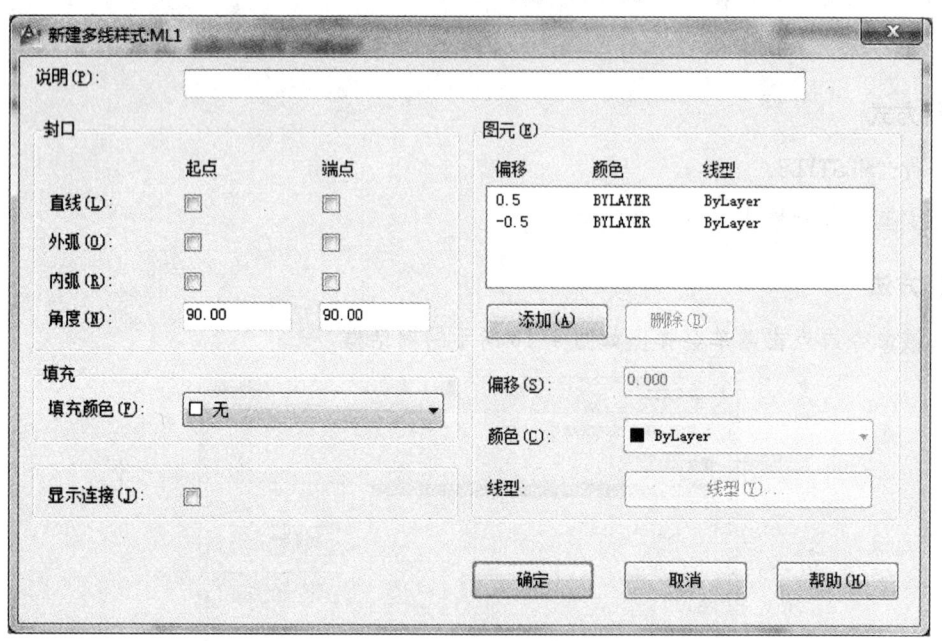

图 4-12 "新建多线样式：ML1"对话框

（3）下面介绍在图 4-12 中出现的选项的功能：

① "添加"按钮可向多线样式中添加新的直线元素。

② "删除"按钮可从多线样式中删除被选中的直线元素。

③ "偏移"为多线样式中的直线元素离开多线原点（0，0）的距离。

④ "颜色"下拉列表可显示并设置多线样式中被选中的直线元素的颜色。最后一项"选择颜色"，将弹出颜色对话框，从 255 种 AutoCAD 颜色索引（ACI）颜色、真彩色和配色系统颜

色中选择，以定义对象的颜色。

⑤"线型"按钮将弹出"加载或重载线型"对话框，显示和设置多线样式中的直线元素的线型。对话框中显示了已加载的线型，可以从此对话框中选择一个线型。要加载新线型，可选择"加载"。从 AutoCAD 显示从中可以将选定的线型从线型文件加载到图形中。颜色和线型的具体操作可参见图层部分。

⑥"封口"控制多线起点和端点的封口，其中"直线"选项在多线的每一端创建一条直线。"外弧"选项在多线的最外端元素之间创建一条圆弧，"内弧"选项在内部的成对元素之间创建一条圆弧。如果有奇数个元素，则位于正中间的直线不被连接。例如，如果有 6 个元素，则内弧连接元素 2 和 5、3 和 4；如果有 7 个元素，则内弧连接元素 2 和 6、3 和 5，元素 4 不被连接。"角度"选项指定端点封口的角度。如图 4-13 所示。

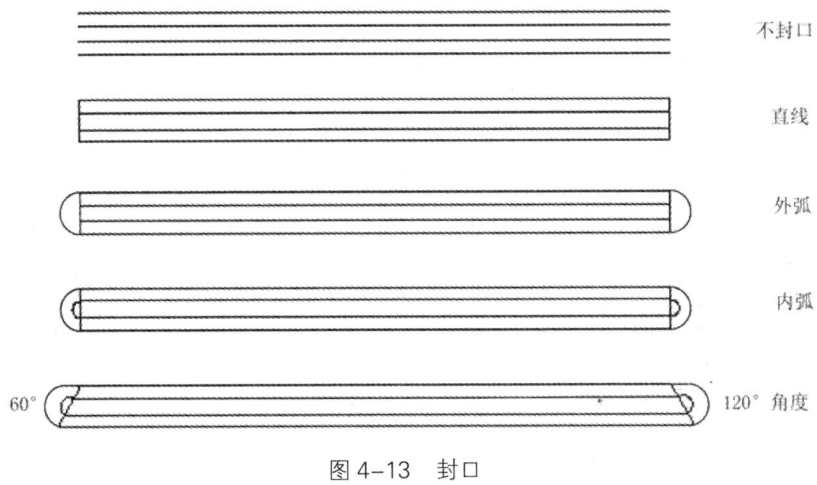

图 4-13　封口

⑦"填充"选项控制多线的背景填充。如果设置为开，则进行填充。"颜色"显示和设置背景填充的颜色。

⑧"显示连接"控制每条多线线段顶点处连接的显示，接头也称为斜接。如图 4-14 所示。

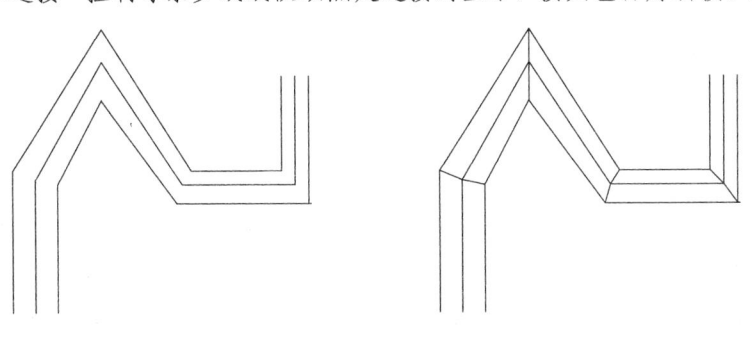

"显示连接"关闭　　　　　　　　"显示连接"打开

图 4-14　显示连接

4.8.2 多线命令

执行方式

命令行：MLINE（简化命令：ML）。

下拉式菜单："绘图"→"多线"。

操作方法

命令行提示与操作如下：

命令：MLINE　　　　　　　　　　　　　　　　　　　　　　　　//执行多线命令。

当前设置：对正 = 上，比例 = 20.00，样式 = 22　　　　　　　　//显示多线当前的设置。

指定起点或 [对正(J)/比例(S)/样式(ST)]：　　　　//此时可输入起点或输入一个选项。

指定下一点：　　　　　　　　　　　　　　　　　　　　　　　　//输入下一点。

指定下一点或 [放弃(U)]：　　　　　//继续输入下一点或输入"U"放弃前一段多线的绘制。

指定下一点或 [闭合(C)/放弃(U)]：　　　　　　　　//继续输入下一点或输入一个选项。

选项说明

（1）对正（J）：对正方式将决定所输入的各段起点和终点坐标连线与该段多线的中心线的偏移关系。当输入"J"后，命令行会提示：

输入对正类型 [上(T)/无(Z)/下(B)] <下>：

如选择"上(T)"对正方式，则多线中上侧的一条线段与输入的起点终点重合；如选择"无(Z)"对正方式，则多线的中心与输入的起点终点重合；如选择"下(B)"对正方式，则多线中下侧的一条线段与输入的起点终点重合。如图4-15所示。

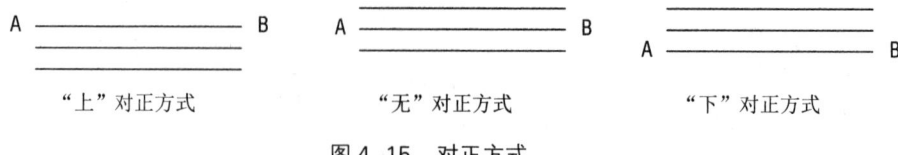

图4-15　对正方式

（2）比例（S）：控制多线的全局宽度，这个比例不影响线型的比例，这个比例基于在多线样式的"元素特性"中确定的偏移值。比例因子为2绘制多线时，每一条线的偏移值是元素特性确定的偏移值的两倍。负比例因子将翻转偏移线的次序：当从左至右绘制多线时，偏移最小的多线绘制在顶部。负比例因子的绝对值也会影响比例。比例因子为零将使多线变为单一的线段。

（3）样式（ST）：用于设置当前使用的多线样式。

4.8.3 实例——绘制外墙线

绘制如图4-16所示的房间平面图的外墙线。

首先设置多线的式样。如图4-17所示，多线中包含三条线，外侧的两条线之间的间距为1，另一条线在这两条线的正中央，并且为点画线。并设置多线两端各以直线段封闭。

绘制时，设置对齐方式为中对齐，即ZERO，比例为240，即外侧的两条线的间距为240。首先绘制左下角的一段外墙线，绘制步骤如下。

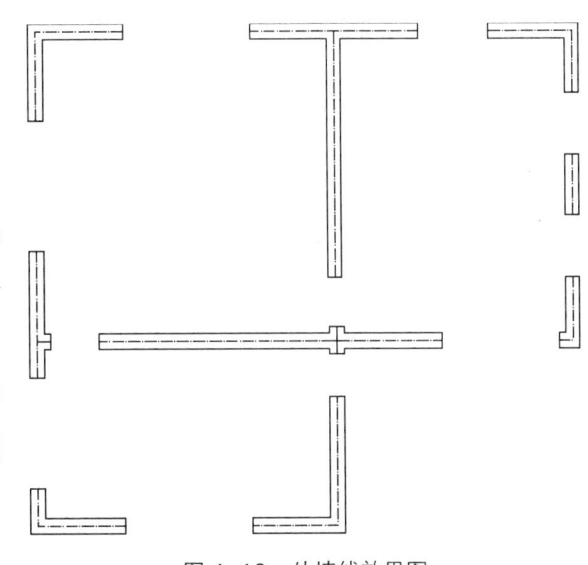

图4-16 外墙线效果图

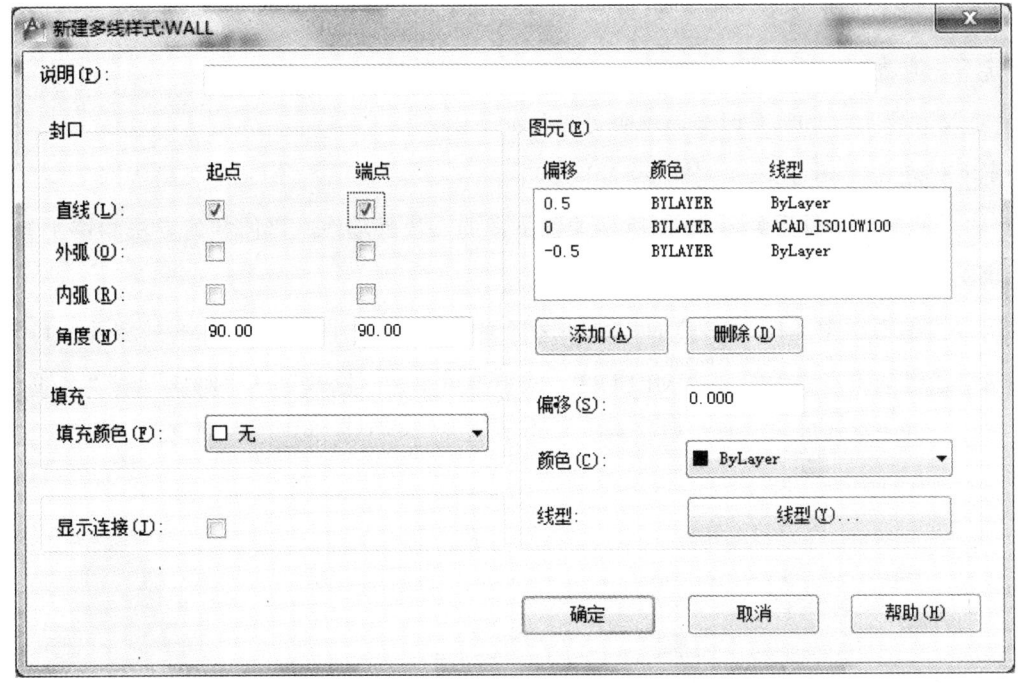

图4-17 多线线型设置

Step 绘制步骤

① 输入"MLINE"命令并回车,命令行提示如下:

当前设置: 对正 = 无,比例 = 240.00,样式 = STANDARD

指定起点或 [对正(J)/比例(S)/样式(ST)]:

② 输入"J"并回车,命令行提示如下:

输入对正类型 [上(T)/无(Z)/下(B)] <无>:

③ 输入"Z"并回车,命令行提示如下:

当前设置: 对正 = 无,比例 = 240.00,样式 = STANDARD

指定起点或 [对正(J)/比例(S)/样式(ST)]:

④ 输入"S"并回车,命令行提示如下:

输入多线比例 <240.00>:

⑤ 输入"240"并回车,命令行提示如下:

当前设置: 对正 = 无,比例 = 240.00,样式 = STANDARD

指定起点或 [对正(J)/比例(S)/样式(ST)]:

⑥ 输入"2000,500"并回车,命令行提示如下:

指定下一点:

⑦ 输入"@-1450,0"并回车,命令行提示如下:

指定下一点或 [放弃(U)]:

⑧ 输入"@0,600"并回车,命令行提示如下:

指定下一点或 [闭合(C)/放弃(U)]:

⑨ 输入回车后,得到如图4-16所示的左下角的一段外墙线。以同样的方法和图4-18所示的尺寸绘制剩下的外墙线。

使用多线编辑对图4-18中多线的相交处进行编辑,可得如图4-16所示的外墙线。其中,多线编辑可通过输入多线编辑命令MLEDIT,或单击菜单栏"修改"→"对象"→"多线",或双击多线打开"多线编辑工具"对话框,从中选择合适的工具进行修改即可。

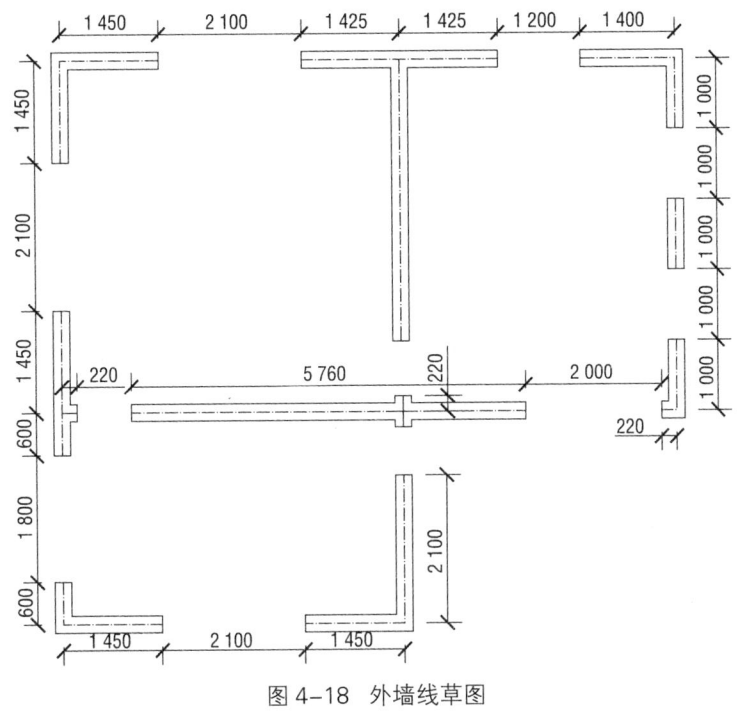

图 4-18 外墙线草图

4.9 样条曲线（SPLINE）

在几何学中，圆是椭圆的一种特例。如前文图 3-8 所示，椭圆有两根相互垂直的轴线，较长的轴称为长轴，较短的轴称为短轴。从圆心出发，到轴线的端点则称之为半轴。当长轴和短轴长度相等时就是一个圆。

曲线也是我们接触较多的一种图形元素。在 AutoCAD 2012 中可通过 SPLINE 在指定的允差范围内把一系列点拟合成光滑的样条曲线，样条曲线是经过一系列给定点的光滑曲线。AutoCAD 使用的是一种称为非均匀有理 B 样条曲线（NURBS）的特殊曲线，其中存储和定义了一类曲线和曲面数据。NURBS 曲线可在控制点之间产生一条光滑的曲线。样条曲线适用于创建形状不规则的曲线，例如汽车设计或地理信息系统（GIS）所涉及的曲线。

 执行方式

命令行：SPLINE（简化命令：SPL）。

下拉式菜单："绘图"→"样条曲线"。

工具栏：单击"绘图"工具栏中的"样条曲线"〜。

功能区：单击"常用"选项卡下的"绘图"面板中的"样条曲线"按钮 ～ ～。

操作方法

命令行提示与操作如下：

命令： SPLINE   //执行多样性命令。

当前设置： 方式=拟合   节点=弦   //显示当前设置。

指定第一个点或 [方式(M)/节点(K)/对象(O)]：   //输入一个点或一个选项。

输入下一个点或 [起点切向(T)/公差(L)]：   //输入下一个点或一个选项。

输入下一个点或 [端点相切(T)/公差(L)/放弃(U)]：   //输入下一个点或一个选项。

输入下一个点或 [端点相切（T）/公差（L）/放弃（U）/闭合（C）]：

//输入下一个点或一个选项。

选项说明

（1）可以用输入的点创建样条曲线，输入点一直到完成样条曲线的定义为止。按回车键结束点的输入。最后需定义样条曲线的第一点和最后一点的切向，如果按回车键，AutoCAD 将计算缺省切向。

（2）对象（O）：将二维或三维的二次或三次样条拟合多段线转换成等价的样条曲线并删除多段线（取决于 DELOBJ 系统变量的设置）。此时只需选择要转换的样条拟合多段线即可。

（3）公差（L）：可以修改当前样条曲线的拟合公差。样条曲线将重定义，以使其按照新的公差拟合现有的点。可以重复修改拟合公差，但这样做会修改所有控制点的公差，不管选定的是哪个控制点。如果公差设置为零，样条曲线将穿过拟合点；如果输入公差大于零，将允许样条曲线在指定的公差范围内从拟合点附近通过。

（4）闭合（C）：将最后一点定义为与第一点一致并且使它在连接处相切，可以使样条曲线闭合。最后也需定义样条曲线的第一点也就是最后一点的切向。

4.10 徒手绘图（SKETCH）

前面我们学习了在 AutoCAD 2012 中绘制直线、圆、多边形、样条曲线等一些规则图形。而使用 SKETCH 命令，可以使用鼠标在屏幕上任意地绘图。用 SKETCH 命令绘图时可以使用鼠标控制屏幕上的画笔。SKETCH 可用于输入贴图轮廓、签名或者其他徒手画线，直到记录时这些徒手画线才加到图形中。

执行方式

命令行：SKETCH。

操作方法

命令行提示与操作如下：

命令：SKETCH   //执行徒手绘图命令。

类型 = 直线 增量 = 1.0000 公差 = 0.5000   //显示当前设置。

指定草图或 [类型(T)/增量(I)/公差(L)]：   //绘制草图或者输入一个选项。

选项说明

（1）类型（T）：类型具有直线、多段线或样条曲线这三种，当选择此项，命令行提示如下：

输入草图类型 [直线（L）/多段线（P）/样条曲线（S）]<直线>：   //输入选项，默认为直线类型。

系统变量 SKPOLY 确定 SKETCH 命令生成的是直线、多段线还是样条曲线，如表 4-1 所示。

表 4-1   SKPOLY 取值表

SKPOLY 的取值	SKETCH 命令生成的类型
0	生成直线
1	生成多段线
2	生成样条曲线

（2）增量（I）：定义每条手画直线段的长度。定点设备所移动的距离必须大于增量值，才能生成一条直线。定义了记录增量后就可使用鼠标进行徒手绘图。第一次单击鼠标左键，即为落笔，此时移动鼠标，移动距离大于记录增量时，即可在屏幕上绘出一条特定颜色的线段。第二次单击鼠标左键，即为提笔，表示一段绘制的结束。如此反复地落笔、提笔，即可绘出多段。直到按回车键结束。

（3）公差（L）：对于样条曲线，指定样条曲线的曲线布满手画线草图的紧密程度。

4.11 修订云线（REVCLOUD）

"修订云线"命令可创建由连续圆弧组成的多段线以构成云线形，可用于在图纸中圈出部分重要的区域。

4.11.1 修订云线命令

执行方式

命令行：REVCLOUD。

下拉式菜单："绘图"→"修订云线"。

工具栏：单击"绘图"工具栏中的"修订云线"按钮。

功能区：单击"常用"选项卡下的"绘图"面板中的"修订云线"按钮。

操作方法

命令行提示与操作如下：

命令： REVCLOUD　　　　　　　　　　　　　　　　　// 执行修订云线命令。最小弧长： 15　最大弧长： 15　样式： 普通　　　　　　　// 显示当前设置。

指定起点或 [弧长(A)/对象(O)/样式(S)] <对象>：　// 输入起点或输入一个选项。

选项说明

（1）输入起点后，移动鼠标，即开始修订云线的绘制，当鼠标移动到此条修订云线的起点时，在命令行提示"修订云线完成"，此时生成的对象是多段线。

（2）弧长（A）：此选项可指定云线中弧线的长度。

（3）对象(O)：此选项指定要转换为云线的对象。此时选择要转换为修订云线的闭合对象。

（4）样式（S）：指定修订云线的样式。当选择此项，命令行提示如下：

选择圆弧样式 [普通（N）/手绘（C）] <普通>：选择修订云线的样式。

4.11.2 实例——绘制修订云线

绘制如图 4-19 所示的修订云线。

绘制步骤

① 打开一个AutoCAD 2012示例文件，在上面绘制如图4-19所示的修订云线。输入"REVCLOUD"并回车，命令行提示如下：

最小弧长： 15　最大弧长： 15　样式： 普通

指定起点或 [弧长（A）/ 对象（O）/ 样式（S）] <对象>：

图 4-19 修订云线的绘制

② 输入"A"并回车,命令行提示如下:

指定最小弧长 <15>:

③ 输入"20"并回车,命令行提示如下:

指定最大弧长 <20>:

④ 输入"20"并回车,命令行提示如下:

指定起点或 [弧长(A)/对象(O)/样式(S)] <对象>:

⑤ 用鼠标输入起点,移动鼠标过程中,不断生成一段段的小圆弧,直到鼠标再次靠近起点,系统生成闭合的修订云线,并自动结束命令,得到如图 4-19 所示的修订云线。

4.12 图案填充与编辑

在实际设计中,人们常常要把某种图案(如机械设计中的剖面线)填入某一指定的区域,我们把这一过程叫做图案填充。当进行图案填充时,AutoCAD 既允许用户自己临时定义简单的填充图案,也允许用户使用 AutoCAD 提供的各种图案或使用事先定义好的图案。AutoCAD 为用户提供了具有丰富填充图案的图案文件,同时还允许用户自己定义填充图案文件。本节重点介绍 AutoCAD 图案填充方面的内容。

4.12.1 图案填充的基本概念

1) 边界定义

当进行图案填充时,首先要确定填充的边界。定义边界的对象只能是直线、双向射线、单向射线、多义线、样条曲线、圆弧、圆、椭圆、椭圆弧、面域等对象或用这些对象定义的块,而且作为边界的对象在当前屏幕上必须全部可见。

每一种阴影图案都包含由一种或多种按特定角度和间隔构成的阴影线。阴影线可以是连续的实线,也可以是各种点画线。图案按需要进行重复剪取,以便准确地确定到指定的区域。通常 AutoCAD 把用各种线段构成的图案组成一个内部块。当你在某个区域绘制了阴影图案而又不喜欢时,可以将该区域所有的填充都删除掉。

构成阴影区域边界的实体必须在它们的端点处相交,否则可能产生错误的填充,这是要特别注意的地方。如果图上的边界线超过了相交点,则这条线必须分两条线来画。然后,其中一条被选为构成边界的实体,只有这样,才能正确地画出阴影线。例如,欲填充图 4-20(a)中左边一个方框 *ABED* 区域,而 *AC* 和 *DF* 都是一个直线实体,如果选择 *AC*, *BE*, *DF*, *AD* 这四个实体来进行填充是不适当的，会导致错误的填充。

为了正确地进行填充，图 4-20（a）应画成图 4-20（b），即由 AB, BC, C'F, BE, DE, EF 和 AD 这条线段来组成。这样，构成边界的实体都正确地相交在它们的端点处。你可以通过任意的方法选择 AB、BE、DE 和 AD 来进行填充。

如果构成边界的实体为带有宽度的连续连线时，AutoCAD 使用该线段的中心线为边界，而忽略其线段的宽度。

如果在选择边界时同时选择外边界区域内部的边界目标，AutoCAD 对其内部目标有三种不同的处理方法。

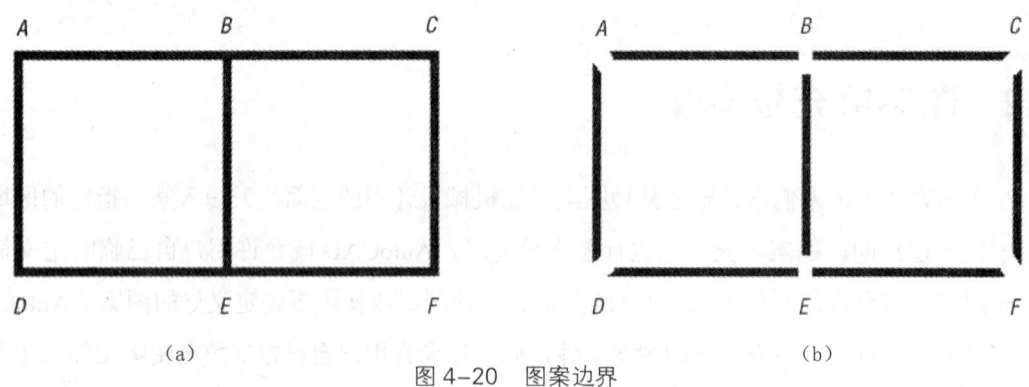

图 4-20　图案边界

2）图案填充的三种方式

AutoCAD 允许用户以如下三种方式填充剖面线：

（1）普通方式。如图 4-21（a）所示，该方式从边界开始，从每条填充线的两端向里面，遇到内部对象与之相交时，断开填充线，直到遇到下一次相交时再继续画。采用这种方式时，要避免每条剖面线在边界与对象的相交次数为奇数。该填充方式为 AutoCAD 的缺省填充方式。

（2）外部方式。如图 4-21（b）所示，该方式从边界向里画剖面线，只要在边界内部与对象相交，剖面线则由此断开，并且不再继续画。

图 4-21　填充方式

（3）忽略方式。如图 4-21（c）所示，该方式忽略边界内的对象，所有内部结构都被剖面线覆盖。

3）岛的概念

进行图案填充时，我们把位于总填充区域内的封闭区域称为岛（Island），如图 4-22 所示，在用 BHATCH 命令填充图案时涉及岛这一概念。用 BHATCH 命令填充时，AutoCAD 允许用户以拾取点的方式确定填充边界，即在希望填充的区域内任意拾取一

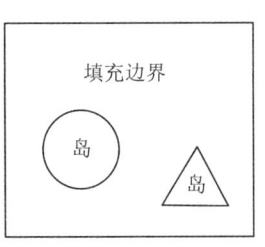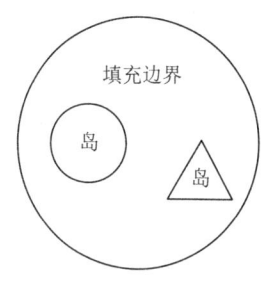

图 4-22　岛的概念

点，AutoCAD 会自动确定出包围该点的封闭填充边界，与此同时，还会自动地确定出该边界内的岛。如果用户是以选取对象的方式确定填充边界的，则必须确切地选取这些岛。对于岛而言，可以有图 4-21 所示的三种填充方式。

图 4-23　特殊对象

4）剖面线与特殊对象的关系

这里所说的特殊对象是指区域填充（SOLID）、等宽线（TRACE）、文本（TEXT）、形（SHAPE）和属性等。当选择一般方式填充图案时，如果在边界内遇到了这些对象，填充图案就会自动断开，就像用一个比它们略大的看不见的框保护起来一样，使得这些对象更加清晰，如图 4-23 所示。

当填充的图案经过块（BLOCK）时，AutoCAD 不再把块作为一个对象，而是把组成该块的所有成员当作各自独立的对象，即和一般对象同等对待。

4.12.2　图案填充操作

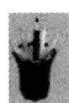**执行方式**

命令行：HATCH（简化命令：H；BHATCH 命令与之等同）。

下拉式菜单："绘图"→"图案填充"。

工具栏：单击"绘图"工具栏中的"图案填充"按钮 ▧。

功能区：单击"常用"选项卡下的"绘图"面板中的"图案填充"按钮 ▧ 。

操作方法

命令行提示与操作如下：

命令： HATCH   //执行填充命令。

拾取内部点或 [选择对象(S)/设置(T)]:   //拾取内部点或者输入一个选项。

输入命令或点击按钮后，将会在绘图区上方添加"图案填充创建"选项卡，如图4-24所示。并且在命令行提示"拾取内部点或 [选择对象(S)/设置(T)]: "，这时如果输入选项"T"，将弹出"图案填充和渐变色"对话框，如图4-25所示。

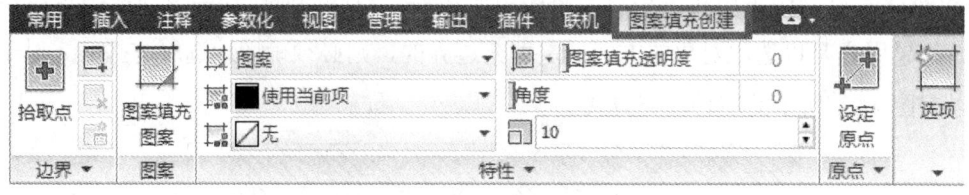

图4-24 "图案填充创建"选项卡

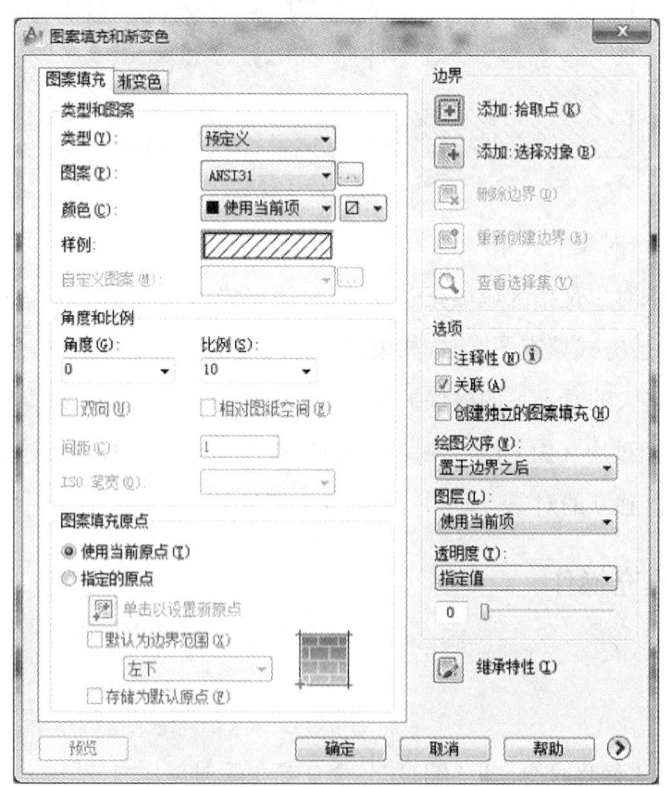

图4-25 "图案填充和渐变色"对话框

选项说明

如图 4-25,"图案填充"选项卡用于定义填充图案的外观。在该选项的内容如下。

(1)"类型和图案"

①"类型"下拉列表框。设定填充图案的类型。AutoCAD 允许采用 3 种类型图案:预定义、用户定义、自定义。"预定义"的含义是用 AutoCAD 标准图案文件中的图案填充;"用户定义"的含义是用户临时定义简单填充图案;"自定义"表示使用用户定制的图案文件(*.pat)中的图案,单击下拉箭头可弹出下拉式列表框。

②"图案"下拉列表框。设定用户使用"预定义"类型图案填充时的图案名称。该名称保存在变量 HPNAME 中。单击其右边的"..."按钮可弹出如图 4-26 所示的对话框。用户可以预览并选择其中的预定义填充图案。

③"样例"图案框。显示选中图案。单击该框也可以弹出图 4-26 所示的对话框。

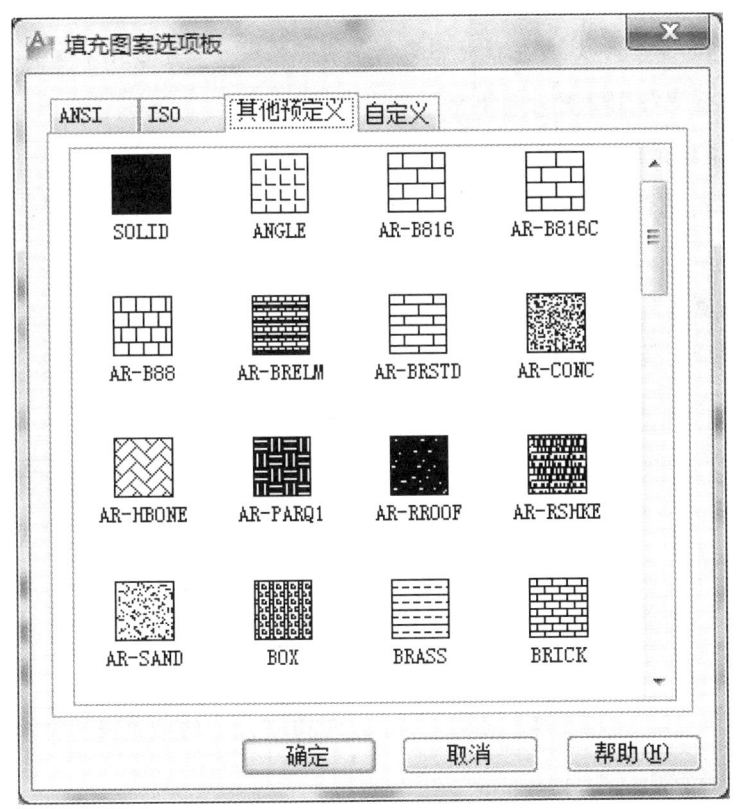

图 4-26 "填充图案选项板"对话框

④"自定义图案"下拉式列表框。该列表框只有类型在"自定义"状态下才有效。单击下拉箭头将列出所有定制图案,用户可以从中选取所需图案。

（2）"角度和比例"

① "角度"下拉列表框。确定填充图案相对于当前坐标系中的 x 轴的转角，用户可直接在文本框中输入角度，也可以打开下拉列表框，在原先定义的角度中进行选取，该转角保存在系统变量 HPANG 中。

② "比例"下拉列表框。确定填充图案时的缩放比例系数，该值保存在系统变量 HPSCALE 中。

③ "双向"。对于用户定义的图案，将绘制第二组直线，这些直线与原来的直线成 90°角，从而构成交叉线。只有在"图案填充"选项卡上将"类型"设置为"用户定义"时，此选项才可用。

④ "相对图纸空间"。该选项只有在"布局"中填充时才有效。选中该复选框，表示按图纸空间单位缩放填充图案，它可以方便地使布局中的填充图案以合适的比例显示。

⑤ "间距"文本框。该项只有在填充图案类型为"用户定义"时才有效。确定用户可以定义的简单填充图案中平行线的间距。

⑥ "ISO 笔宽"。该项只有在填充图案类型为"预定义"并选择了 ISO 填充图案时才有效，根据所选的笔宽确定与 ISO 有关的填充图案的比例。

（3）"图案填充原点"

① "使用当前原点"。使用存储在 HPORIGINMODE 系统变量中的设置。默认情况下，原点设置为（0，0）。

② "指定的原点"。指定新的图案填充原点。

（4）"边界"。确定图案填充的边界方法。

（5）"选项"。控制几个常用的图案填充或填充选项。

（6）"绘图次序"。为图案填充或填充指定绘图次序。图案填充可以放在所有其他对象之后、所有其他对象之前、图案填充边界之后或图案填充边界之前，也可以用系统变量 HPDRAWORDER 设置。

（7）"继承特性"。使用选定图案填充对象的图案填充或填充特性对指定的边界进行图案填充或填充。

（8）如图 4-27，"渐变色"选项卡。AutoCAD 用渐变的颜色来进行填充。具体操作比较简单，在此将不再叙述。

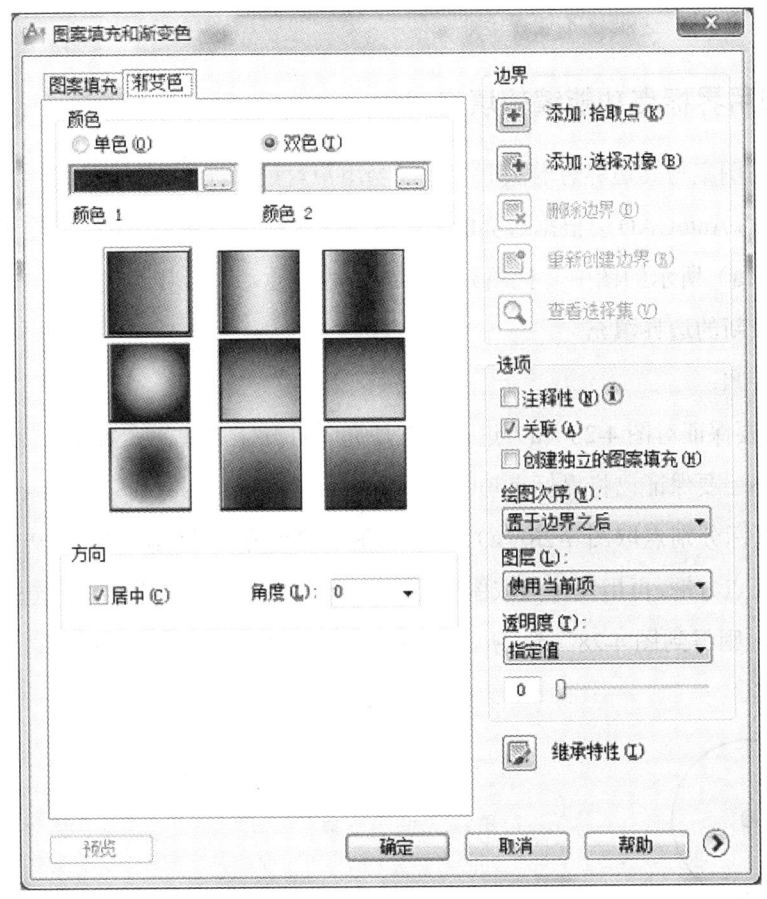

图 4-27 "渐变色"选项卡

4.12.3 编辑填充的图案

执行方式

命令行：HATCHEDIT（简化命令：HE）。

下拉式菜单："修改"→"对象"→"图案填充"。

操作方法

命令行提示与操作如下：

命令：HATCHEDIT　　　　　　　　　　　　　　　　　　//执行图案填充编辑命令。

选择图案填充对象：　　　　　　　　　　　　　　　　//点取欲修改的填充图案。

选择填充对象后，系统会弹出"图案填充编辑"对话框，和图 4-25 所示对话框近似。操作方法前面已经介绍，这里将不再赘述。

4.12.4 利用界标点功能编辑填充对象

如果填充的图案与其边界有着关联关系，当用户对已填充图案的边界利用界标点功能进行某些编辑操作时，AutoCAD会根据边界的新位置重新生成填充图案。下面通过两个例子来说明。

在图4-28（a）所示的图中，把填充区域的上边界边和左边界边调整到虚线所示的位置，并使填充图案按新的边界填充。

具体操作步骤：

（1）首先要保证对图4-28（a）进行图案填充时打开了"边界图案填充"对话框中的"关联"开关，另外还要保证已将界标点功能打开；

（2）用鼠标分别点取图4-28（a）中所示图形的正方形边框，这时正方形的四个顶点会出现相应的特征点方框，再用鼠标点取图中左下角处的特征点，拖动鼠标，使光标移至图4-28(b)中的相应位置，则得到图4-28（c）所示图形。它说明AutoCAD按照填充边界的新位置重新生成了填充图案。

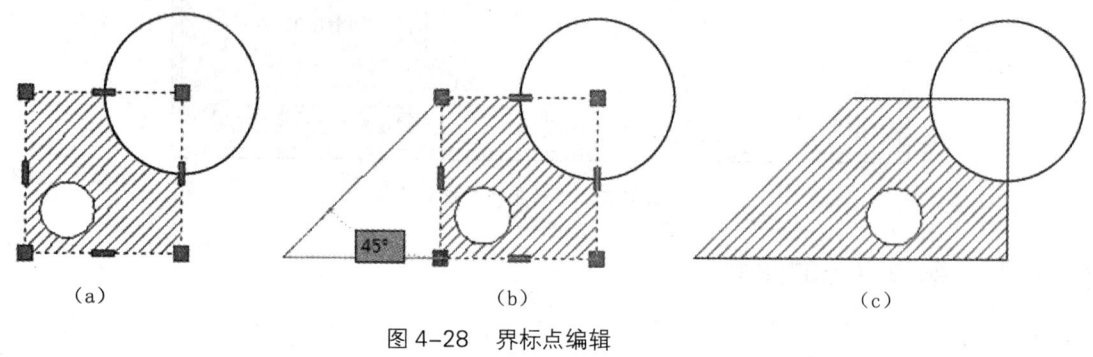

图4-28 界标点编辑

4.12.5 对图案填充编辑与说明

本节介绍对图案填充的其他编辑操作，特别是关联图案填充的编辑。

1）关联图案填充的编辑

关联图案填充的特点是图案填充区域与填充边界互相关联，在填充边界发生变动时，填充图案的区域自动更新，这给图案填充的编辑带来极大的便利。但在有些操作下将丧失关联性，现分别说明如下：

（1）用任一个图形编辑命令修改填充边界后，如其边界继续保持封闭，则图案填充区域自动更新并保持关联性。如其边界不能保持封闭，则将丧失关联性。

(2) 如用 MOVE，SCALE，STRETCH 和 ROTATE 命令选择填充图案及部分填充边界（包括孤岛）进行修改，如变动后填充边界仍然有效（保持封闭），见图 4-29，则保持关联修改，否则丧失关联性。图 4-29 中用 MOVE 命令只移动圆和 SCALE 命令放大圆，则保持关联性；而图 4-30 中用 MOVE 命令移动圆及剖面线，未选外框，则圆与剖面线移动，矩形不动，则关联性丧失。

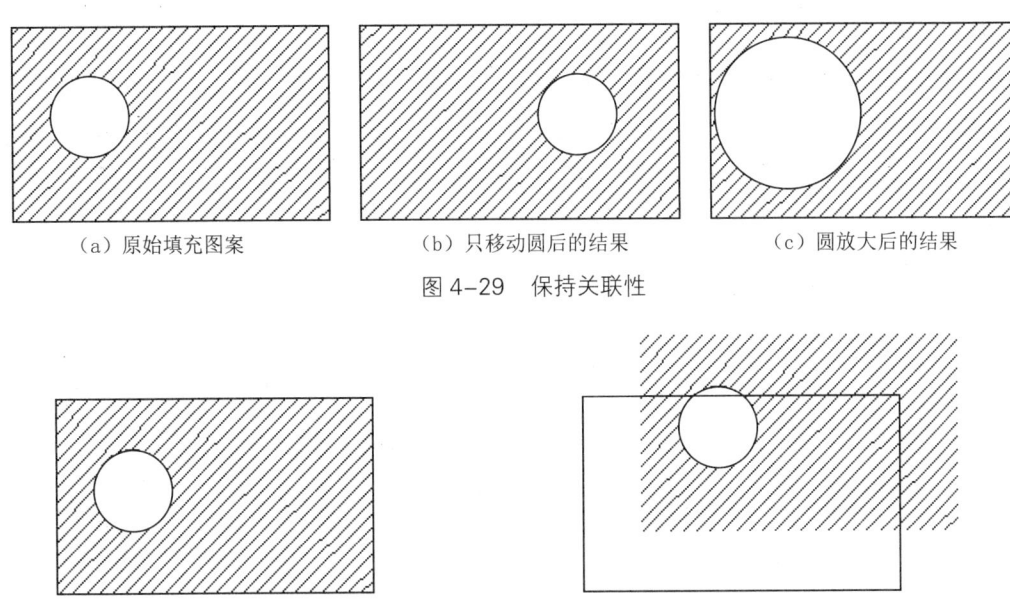

(a) 原始填充图案　　　(b) 只移动圆后的结果　　　(c) 圆放大后的结果

图 4-29　保持关联性

(a) 原始填充图案　　　(b) 移动圆和剖面线后的结果

图 4-30　丧失关联性

(3) 如用 COPY，MIRROR 等命令复制对象时，如果只选择部分填充边界，则关联性丧失。

(4) 如填充图案位于锁定或冻结图层，而修改填充边界，则关联性丧失。

(5) 如用 EXPLODE 命令分解一个关联图案填充，则丧失关联性，并把填充图案分解为一条条直线段。

2）填充图案可见性控制

利用 AutoCAD，用户可控制所填充图案的可见性。一般来说，可以用两种方法控制填充图案的可见性，一种是用命令 FILL 或系统变量 FILLMODE 实现，另一种是利用图层来实现，下面分别进行介绍。

(1) 用命令 FILL 或变量 FILLMODE 控制图案的可见性

将命令 FILL 设成 OFF，或将系统变量 FILLMODE 设成 1（二者是等价的），图形重新生成后，所填充的图案就会消失。

（2）利用图层控制图案的可见性

一般情况下，填充的图案放在单独一层，当不需要显示该图案时，将图案所在层关闭或冻结即可。

利用图层控制填充图案的可见性时，不同的控制方式会使填充图案与其边界的关联关系发生变化。

当填充图案所在层被关闭（OFF）后，图案与其边界仍保持着关联关系。边界修改后，填充图案会根据新的边界自动调整位置。

填充图案所在层被冻结（FREEZE）后，图案与其边界脱离关联关系。即当边界修改后，填充图案不会根据新的边界自动调整位置。

第 5 章 基本图形编辑工具

5.1 命令的撤消和恢复

5.1.1 命令的撤消

在 AutoCAD 2012 中，可以方便地撤消先前一步或几步的操作，这样就避免了在绘图过程中由于进行了各种误操作而产生不可挽回的后果。使用 U 命令可以撤消前一个绘图或编辑命令，该命令的执行方式如下。

执行方式

命令行：U。

下拉式菜单："编辑"→"放弃"。

工具栏：单击"自定义快速访问"工具栏中的"放弃"按钮，或者单击"标准"工具栏中的"放弃"按钮。

快捷键：CTRL+Z。

快捷菜单：没有任何命令运行也没有选定任何对象时，在绘图区域中单击右键然后选择"放弃"。

另外，AutoCAD 中还提供了一个更强大的 UNDO 命令，用来撤消连续的多步操作。该命令的具体情况如下。

执行方式

命令行：UNDO。

操作方法

命令行提示如下：

输入要放弃的操作数目或 [自动（A）/控制（C）/开始（BE）/结束（E）/标记（M）/后退（B）] <1>：

用户可以输入一个正数、输入一个选项或按回车键放弃某个单一命令。如果直接回车，即撤消上一个命令。

选项说明

（1）数目：如果输入一个正数 n，则放弃最近的 n 个操作，效果与 n 次输入 U 相同，但并不在每一步都重生成图形。

（2）自动：将宏（如菜单宏）中的命令编组到单个动作中，使这些命令可通过单条 U 命令反转。如果"控制"选项关闭或者限制了 UNDO 功能，UNDO "自动"将不可用。

（3）控制：限制或关闭 UNDO。

（4）开始、结束：在 AutoCAD 中可以用 UNDO 命令将一系列操作编组为一个集合。输入"开始"选项后，所有后续操作都将成为此集合的一部分，直至使用"结束"选项。编组已激活时，输入 UNDO BEGIN 将结束当前集合，并开始新的集合。UNDO 和 U 将编组操作视为单步操作。

如果输入 UNDO BEGIN 而不输入 UNDO END，使用"数目"选项将放弃指定数目的命令，但不会备份开始点以后的操作。如果要回到开始点以前的操作，则必须使用"结束"选项（即使集合为空）。这同样适用于 U 命令。由"标记"选项放置的标记在 UNDO 编组中不显示。

（5）标记、后退："标记"在放弃信息中放置标记。"后退"放弃直到该标记为止所做的全部工作。如果一次放弃一个操作，到达该标记时程序会给出通知。只要有必要，可以放置任意个标记。"后退"一次则后退一个标记，并删除该标记。

5.1.2 被撤消命令的恢复

在 AutoCAD 中，系统提供了图形的重做功能。利用图形重做功能可以重新执行放弃的操作。使用 REDO 命令可以重做前一个 UNDO 或 U 命令撤消的操作，但是该命令必须紧跟在 UNDO 或 U 命令后执行，也就是只能恢复一个命令。该命令的执行方式如下。

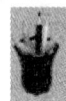执行方式

命令行：REDO。

下拉式菜单："编辑"→"重做"。

工具栏：单击"自定义快速访问"工具栏中的"重做"按钮，或者单击"标准"工具栏中的"重做"按钮。

快捷键：CTRL+Y。

快捷菜单：无命令处于活动状态和无对象选定的情况下，在绘图区域单击鼠标右键，然后单击"重做"。

另外，还有一个类似的 MREDO 命令，该命令可以恢复之前几个用 UNDO 或 U 命令放弃的操作。该命令的具体情况如下。

执行方式

命令行：MREDO。

操作方法

命令行提示如下：

输入动作数目或［全部（A）/上一个（L）］：

用户可以输入一个正数、一个选项或按回车键重做某个单一命令。

选项说明

（1）动作数目：恢复指定数目的动作。

（2）全部：恢复前面的所有动作。

（3）上一个：只恢复上一个动作。

5.2 删除（ERASE）

删除命令比较简单，可以方便地删掉所选对象。该命令的执行方式如下。

**执行方式**

命令行：ERASE（简化命令 E）。

下拉式菜单："修改"→"删除"。

工具栏：单击"修改"工具栏中的"删除"按钮。

快捷菜单：选择要删除的对象，在绘图区域中单击鼠标右键，然后单击"删除"。

功能区：单击"常用"选项卡下的"修改"面板中的"删除"按钮 。

执行 ERASE（删除）命令后，选择要删除的对象，按空格键或回车键或右键进行确定，即可将其删除。

如果在操作过程中要取消删除操作，可以按【Esc】键退出操作。

也可以先选中对象，再启动删除命令，将所选元素直接删除。如果选中对象，按 Delete 键，也可将所选元素直接删除。

另外，"编辑"菜单中的"剪切"命令也可将所选元素删除。但该命令可将删掉的对象保存在 Windows 的剪贴板中，可供以后"粘贴"命令使用。

5.3 复制（COPY）

5.3.1 复制命令

复制命令可使被选对象在指定位置生成一个或多个副本，而不需要重复地绘制，从而提高绘图的效率。该命令的具体情况如下。

执行方式

命令行：COPY（简化命令 CO）。

下拉式菜单："修改"→"复制"。

工具栏：单击"修改"工具栏中的"复制"按钮 。

快捷菜单：选择要复制的对象，在绘图区域中单击鼠标右键，单击"复制选择"。

功能区：单击"常用"选项卡下的"修改"面板中的"复制"按钮 。

操作方法

命令行提示与操作如下：

命令：COPY   //执行复制命令。

选择对象：   //选择要复制对象然后按回车键或鼠标右键。

指定基点或 [位移(D)/模式(O)] <位移>：   //指定基点或输入选项。

指定第二个点或 [阵列(A)] <使用第一个点作为位移>： //指定第二点或输入选项。

指定第二个点或 [阵列（A）/退出（E）/放弃（U）] <退出>：

　　　　　　　　　　　　//指定第二次复制的目标点，或按回车键或【Esc】键结束。

选项说明

（1）位移：使用坐标指定相对距离和方向。指定的两点定义一个矢量，指示复制对象的放置离原位置有多远以及以哪个方向放置。如果在"指定第二个点"提示下按 Enter 键，则第一个点将被认为是相对 x、y、z 位移。例如，如果指定基点为 2，3 并在下一个提示下按 Enter 键，对象将被复制到距其当前位置在 x 方向上 2 个单位、在 y 方向上 3 个单位的位置。

（2）模式：控制命令是否自动重复（该设置由 COPYMODE 系统变量控制）。

（3）阵列：指定在线性阵列中排列的副本数量。

5.3.2 实例——多重复制

如图 5-1 所示，将上方的小圆复制三次，得到如图 5-2 所示的图形。

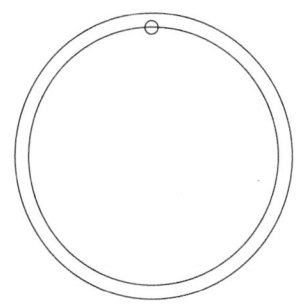
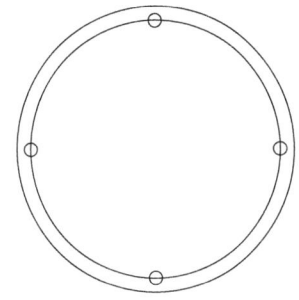

图 5-1　多重复制（原图）　　　　图 5-2　多重复制（复制结果）

Step 绘制步骤

① 输入 COPY（简化命令 CO）命令并确定，命令行提示如下：

选择对象：

② 选择小圆后确认，命令行提示如下：

指定基点或 [位移（D）/模式（O）] <位移>：

③ 捕捉小圆的圆心，命令行提示如下：

指定第二个点或 [阵列（A）] <使用第一个点作为位移>：

④ 捕捉内侧大圆的右侧象限点，命令行提示如下：

指定第二个点或 [阵列（A）/退出（E）/放弃（U）] <退出>：

⑤ 捕捉内侧大圆的下侧象限点，命令行提示如下：

指定第二个点或 [阵列（A）/退出（E）/放弃（U）] <退出>：

⑥ 捕捉内侧大圆的左侧象限点，命令行提示如下：

指定第二个点或 [阵列（A）/ 退出（E）/ 放弃（U）] <退出>：

⑦ 按回车键或空格键结束操作，复制的效果如图 5-2 所示。

5.4 移动（MOVE）

5.4.1 移动命令

移动命令可使被选元素移动一定的距离，从而达到重新定位的目的。该命令的具体情况如下。

执行方式

命令行：MOVE（简化命令 M）。

下拉式菜单："修改"→"移动"。

工具栏：单击"修改"工具栏中的"移动"按钮。

快捷菜单：选择要移动的对象，在绘图区域中单击鼠标右键，然后单击"移动"。

功能区：单击"常用"选项卡下的"修改"面板中的"移动"按钮。

操作方法

命令行提示与操作如下：

命令：MOVE   // 执行移动命令。

选择对象：   // 选择要移动的对象然后按回车键或鼠标右键。

指定基点或 [位移(D)] <位移>：   // 指定基点或输入选项。

指定第二个点或 <使用第一个点作为位移>：   // 指定对象移动的目标位置。

选项说明

（1）位移：输入坐标以表示矢量，输入的坐标值将指定相对距离和方向。

（2）指定的两个点定义了一个矢量，表明选定对象将被移动的距离和方向。

（3）如果在"指定第二个点"提示下按 Enter 键，则第一个点将被认为是相对 x, y, z 位移。例如，如果将基点指定为 2、3，然后在下一个提示下按 Enter 键，则对象将从当前位置沿 x 方向移动 2 个单位，沿 y 方向移动 3 个单位。

5.4.2 实例——移动圆

如图 5-3 所示,现有两个圆,移动其中一个,使其成为同心圆。其结果见图 5-4。

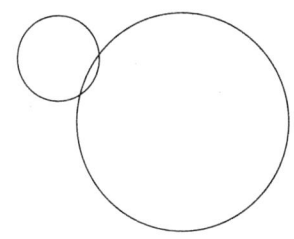
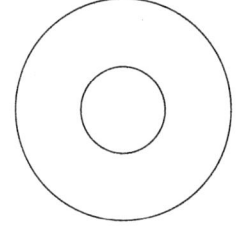

图 5-3 移动圆(原图)　　　图 5-4 移动圆(移动结果)

绘制步骤

① 输入 MOVE(简化命令 M)命令并确定,命令行提示如下:

选择对象:

② 选择小圆后按回车键或鼠标右键确认,命令行提示如下:

指定基点或 [位移(D)] <位移>:

③ 捕捉小圆的圆心,命令行提示如下:

指定第二个点或 <使用第一个点作为位移>:

④ 捕捉大圆的圆心,移动后的效果如图 5-4 所示。

5.5 旋转(ROTATE)

5.5.1 旋转命令

旋转命令可使被选对象绕指定的基点旋转一定的角度,从而达到重新定位的目的。该命令的具体情况如下。

执行方式

命令行:ROTATE(简化命令 RO)。

下拉式菜单:"修改"→"旋转"。

工具栏:单击"修改"工具栏中的"旋转"按钮 。

快捷菜单:选择要旋转的对象,在绘图区域中单击鼠标右键,然后单击"旋转"。

功能区：单击"常用"选项卡下的"修改"面板中的"旋转"按钮 旋转 。

操作方法

命令行提示与操作如下：

命令：ROTATE   //执行旋转命令。

UCS 当前的正角方向： ANGDIR= 逆时针 ANGBASE=0

选择对象：   //选择要旋转的对象并按回车键或空格键或鼠标右键完成选择。

指定基点：   //在绘图区中指定一个定点进行旋转。

指定旋转角度，或 [复制（C）/ 参照（R）] <0>:

                //拖动鼠标旋转图形或输入旋转角度值，或者选择其他选项。

选项说明

1. 旋转角度：决定对象绕基点旋转的角度。旋转轴通过指定的基点，并且平行于当前 UCS 的 Z 轴。

2. 复制：创建要旋转的选定对象的副本。选择该选项，则在旋转对象的同时，保留原对象。

3. 参照：将对象从指定的角度旋转到新的绝对角度。旋转视口对象时，视口的边框仍然保持与绘图区域的边界平行。

5.5.2 实例——旋转圆

旋转图 5-5 中的小圆和"小圆"两个文字，使其由左侧相切变为上方相切。结果如图 5-6 所示。

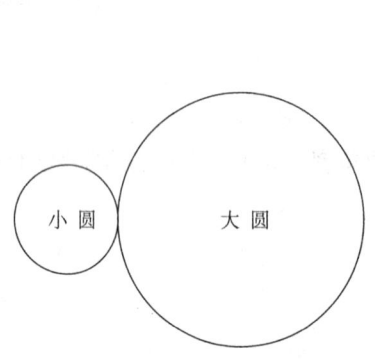
图 5-5 旋转圆（原图）

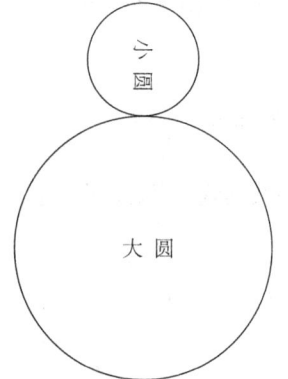
图 5-6 旋转圆（旋转结果）

Step 绘制步骤

① 输入 ROTATE（简化命令 RO）命令并确定，命令行提示如下：

选择对象:

② 选中小圆及圆内文字后按回车键或鼠标右键确认，命令行提示如下：

指定基点:

③ 捕捉大圆的圆心，命令行提示如下：

指定旋转角度，或 [复制(C)/参照(R)] <0>:

④ 指定旋转角度为 -90 并确定，旋转后的效果如图 5-6 所示。

5.6 缩放（SCALE）

5.6.1 缩放命令

比例缩放命令可使被选对象在 x、y 和 z 方向以相同比例放大或缩小，缩放后对象的比例保持不变。该命令的具体情况如下。

执行方式

命令行：SCALE（简化命令 SC）。

下拉式菜单："修改" → "缩放"。

工具栏：单击"修改"工具栏中的"缩放"按钮 。

快捷菜单：选择要缩放的对象，在绘图区域中单击鼠标右键，然后单击"缩放"。

功能区：单击"常用"选项卡下的"修改"面板中的"缩放"按钮 。

操作方法

命令行提示与操作如下：

命令：SCALE   //执行缩放命令。

选择对象：   //选择要缩放的对象并按回车键或空格键或鼠标右键完成选择。

指定基点：   //指定比例缩放中的基准点。

指定比例因子或 [复制(C)/参照(R)]:   //输入一个比例，或者选择其他选项。

选项说明

（1）基点：指定的基点表示选定对象的大小发生改变（从而远离静止基点）时位置保持不变的点。选择对象并指定基点后，从基点到当前光标位置会出现一条连线，线段的长度即为比例大小。拖动鼠标，选择的对象会动态地随着该连线长度的变化而缩放。

（2）比例因子：如果输入比例因子，被选对象按指定的比例沿基点进行缩放。大于1的比例因子使对象放大，同时其到基点的距离也变大；介于0和1之间的比例因子使对象缩小。同时其到基点的距离也变小。

（3）复制：创建要缩放的选定对象的副本，即缩放对象时，保留原对象，此功能是AutoCAD 2012新增的功能。

（4）如果输入"R"，则按参照方式进行缩放，命令行提示如下：

指定参照长度 <1.0000>：

指定新的长度或 [点（P）] <1.0000>：

此时将以新长度除以参照长度得到的比值作为比例因子对被选实体进行缩放。如果新长度大于参照长度，对象将放大，否则缩小。如果选择"点（P）"选项，则选择两点来定义新的长度。

5.6.2 实例——放大门

如图5-7所示，放大门使其填满所留的间距。如果不知道门或间距的尺寸，则可以通过参照方式进行放大。注意用框选的方式选中门，只对门进行放大。结果如图5-8所示。

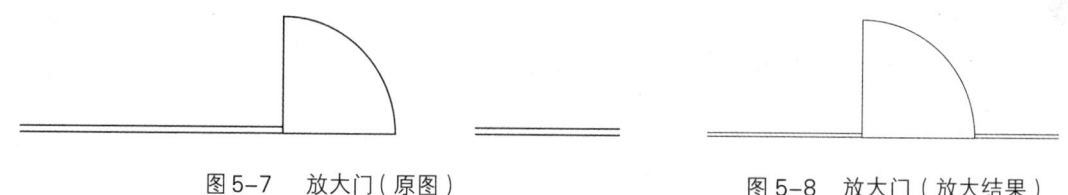

图5-7　放大门（原图）　　　　　　图5-8　放大门（放大结果）

Step 绘制步骤

① 输入SCALE（简化命令SC）命令并确定，命令行提示如下：

选择对象：

② 选择门后按回车键或鼠标右键确认，命令行提示如下：

指定基点：

③ 捕捉圆弧的圆心点，命令行提示如下：

指定比例因子或 [复制（C）/参照（R）]：

④ 输入R并确定，命令行提示如下：

指定参照长度 <1.0000>：

⑤ 捕捉圆弧的圆心点，命令行提示如下：

指定第二点：

⑥ 捕捉圆弧右侧端点，命令行提示如下：

指定新的长度或［点（P）］<1.0000>：

⑦ 捕捉右侧墙的左侧端点，放大的效果如图5-8所示。

在上面的操作中，就是以门原来的宽度为参考长度，以墙的间距为新长度，对门进行放大，以使门的宽度与墙的间距相等。

5.7 拉伸（STRETCH）

5.7.1 拉伸命令

拉伸命令可使我们方便地改变图形对象一部分端点坐标，而另一部分保持不变，从而使图形对象拉长、压扁或产生像错切似的形变。在有些情况下，也可能使图形对象的全部端点移动一定距离，也就是使其平移一定距离。该命令的具体情况如下。

执行方式

命令行：STRETCH（简化命令S）。

下拉式菜单："修改"→"拉伸"。

工具栏：单击"修改"工具栏中的"拉伸"按钮。

功能区：单击"常用"选项卡下的"修改"面板中的"拉伸"按钮 拉伸 。

操作方法

命令行提示与操作如下：

命令：STRETCH   //执行拉伸命令。

以交叉窗口或交叉多边形选择要拉伸的对象…

选择对象：   //使用交叉多边形或交叉窗口对象选择方式选择需拉伸的图形对象并按
                回车键或空格键或鼠标右键完成选择。

指定基点或［位移(D)］<位移>：   //在绘图区指定拉伸的基点或输入其他选项。

指定第二个点或＜使用第一个点作为位移＞：   //指定拉伸的移至点。

这里两点的含义与作用与移动（MOVE）和复制（COPY）命令中一样。如果输入两点，则第二点减去第一点的差值决定偏移量,如果只输入第一点,输入第二点时直接回车,则以第一点为偏移量。

说明

(1)将拉伸窗交窗口部分包围的对象。将移动(而不是拉伸)完全包含在窗交窗口中的对象或单独选定的对象。若干对象(例如圆、椭圆和块)无法拉伸。

(2)STRETCH 仅移动位于窗交选择内的顶点和端点,不更改那些位于窗交选择外的顶点和端点。STRETCH 不修改三维实体、多段线宽度、切向或者曲线拟合的信息。

5.7.2 实例——移动门

如图 5-9 所示,将门从左侧移动到右侧,结果如图 5-10 所示。

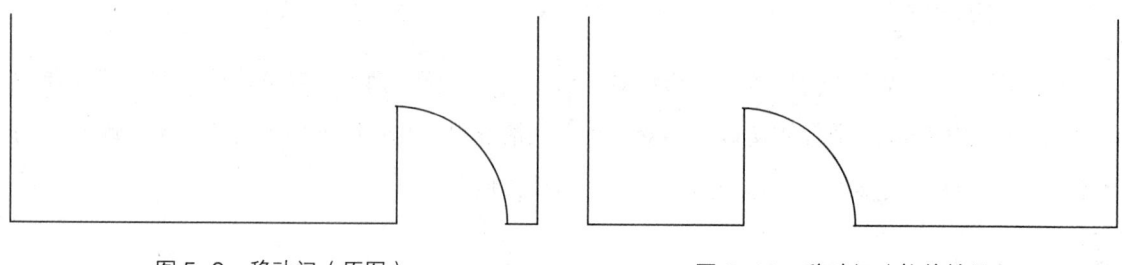

图 5-9　移动门(原图)　　　　　图 5-10　移动门(拉伸结果)

Step 绘制步骤

① 输入 STRETCH(简化命令 S)命令并确定,命令行提示如下:

选择对象:

② 从右下角到左上角拉出选择框,将门完全包含在内,按回车键或鼠标右键确认,命令行提示如下:

指定基点或 [位移(D)] <位移>:

③ 捕捉圆弧右侧端点,命令行提示如下:

指定第二个点或 <使用第一个点作为位移>:

④ 在水平线段上选取靠近右侧竖直线段的一点。拉伸的结果如图 5-10 所示。

该操作中,门完全包含在选择框中,被平移,左右两侧的线段各有一段在选择框内,则在选择框内的端点被拉伸。

5.8 拉长（LENGTHEN）

5.8.1 拉长命令

上一节所学习的拉伸命令可使被选对象在选择框内的端点沿指定的偏移方向拉伸，如果要使该点沿着所属直线或圆弧方向拉伸，则需使用拉长（LENGTHEN）命令。LENGTHEN 命令可以修改对象的长度和圆弧的包含角。LENGTHEN 命令并不影响闭合的对象。该命令的具体情况如下。

执行方式

命令行：LENGTHEN（简化命令 LEN）。

下拉式菜单："修改"→"拉长"。

功能区：单击"常用"选项卡下的"修改"面板中的"拉长"按钮 。

操作方法

命令行提示与操作如下：

命令：LENGTHEN　　　　　　　　　　　　　　　　　　　//执行拉长命令。

选择对象或 [增量(DE)/百分数(P)/全部(T)/动态(DY)]: //可选择对象或输入选项。

当前长度：　　　　//显示被选对象的长度，如果对象有包含角，将同时显示包含角。此时所选对象并不一定就是最后所拉伸的对象。

选择对象或 [增量（DE）/百分数（P）/全部（T）/动态（DY）]: de
　　　　　　　　　　　　　　　　　　　　　　　　　//选择拉长或缩短的方式为增量方式。

输入长度增量或 [角度（A）] <0.0000>:
　　　　　　　　　　//输入长度增量数值。如果选择圆弧段，可以选择选项"A"。

选择要修改的对象或 [放弃(U)]:　　　　//选择要进行拉长操作的对象。
选择要修改的对象或 [放弃(U)]:　　　　//继续选择，或按回车键结束。

选项说明

（1）对象选择：显示对象的长度和包含角（如果对象有包含角）。LENGTHEN 命令不影响闭合的对象。

选定对象的拉伸方向不需要与当前用户坐标系（UCS）的 z 轴平行。

（2）增量：以指定的增量修改对象的长度，该增量从距离选择点最近的端点处开始测量。差值还以指定的增量修改圆弧的角度，该增量从距离选择点最近的端点处开始测量。正值扩展对象，负值修剪对象。

（3）百分数：通过指定对象总长度的百分数设定对象长度。

（4）全部：通过指定从固定端点测量的总长度的绝对值来设定选定对象的长度。"全部"选项也按照指定的总角度设置选定圆弧的包含角。

（5）动态：打开动态拖动模式。通过拖动选定对象的端点之一来更改其长度。其他端点保持不变。

5.8.2 实例——拉长线段

如图 5-11 所示，将上方的线段右侧拉长 500 个单位，原线段长为 2 000。

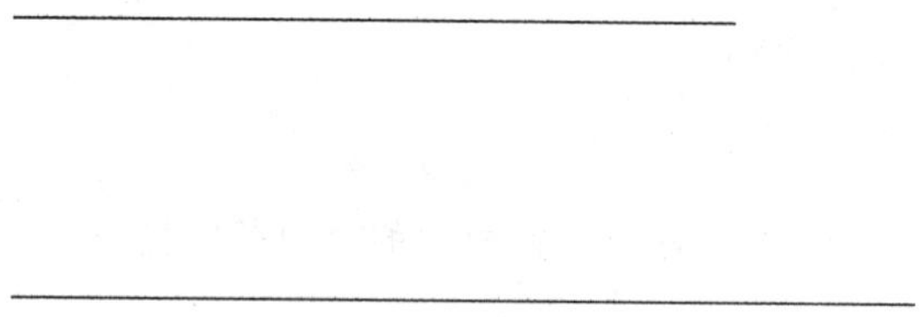

图 5-11 拉长线段

Step 绘制步骤

① 输入 LENGTHEN（简化命令 LEN）命令并确定，命令行提示如下：

选择对象或 ［增量（DE）/百分数（P）/全部（T）/动态（DY）］：

② 选择线段，命令行提示如下：

当前长度： 2000.0000

选择对象或 ［增量（DE）/百分数（P）/全部（T）/动态（DY）］：

③ 输入 DE 并确定，命令行提示如下：

输入长度增量或 ［角度（A）］ <0.0000>：

④ 输入 500 并确定，命令行提示如下：

选择要修改的对象或 ［放弃（U）］：

⑤ 靠近右侧选择线段，命令行提示如下：

选择要修改的对象或 ［放弃（U）］：

⑥ 按回车键结束操作，拉长结果如图 5-11 中下方线段所示。

5.9 对齐（ALIGN）

5.9.1 对齐命令

对齐命令通过移动、旋转和按比例缩放被选对象，使其与其他对象对齐。虽然 AutoCAD 2012 中将其放在"三维操作"子菜单中，但这个命令对二维对象同样适用。该命令的具体情况如下。

执行方式

命令行：ALIGN（简化命令 AL）。

下拉式菜单："修改" → "三维操作" → "对齐"。

功能区：单击"常用"选项卡下的"修改"面板中的"对齐"按钮 。

操作方法

命令行提示与操作如下：

命令： ALIGN   //执行对齐命令。

选择对象：   //选择要对齐的对象并按回车键或鼠标右键完成选择。

指定第一个源点：   //选择第一个源点。

指定第一个目标点：   //选择第一个目标点。

指定第二个源点：   //选择第二个源点。

指定第二个目标点：   //选择第二个目标点。

指定第三个源点或 <继续>：   //输入第三个源点或按回车键。

是否基于对齐点缩放对象？[是(Y)/否(N)] <否>：   //输入 Y 或 N 确定是否缩放对象。

说明

可以指定一对、两对或三对源点和目标点以移动、旋转或倾斜选定的对象，从而将它们与其他对象上的点对齐。

（1）ALIGN 使用一对点：当只选择一对源点和目标点时，选定对象将在二维或三维空间从源点移动到目标点。

（2）ALIGN 使用两对点：当选择两对点时，可以在二维或三维空间移动、旋转和缩放选定对象，以便与其他对象对齐。第一对源点和目标点定义对齐的基点，第二对点定义旋转的角度。在输入了第二对点后，系统会给出缩放对象的提示。将以第一目标点和第二目标点之间的距离作为缩放对象的参考长度。只有使用两对点对齐对象时才能使用缩放。

（3）ALIGN 使用三对点：当选择三对点时，选定对象可在三维空间移动和旋转，使之与其他对象对齐。

5.9.2 实例——斜坡与矩形

如图 5-12 所示，旋转并放大矩形，使其覆盖整个斜坡长，结果如图 5-13 所示。

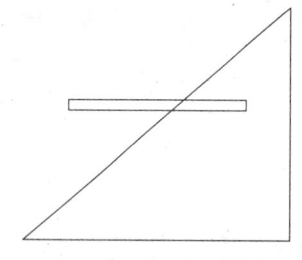 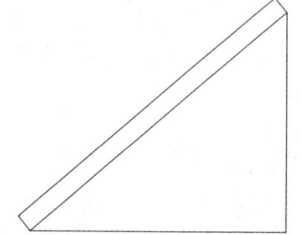

图 5-12　斜坡与矩形（原图）　　　　图 5-13　斜坡与矩形（对齐结果）

Step 绘制步骤

① 输入 ALIGN（简化命令 AL）命令并确定，命令行提示如下：

选择对象：

② 选择矩形后确认，命令行提示如下：

指定第一个源点：

③ 捕捉矩形左下角点，命令行提示如下：

指定第一个目标点：

④ 捕捉斜坡左下角点，命令行提示如下：

指定第二个源点：

⑤ 捕捉矩形右下角点，命令行提示如下：

指定第二个目标点：

⑥ 捕捉斜坡右上角点，命令行提示如下：

指定第三个源点或 <继续>：

⑦ 按回车键结束选择，命令提示与操作如下：

是否基于对齐点缩放对象？[是（Y）/否（N）] <否>：

⑧ 输入 Y 并确定，对齐结果如图 5-13 所示。

5.10 修剪（TRIM）

5.10.1 修剪命令

修剪命令可以用一条或数条剪切边修剪所选定的对象，使这些被选对象在剪切边一侧的部分被删除。另外修剪命令还可以将被选线段延伸，使其与剪切边相交。

有效的剪切边对象包括二维和三维多段线、圆弧、圆、椭圆、布局视口、直线、射线、面域、样条曲线、文字和构造线。可以修剪的对象包括圆弧、圆、椭圆弧、直线、开放的二维和三维多段线、射线、样条曲线和构造线。

该命令的具体情况如下。

执行方式

命令行：TRIM（简化命令 TR）。

下拉式菜单："修改" → "修剪"。

工具栏：单击"修改"工具栏中的"修剪"按钮 。

功能区：单击"常用"选项卡下的"修改"面板中的"修剪"按钮 。

操作方法

命令行提示与操作如下：

命令：TRIM　　　　　　　　　　　　　　　　　　　　　　　　　　　//执行修剪命令。

当前设置：投影=UCS，边=无

选择剪切边…

选择对象或＜全部选择＞：　　//此时可选择一个或多个对象作为剪切边并按回车键确认，或直接按回车键选择全部对象。

选择要修剪的对象，或按住 Shift 键选择要延伸的对象，或[栏选（F）/窗交（C）/投影（P）/边（E）/删除（R）/放弃（U）]：　　　　//用鼠标点击要修剪的对象或输入其他选项。

选项说明

（1）要修剪的对象：指定修剪对象。

（2）按住 SHIFT 键选择要延伸的对象：按住 SHIFT 键，系统就会自动将"修剪"命令转换成"延伸"命令。

此时将延伸选定对象而不是修剪它们。

（3）栏选：选择与选择栏相交的所有对象。选择栏是一系列临时线段，它们是用两个或多个栏选点指定的。选择栏不构成闭合环。

（4）窗交：由两点确定选择矩形区域，选择窗口内部或与之相交的对象。选择此选项后，命令行将提示输入窗口的两个点。

（5）投影：指定修剪对象时使用的投影方式。

① 无：指定无投影。该命令只修剪与三维空间中的剪切边相交的对象。

② UCS：指定在当前用户坐标系 xy 平面上的投影。该命令将修剪不与三维空间中的剪切边相交的对象。

③ 视图：指定沿当前观察方向的投影。该命令将修剪与当前视图中的边界相交的对象。

（6）边：选择此选项时，可以选择对象的修剪方式。

① 延伸：延伸边界进行修剪。在此方式下，如果剪切边没有与要修剪的对象相交，系统会延伸剪切边直至与对象相交，然后再修剪。

② 不延伸：不延伸边界修剪对象，只修剪与剪切边相交的对象。

（7）删除：删除选定的对象。此选项提供了一种用来删除不需要的对象的简便方式，而无需退出 TRIM 命令。

（8）放弃：撤消由 TRIM 命令所做的最近一次更改。

5.10.2 实例——修剪同心圆

修剪图 5-14 中的两个同心圆，得到图 5-15 所示的图形。

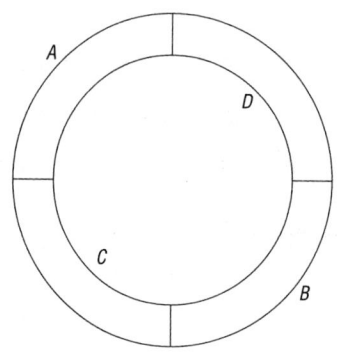

图 5-14 修剪同心圆（原图）

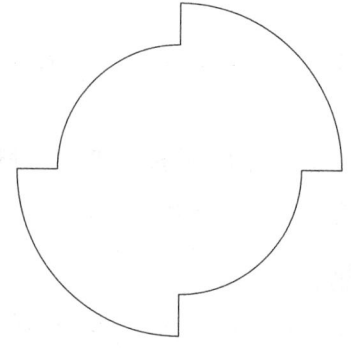

图 5-15 修剪同心圆（修剪结果）

Step 绘制步骤

① 分别以 600 和 800 为半径作两个同心圆。

② 捕捉象限点，画出 4 条短线。

③ 输入 TRIM（简化命令 TR）命令并确定，命令行提示如下：

当前设置：投影 =UCS，边 = 无

选择剪切边...

选择对象或＜全部选择＞:

④ 选中 4 条短线，回车或右键确认，命令行提示如下：

选择要修剪的对象，或按住 SHIFT 键选择要延伸的对象，或

[栏选（F）/ 窗交（C）/ 投影（P）/ 边（E）/ 删除（R）/ 放弃（U）]：

⑤ 点中 A 段圆弧。

用同样的方法修剪 B 段圆弧、C 段圆弧、D 段圆弧等。

修剪结果如图 5-15 所示。

5.11 延伸（EXTEND）

5.11.1 延伸命令

延伸命令可以很方便地将对象延伸到指定的边界，该命令的操作方式与上节的修剪命令很相似。在修剪命令中，按住 SHIFT 键可以很方便地进入延伸命令，在延伸命令中，按住 SHIFT 键也可以很方便地进入修剪命令。

在延伸命令中，有效的边界对象包括二维和三维多段线、圆弧、块、圆、椭圆、布局视口、直线、射线、面域、样条曲线、文字和构造线。可被延伸的对象包括圆弧、椭圆弧、直线、开放的二维和三维多段线以及射线。

该命令的具体情况如下。

执行方式

命令行：EXTEND（简化命令 EX）。

下拉式菜单："修改"→"延伸"。

工具栏：单击"修改"工具栏中的"延伸"按钮 。

功能区：单击"常用"选项卡下的"修改"面板中的"修剪和延伸"下拉式菜单下的"延伸"按钮 延伸 。

操作方法

命令行提示与操作如下：

命令： EXTEND   // 执行延伸命令。

当前设置：投影 =UCS，边 = 无

选择边界的边…

选择对象或 <全部选择>：   // 此时可选择对象来定义边界，若直接按回车键，则选择所有对象作为可能的边界对象。

选择要延伸的对象，或按住 SHIFT 键选择要修剪的对象，或 [栏选（F）/窗交（C）/投影（P）/边（E）/放弃（U）]：   // 用鼠标点击要延伸的对象或输入其他选项。

选项说明

（1）边界对象选择：使用选定对象来定义对象延伸到的边界。

（2）要延伸的对象：指定要延伸的对象。如果要延伸的对象是适配样条多义线，则延伸后会在多义线的控制框上增加新节点；如果要延伸的对象是锥形的多义线，系统会修正延伸端的宽度，使多义线从起始端平滑地延伸至新终止端；如果延伸操作导致终止端宽度可能为负值，则取宽度值为 0。

（3）按住 SHIFT 键选择要修剪的对象：按住 SHIFT 键，系统就会自动将"延伸"命令转换成"修剪"命令。

此时将修剪选定对象而不是延伸它们。

（4）栏选：选择与选择栏相交的所有对象。选择栏是一系列临时线段，它们是用两个或多个栏选点指定的。选择栏不构成闭合环。

（5）窗交：由两点确定选择矩形区域，选择窗口内部或与之相交的对象。选择此选项后，命令行将提示输入窗口的两个点。

（6）投影：指定延伸对象时使用的投影方式。

①无：指定无投影。该命令只延伸与三维空间中的边界相交的对象。

②UCS：指定在当前用户坐标系 xy 平面上的投影。该命令将延伸不与三维空间中的边界对象相交的对象。

③ 视图：指定沿当前观察方向的投影。

（7）边：选择此选项时，可以选择对象的延伸方式。

① 延伸：沿其自然路径延伸边界对象以和三维空间中另一对象或其隐含边相交。

② 不延伸：指定对象只延伸到在三维空间中与其实际相交的边界对象。

（8）放弃：放弃最近由 EXTEND 命令所做的更改。

5.11.2 实例——最大最小距离

图 5-16 中作出了两圆心的连线，通过使用延伸命令，分别作出两个圆之间的最大距离（图 5-17）和最小距离（图 5-18）。

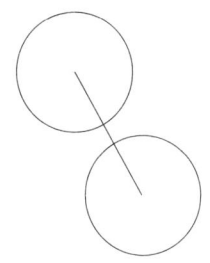 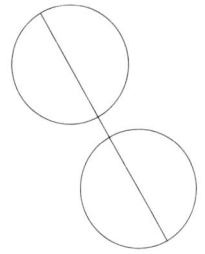 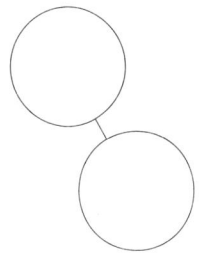

图 5-16　最大最小距离（原图）　　图 5-17　最大距离　　图 5-18　最小距离

Step 绘制步骤

① 画出两个圆。

② 捕捉圆心，画出圆心间的连线。

③ 输入 EXTEND（简化命令 EX）命令并确定，命令行提示如下：

当前设置：投影 =UCS，边 = 无

选择边界的边 …

选择对象或 <全部选择>：

④ 选中两个圆后确认，命令行提示如下：

选择要延伸的对象，或按住 SHIFT 键选择要修剪的对象，或

[栏选（F）/窗交（C）/投影（P）/边（E）/放弃（U）]：

⑤ 选中线的上部，用同样的方法选中线的下部，结果如图 5-17 所示。

⑥ 回到原图的状态，输入 EXTEND（简化命令 EX）命令并确定，命令行提示如下：

当前设置：投影 =UCS，边 = 无

选择边界的边 …

选择对象或＜全部选择＞：

⑦ 选中两个圆后确认，命令行提示如下：

选择要延伸的对象，或按住 Shift 键选择要修剪的对象，或

[栏选（F）/窗交（C）/投影（P）/边（E）/放弃（U）]：

⑧ 按住 Shift 键选中线的上部。用同样的方法选中线的下部，然后回车。结果如图 5-18 所示。

第6章 高级图形编辑工具

6.1 打断（BREAK）

在工程制图时，希望对某些与其他图形没有相交的对象进行切断或分割操作，可以使用 AutoCAD 中的 BREAK 命令。该命令用于将对象指定的两点间的部分删掉，或将一个图形对象打断成两个具有同一端点的对象。该命令的具体情况如下。

执行方式

命令行：BREAK（简化命令 BR）。

下拉式菜单："修改"→"打断"。

工具栏：单击"修改"工具栏中的"打断"按钮。

功能区：单击"常用"选项卡下的"修改"面板中的"打断"按钮。

操作方法

命令行提示与操作如下：

命令：BREAK　　　　　　　　　　　　　　　　　　　　　　//执行打断命令。

选择对象：　　　　　//用鼠标直接选取要打断的对象,选取点就作为第一个断点。

指定第二个打断点 或 [第一点（F）]：// 输入第二个断点，如果认为第一个断点不适合要重新选取，可以输入 F 表示要求重新输入第一个打断点。

说明

（1）在 BREAK 命令中，每次只能选取一个对象。即 BREAK 命令一次只能处理一个对象。

（2）在选择对象时，如果用鼠标直接选取要打断的对象，即系统认为选择对象时选取的点为第一个打断点，如果认为该点不合适，可以在第二个断点提示时输入"F"，这时系统提示：

指定第一个打断点：

指定第二个打断点：

（3）如果被打断的对象是圆，则必须考虑两个断点的顺序和方向。AutoCAD程序将按逆时针方向删除圆上第一个打断点到第二个打断点之间的部分，从而将圆转换成圆弧。

（4）如果在输入第二个打断点时输入@，则第一个打断点和第二个打断点重合，AutoCAD将对象以打断点为边界分为两个对象。注意这种方法不能应用于圆，因为一个圆不能被分为两个部分。

6.2 合并（JOIN）

在绘图过程中，可以将没有连接的直线、圆弧、多段线等合并（JOIN）成一个整体。JOIN可以单独作为一个命令使用，在PEDIT（编辑多段线）命令中也有一个选项"合并（J）"，其作用和道理是一样的，但仅限于对多段线的编辑。合并（JOIN）命令的执行方式如下：

执行方式

命令行：JOIN。

下拉式菜单："修改"→"合并"。

工具栏：单击"修改"工具栏中的"合并"按钮 。

功能区：单击"常用"选项卡下的"修改"面板中的"合并"按钮 。

操作方法

命令行提示与操作如下：

命令：JOIN   // 执行合并命令。

选择源对象或要一次合并的多个对象：   // 选择源对象。

选择要合并到源的直线：   // 用鼠标直接选取要合并的对象。

选择要合并到源的直线：   // 可以继续选取。

选项说明

（1）源对象：指定可以合并其他对象的单个源对象。按Enter键选择源对象以开始选择要合并的对象。以下规则适用于每种类型的源对象。

① 直线：仅直线对象可以合并到源线。直线对象必须都是共线，但它们之间可以有间隙。

② 多段线：直线、多段线和圆弧可以合并到源多段线。所有对象必须连续且共面。生成的对象是单条多段线。

③ 三维多段线：所有线性或弯曲对象可以合并到源三维多段线。所有对象必须是连续的，但可以不共面。产生的对象是单条三维多段线或单条样条曲线，分别取决于用户连接到线性对象还是弯曲的对象。

④ 圆弧：只有圆弧可以合并到源圆弧。所有的圆弧对象必须具有相同半径和中心点，但是它们之间可以有间隙。从源圆弧按逆时针方向合并圆弧。"闭合"选项可将源圆弧转换成圆。

⑤ 椭圆弧：仅椭圆弧可以合并到源椭圆弧。椭圆弧必须共面且具有相同的主轴和次轴，但是它们之间可以有间隙。从源椭圆弧按逆时针方向合并椭圆弧。"闭合"选项可将源椭圆弧转换为椭圆。

⑥ 螺旋：所有线性或弯曲对象可以合并到源螺旋。所有对象必须是连续的，但可以不共面。结果对象是单个样条曲线。

⑦ 样条曲线：所有线性或弯曲对象可以合并到源样条曲线。所有对象必须是连续的，但可以不共面。结果对象是单个样条曲线。

（2）一次选择多个要合并的对象：合并多个对象，而无需指定源对象。规则和生成的对象类型如下所示。

① 合并共线可产生直线对象。直线的端点之间可以有间隙。

② 合并具有相同圆心和半径的共面圆弧可产生圆弧或圆对象。圆弧的端点之间可以有间隙。以逆时针方向进行加长。如果合并的圆弧形成完整的圆，会产生圆对象。

③ 将样条曲线、椭圆圆弧或螺旋合并在一起或合并到其他对象可产生样条曲线对象。这些对象可以不共面。

④ 合并共面直线、圆弧、多段线或三维多段线可产生多段线对象。

⑤ 合并不是弯曲对象的非共面对象可产生三维多段线。

6.3 倒角（CHAMFER）

6.3.1 倒角命令

倒角相当于将两个实体（或多段线的两边）切去一刀，再将切断处用线段连接起来。该命令的具体情况如下。

执行方式

命令行：CHAMFER（简化命令 CHA）。

下拉式菜单："修改"→"倒角"。

工具栏：单击"修改"工具栏中的"倒角"按钮。

功能区：单击"常用"选项卡下的"修改"面板中的"倒角和圆角"下拉式按钮中的"倒角"按钮。

操作方法

命令行提示与操作如下：

命令：CHAMFER   //执行倒角命令。

（"修剪"模式）当前倒角距离 1 = 200.0000，距离 2 = 400.0000

//倒角的修剪模式和参数设置。

选择第一条直线或 [放弃(U)/多段线(P)/距离(D)/角度(A)/修剪(T)/方式(E)/多个(M)]:   //选择直线或输入选项。

选择第二条直线，或按住 SHIFT 键选择直线以应用角点或 [距离(D)/角度(A)/方法(M)]:   //选择第二条直线或输入选项。

选项说明

（1）第一条直线：指定定义二维倒角所需的两条边中的第一条边或要倒角的三维实体的边。如果选择直线或多段线，它们的长度将调整以适应倒角线。如果选定对象是二维多段线的直线段，它们必须相邻或只能用一条线段分开。如果它们被另一条多段线分开，执行 CHAMFER 将删除分开它们的线段并代之以倒角。如果选定的是三维实体的一条边，那么必须指定与此边相邻的两个表面中的一个为基准表面。

（2）放弃：恢复在命令中执行的上一个操作。

（3）多段线：对整个二维多段线倒角。相交多段线线段在每个多段线顶点被倒角。倒角成为多段线的新线段。

如果多段线包含的线段过短以至于无法容纳倒角距离，则不对这些线段倒角。

（4）距离：设定倒角至选定边端点的距离。如果将两个距离均设定为零，CHAMFER 将延伸或修剪两条直线，以使它们终止于同一点。

（5）角度：用第一条线的倒角距离和第二条线的角度设定倒角距离。

(6) 修剪：控制 CHAMFER 是否将选定的边修剪到倒角直线的端点。"修剪"选项会将 TRIMMODE 系统变量设定为 1；"不修剪"选项会将 TRIMMODE 设定为 0 (零)。如果将 TRIMMODE 系统变量设定为 1，则 CHAMFER 会将相交的直线修剪至倒角直线的端点。如果选定的直线不相交，CHAMFER 将延伸或修剪这些直线，使它们相交。如果将 TRIMMODE 设定为 0 (零)，则创建倒角而不修剪选定的直线。

(7) 方式：控制 CHAMFER 使用两个距离或一个距离和一个角度来创建倒角。

(8) 多个：为多组对象的边倒角。

(9) 表达式：使用数学表达式控制倒角距离。

6.3.2 实例——倒角——裁剪矩形

裁剪图 6-1 中矩形的四个角，得到如图 6-2 所示的图形。

 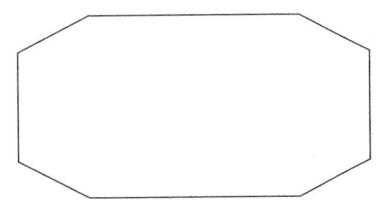

图 6-1　倒角——裁剪矩形 (原图)　　　图 6-2　倒角——裁剪矩形 (倒角结果)

Step 绘制步骤

① 使用 LINE 命令绘制长 2000、宽 1000 的矩形。

② 输入 CHAMFER (简化命令 CHA) 命令后确认，命令行提示如下：

("修剪"模式)　当前倒角距离 1 = 200.0000，距离 2 = 400.0000

选择第一条直线或 [放弃 (U) / 多段线 (P) / 距离 (D) / 角度 (A) / 修剪 (T) / 方式 (E) / 多个 (M)]：

③ 选择左侧竖线，命令行提示如下：

选择第二条直线，或按住 SHIFT 键选择直线以应用角点或 [距离 (D) / 角度 (A) / 方法 (M)]：

④ 选择上侧水平线。其余三个角用同样的方法进行处理。倒角的结果如图 6-2 所示。

6.4 圆角（FILLET）

6.4.1 圆角命令

圆角（FILLET）的效果和倒角命令类似，区别在于倒角命令在切断处用直线段连接，而圆角则用圆弧将切断处光滑地连接起来。

圆角（FILLET）命令给两个圆弧、圆、椭圆弧、直线、射线、多段线、样条曲线或参照线添加一段指定半径的圆弧。如果 TRIMMODE 系统变量设置为 1，FILLET 修剪相交的直线使其与圆角的端点相连。如果被选中的直线不相交，那么 AutoCAD 延伸或修剪它们使其相交。FILLET 也可以给实体的边加圆角。该命令的具体情况如下。

执行方式

命令行：FILLET（简化命令 F）。

下拉式菜单："修改" → "圆角"。

工具栏：单击"修改"工具栏中的"圆角"按钮 。

功能区：单击"常用"选项卡下的"修改"面板中的"倒角和圆角"下拉式按钮下的"圆角"按钮 。

操作方法

命令行提示与操作如下：

命令：FILLET   //执行圆角命令。
当前设置：模式 = 修剪,半径 = 100.0000   //显示修剪模式与参数设置。
选择第一个对象或 [放弃(U)/多段线(P)/半径(R)/修剪(T)/多个(M)]：
                                                                //使用对象选择方式选择对象或输入其他选项。
选择第二个对象，或按住 SHIFT 键选择对象以应用角点或 [半径(R)]：
                                                                //选择第二个对象。

选项说明

（1）第一个对象：选择定义二维圆角所需的两个对象中的第一个对象，或选择三维实体的边以便给其加圆角。

如果选中一个对象，命令行中将提示选择第二个对象。

选择第二个对象，或按住 SHIFT 键选择对象以应用角点或 [半径(R)]：

如果选择直线、圆弧或多段线，它们的长度将进行调整以适应圆角圆弧。选择对象时，可以按住SHIFT键，以使用值0(零)替代当前圆角半径。如果选定对象是二维多段线的两个直线段，则它们可以相邻或者被另一条线段隔开。如果它们被另一条多段线分开，执行FILLET将删除分开它们的线段并代之以圆角。在圆之间和圆弧之间可以有多个圆角存在。选择靠近期望的圆角端点的对象。

（2）多段线：在圆角命令中同样也可以一次对一条多段线各端点处进行圆角，在二维多段线中两条线段相交的每个顶点处插入圆角弧。在选择第一个对象之前输入"P"，再选择一条二维多段线，即可对多段线进行圆角。如果在多段线中，一条弧线段隔开两条相交的直线段，那么该弧线段被删除而替代为一个圆角。

（3）半径：定义圆角圆弧的半径。输入的值将成为后续FILLET命令的当前半径。修改此值并不影响现有的圆角圆弧。

（4）修剪：控制FILLET是否将选定的边修剪到圆角圆弧的端点。

（5）多个：给多个对象集加圆角。

6.4.2　实例——浴缸

将图6-3所示的浴缸进行圆角操作，得到如图6-4所示的图形。

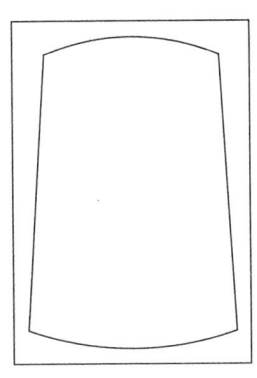　　　　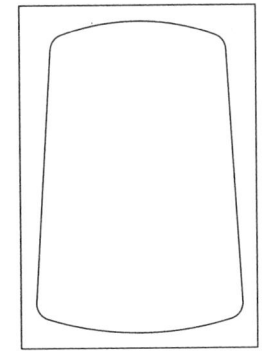

图6-3　浴缸（原图）　　　图6-4　浴缸（圆角结果）

Step 绘制步骤

① 输入FILLET（简化命令F）命令并确定，命令行提示如下：

当前设置：　模式 = 修剪，半径 = 100.0000

选择第一个对象或 [放弃(U)/多段线(P)/半径(R)/修剪(T)/多个(M)]：

选择左侧的斜边,命令行提示如下:

② 选择第二个对象,或按住 SHIFT 键选择对象以应用角点或 [半径(R)]:

③ 选择上方的圆弧。对其他三个角做类似的处理。圆角后的效果如图 6-4 所示。

6.5 镜像(MIRROR)

6.5.1 镜像命令

镜像命令可以得到被选对象关于指定轴线的对称副本。该命令的具体情况如下。

执行方式

命令行:MIRROR(简化命令 MI)。

下拉式菜单:"修改"→"镜像"。

工具栏:单击"修改"工具栏中的"镜像"按钮。

功能区:单击"常用"选项卡下的"修改"面板中的"镜像"按钮。

操作方法

命令行提示与操作如下:

命令: MIRROR   //执行镜像命令。

选择对象: //选择要镜像的对象并确定。

指定镜像线的第一点: //指定轴线的一个端点。

指定镜像线的第二点: //指定轴线的另一个端点。

要删除源对象吗?[是(Y)/否(N)]<N>:   //输入 Y 或 N,或者按回车键。如果输入 Y,则生成一个镜像后的副本,并删除被选对象。如果输入 N 或直接回车,则生成副本的同时保留被选对象。

指定的两个点将成为直线的两个端点,选定对象相对于这条直线被镜像。对于三维空间中的镜像,这条直线定义了与用户坐标系(UCS)的 xy 平面垂直并包含镜像线的镜像平面。

默认情况下,镜像文字对象时,不更改文字的方向。要反转文字,需将 MIRRTEXT 系统变量设定为 1。

6.5.2 实例——镜像圆弧

将图6-5中的圆弧镜像到上方,得到如图6-6所示的结果。

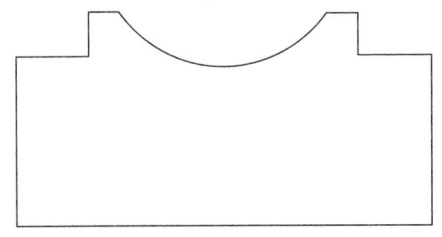 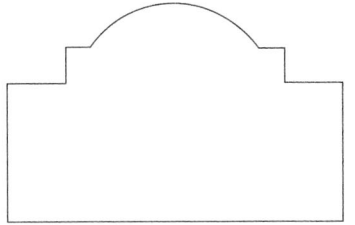

图6-5　镜像圆弧（原图）　　　　　图6-6　镜像圆弧（镜像结果）

Step 绘制步骤

① 输入MIRROR（简化命令MI）命令并确定,命令行提示如下:

选择对象:

② 选择圆弧并确认,命令行提示如下:

指定镜像线的第一点:

③ 捕捉圆弧左侧端点,命令行提示如下:

指定镜像线的第二点:

④ 捕捉圆弧右侧端点,命令行提示如下:

要删除源对象吗？［是（Y）/否（N）］<N>:

⑤ 输入Y并确定,镜像后的结果如图6-6所示。

6.6　偏移（OFFSET）

6.6.1　偏移命令

在工程中经常会碰到绘制平行线、同心圆及圆弧平行移动后产生的图形对象,在AutoCAD中用偏移得到的其实是原来图形对象的等距对象（所谓"等距",是指原来对象上的每一点在法线上移动相等的距离所得到的所有点组成的新对象）。该命令的具体情况如下。

执行方式

命令行:OFFSET（简化命令O）。

下拉式菜单:"修改"→"偏移"。

工具栏:单击"修改"工具栏中的"偏移"按钮。

功能区:单击"常用"选项卡下的"修改"面板中的"偏移"按钮。

操作方法

命令行提示与操作如下:

命令:OFFSET   //执行偏移命令。

当前设置: 删除源=否 图层=源 OFFSETGAPTYPE=0   //显示当前设置。

指定偏移距离或 [通过(T)/删除(E)/图层(L)] <通过>:

//指定偏移距离或其他选项。

选择要偏移的对象,或 [退出(E)/放弃(U)] <退出>:   //选择偏移对象。

指定要偏移的那一侧上的点,或 [退出(E)/多个(M)/放弃(U)] <退出>:

//选择复制在原对象的哪一侧。

选择要偏移的对象,或 [退出(E)/放弃(U)] <退出>:

//继续选择要偏移的对象或按回车结束。

选项说明

(1)指定偏移距离:距离值可以直接用键盘输入。如缺省值与要输入的距离一致,可以直接回车。也可以用鼠标在屏幕上指定两点,AutoCAD会自动测量两点的距离并将测量值作为输入值。

(2)通过(T):创建通过指定点的对象。选择该选项后,命令行提示如下:

选择要偏移的对象,或 [退出(E)/放弃(U)] <退出>:   //选择偏移对象。

指定通过点或 [退出(E)/多个(M)/放弃(U)] <退出>:   //指定通过点。

(3)删除:偏移源对象后将其删除。

(4)图层:确定将偏移对象创建在当前图层上还是源对象所在的图层上。

6.6.2 实例——偏移多段线

如图6-7所示,初始时只存在多段线1,通过偏移操作,得到多段线2,多段线3及多段线4。

绘制步骤

① 输入OFFSET(简化命令O)命令并确定,命令行提示如下:

当前设置: 删除源=否 图层=源 OFFSETGAPTYPE=0

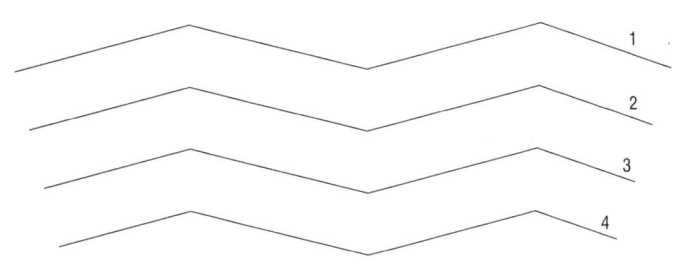

图 6-7 偏移多段线

指定偏移距离或 ［通过（T）/删除（E）/图层（L）］＜通过＞:

② 输入偏移距离 300 并确定，命令行提示如下：

选择要偏移的对象，或 ［退出（E）/放弃（U）］＜退出＞:

③ 选择多段线 1，命令行提示如下：

指定要偏移的那一侧上的点，或 ［退出（E）/多个（M）/放弃（U）］＜退出＞:

④ 在多段线 1 的下方取一点，得到多段线 2，命令行提示如下：

选择要偏移的对象，或 ［退出（E）/放弃（U）］＜退出＞:

⑤ 选择多段线 2，命令行提示如下：

指定要偏移的那一侧上的点，或 ［退出（E）/多个（M）/放弃（U）］＜退出＞:

⑥ 在多段线 2 下方取一点，得到多段线 3，命令行提示如下：

选择要偏移的对象，或 ［退出（E）/放弃（U）］＜退出＞:

⑦ 选择多段线 3，命令行提示如下：

指定要偏移的那一侧上的点，或 ［退出（E）/多个（M）/放弃（U）］＜退出＞:

⑧ 在多段线 3 下方取一点，得到多段线 4。最终偏移结果如图 6-7 所示。

6.7 阵列（ARRAY）

6.7.1 阵列命令

在工程制图中，经常会将具有相同参数形状的图形对象组成一组有规则的图形阵列。若使用已经介绍过的 COPY，OFFSET 等命令来执行并不方便，而 ARRAY 命令则可以将已有的图形对象有效地复制成有一定规则的图形对象阵列，且该命令功能十分强大。在 AutoCAD 中阵列操作有矩形阵列、环形阵列和路径阵列三种方式。该命令的具体情况如下。

执行方式

命令行：ARRAY（简化命令 AR）。

下拉式菜单："修改"→"阵列"。

工具栏：单击"修改"工具栏中的"阵列"按钮。

功能区：单击"常用"选项卡下的"修改"面板中的"阵列"下拉式按钮。

操作方法

命令行提示与操作如下：

命令：ARRAY   //执行阵列命令。

选择对象：   //选择要执行阵列操作的对象。

输入阵列类型 [矩形(R)/路径(PA)/极轴(PO)] <矩形>： R   //选择阵列类型。

类型 = 矩形 关联 = 是

为项目数指定对角点或 [基点（B）/角度（A）/计数（C）] <计数>： c

//输入选项或指定对角点。

输入行数或 [表达式(E)] <4>： 3   //输入行数。

输入列数或 [表达式(E)] <4>： 4   //输入列数。

指定对角点以间隔项目或 [间距(S)] <间距>：   //指定对角点。

按 Enter 键接受或 [关联（AS）/基点（B）/行（R）/列（C）/层（L）/退出（X）]

<退出>：   //按回车键结束。

选项说明

环形阵列即极轴阵列。

（1）矩形阵列：是一个有若干行和列组成的方阵。

（2）环形阵列：是指阵列中的元素是围绕某一个中心点排列的。

（3）路径阵列：沿路径或部分路径均匀分布对象副本。

6.7.2 实例——矩形阵列

对一个圆执行阵列命令，得到如图 6-8 所示的图形。

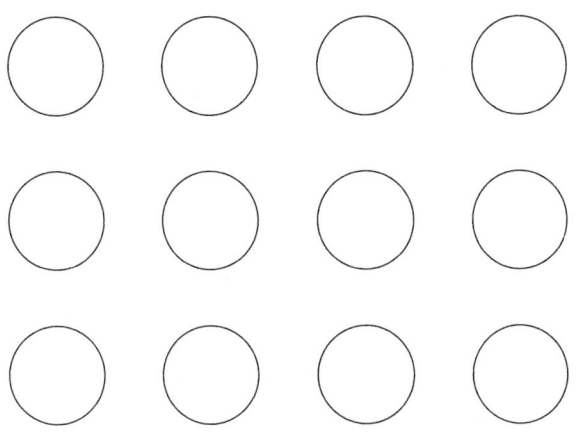

图 6-8 矩形阵列

Step 绘制步骤

① 输入 ARRAY（简化命令 AR）命令并确定，命令行提示如下：

选择对象：

② 选择圆并确定，命令行提示如下：

输入阵列类型［矩形（R）/路径（PA）/极轴（PO）］＜极轴＞：

③ 输入 R 并确定，命令行提示如下：

类型 = 矩形 关联 = 是

为项目数指定对角点或［基点（B）/角度（A）/计数（C）］＜计数＞：

④ 输入 C 并确定，命令行提示如下：

输入行数或［表达式（E）］＜4＞：

⑤ 输入 3 并确定，命令行提示如下：

输入列数或［表达式（E）］＜4＞：

⑥ 输入 4 并确定，命令行提示如下：

指定对角点以间隔项目或［间距（S）］＜间距＞：

⑦ 指定对角点，命令行提示如下：

按 Enter 键接受或［关联(AS)/基点(B)/行(R)/列(C)/层(L)/退出(X)］＜退出＞：

⑧ 按回车键结束。最终阵列结果如图 6-8 所示。

6.8 分解（EXPLODE）

6.8.1 分解命令

当进行图案填充、尺寸标注、多行文字、多段线以及进行图块插入时，这些图形对象都是作为一个整体而存在的。有时为了编辑这些整体图形，必须将其进行分解，将图案填充、多线、多段线分解成组成它的线条，将块分解成组成块的子对象，将一个尺寸标注分解成线段、箭头及尺寸文本。这就是分解。该命令的具体情况如下。

执行方式

命令行：EXPLODE（简化命令 X）。

下拉式菜单："修改"→"分解"。

工具栏：单击"修改"工具栏中的"分解"按钮 。

功能区：单击"常用"选项卡下的"修改"面板中的"分解"按钮 。

操作方法

命令行提示与操作如下：

命令：EXPLODE   // 执行分解命令。

选择对象：   // 选取需要分解的图形对象。

选取一个对象后，该对象会被分解，系统继续提示该信息，允许分解多个对象。

说明

（1）多段线被分解以后，相关的宽度信息消失，所有的直线和弧线都沿中心放置。

（2）有些原处于浮动层上的图形在分解后，对象的颜色、线型会由于浮动的图层、颜色和线型的变化而变化。

（3）带有属性的图块分解后，其属性将还原成为原属性定义的标志。

（4）用"阵列插入（MINSERT）"命令插入的带有不同 x、y 和 z 的插入比例的图块不能分解。

（5）图案填充、尺寸标注等在分解后关联性也随之消失。

6.8.2 实例——分解多段线

将图 6-9 所示的多段线分解为各组成线段，分解结果如图 6-10 所示。

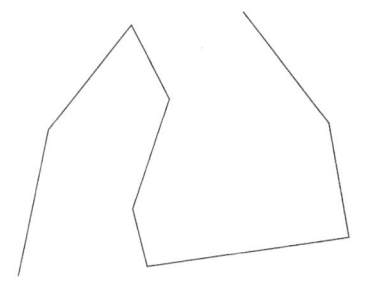
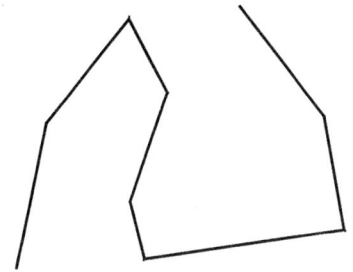

图 6-9　分解多段线（原图）　　　图 6-10　分解多段线（分解结果）

Step 绘制步骤

① 输入 EXPLODE（简化命令 X）命令并确定，命令行提示如下：

选择对象：

② 选择多段线并确定，命令行提示如下：

分解此多段线时丢失宽度信息。

可用 UNDO 命令恢复。

分解结果如图 6-10 所示。

6.9　编辑多段线（PEDIT）

6.9.1　编辑多段线命令

编辑多段线命令是和多段线命令连在一起的，因为该命令只对多段线有用。该命令的具体情况如下。

执行方式

命令行：PEDIT。

下拉式菜单："修改"→"对象"→"多段线"。

工具栏：单击"修改 II"工具栏中的"编辑多段线"按钮 。

快捷菜单：选择要编辑的多段线，在绘图区域中单击鼠标右键，然后单击"多段线编辑"。

功能区：单击"常用"选项卡下的"修改"面板中的"编辑多段线"按钮 ⌾。

操作方法

命令行提示与操作如下：

命令： PEDIT   //执行编辑多段线命令。

选择多段线或 [多条(M)]：   //选择要编辑的多段线。

输入选项 [闭合(C)/合并(J)/宽度(W)/编辑顶点(E)/拟合(F)/样条曲线(S)/非曲线化(D)/线型生成(L)/反转(R)/放弃(U)]：e   //输入选项。

输入顶点编辑选项

[下一个(N)/上一个(P)/打断(B)/插入(I)/移动(M)/重生成(R)/拉直(S)/切向(T)/宽度(W)/退出(X)] <N>：m   //输入选项。

为标记顶点指定新位置：   //指定新的位置。

输入顶点编辑选项

[下一个(N)/上一个(P)/打断(B)/插入(I)/移动(M)/重生成(R)/拉直(S)/切向(T)/宽度(W)/退出(X)] <N>： x   //退出或输入其他选项。

输入选项 [闭合(C)/合并(J)/宽度(W)/编辑顶点(E)/拟合(F)/样条曲线(S)/非曲线化(D)/线型生成(L)/反转(R)/放弃(U)]：   //按回车键结束或输入其他选项。

如果选择的不是多段线，系统则提示：

选定的对象不是多段线

是否将其转换为多段线？<Y>   //输入Y将其转换为多段线。

选项说明

（1）选项

① 闭合(C)：创建多段线的闭合线，将首尾连接。除非使用"闭合"选项闭合多段线，否则将会认为多段线是开放的。如果选择的是闭合多段线，则"打开"会替换提示中的"闭合"选项。

② 合并(J)：将多个相连的线段、圆弧和多段线对象转换并连接到当前多段线上。要实现与多段线的连接，原多段线不能封闭，并且连接对象中必须有一个与原多段线有一个共同端点。输入"J"后，系统继续提示：

选择对象：

AutoCAD则将选取的对象与原选取的多段线组成一个多段线对象。

③ 宽度(W)：为整个多段线指定新的统一宽度。可以使用"编辑顶点"选项的"宽度"

选项来更改线段的起点宽度和端点宽度。

④ 拟合（F）：对所编辑的多段线进行拟合。所谓"拟合"，就是通过多段线的每一个顶点建立一些连续的曲线，这些曲线彼此在连接点处相切。输入"F"，选取该项后系统则对所选取的多段线进行拟合。"拟合"选项下没有子项，用户不能控制多段线的曲线拟合方式，但可以通过对多段线顶点的编辑改变拟合曲线的形状。

⑤ 样条曲线（S）：选取该项，系统将所选取的多段线变成 B 样条曲线，该 B 样条曲线是以多段线为特征多边形而生成的。

⑥ 非曲线化（D）：如果选取该项，则 AutoCAD 在所选多段线中删除所有的曲线（包括用 PLINE 命令中的 ARC 方式绘制的圆弧以及用 PEDIT 命令的"拟合"和"样条曲线"选项得到的光滑曲线）并用多段线直线段连接多顶点，即还原原多段线。

⑦ 线型生成（L）：生成经过多段线顶点的连续图案线型。关闭此选项，将在每个顶点处以点画线开始和结束生成线型。"线型生成"不能用于带变宽线段的多段线。

⑧ 反转（R）：反转多段线顶点的顺序。使用此选项可反转使用包含文字线型的对象的方向。例如，根据多段线的创建方向，线型中的文字可能会倒置显示。

⑨ 放弃（U）：还原操作，可一直返回到 PEDIT 任务开始时的状态。

⑩ 编辑顶点（E）：编辑多段线的顶点，该项的内容比较多，当用户输入"E"后，系统继续提示：

输入顶点编辑选项

[下一个（N）/上一个（P）/打断（B）/插入（I）/移动（M）/重生成（R）/拉直（S）/切向（T）/宽度（W）/退出（X）]<N>：

各选项含义如下。

（2）顶点编辑选项

① 下一个（N）：对多段线进行顶点编辑时，AutoCAD 自动在第一个顶点处出现一个标记 X，并以该顶点作为当前的编辑顶点。选取 N 后系统将当前的编辑顶点移至下一个顶点处。

② 上一个（P）：将标记 X 移动到上一个顶点。即使多段线闭合，标记也不会从起点绕回到端点。

③ 打断（B）：删除指定两顶点之间的多段线。将 X 标记移到任何其他顶点时，保存已标记的顶点位置。如果指定的一个顶点在多段线的端点上，得到的将是一条被截断的多段线。如果指定的两个顶点都在多段线端点上，或者只指定了一个顶点并且也在端点上，则不能使用"打断"选项。

④ 插入（I）：表示在两个顶点之间插入一个新的顶点，输入 I 后系统继续提示：

为新顶点指定位置：

输入新的顶点位置即可。

⑤ 移动（M）：移动当前编辑顶点的位置，输入 M 后系统继续提示：

为标记顶点指定新位置：

指定新的位置后，AutoCAD 将当前编辑顶点移动到指定的新位置。

⑥ 重生成（R）：重新生成多段线。该选项一般与"宽度"选项连用。

⑦ 拉直（S）：拉直多段线中的部分线段。输入 S 选取该选项，AutoCAD 将当前的编辑顶点作为第一个端点，并继续提示：

输入选项 [下一个（N）/上一个（P）/执行（G）/退出（X）] <N>：

执行相应的选项。

⑧ 切向（T）：指定当前所编辑顶点的切线方向，输入 T 选取该选项后，系统继续提示：

指定顶点切向：

输入切线的角度，也可以输入一点。当输入一点后，AutoCAD 将该点与当前的编辑顶点的连线作为切线方向，同时用箭头表示当前的编辑顶点的切线方向。

⑨ 宽度（W）：改变当前的编辑顶点之后的那一段多段线的起始宽度和终止宽度，输入 W 选取该选项后系统继续提示：

指定下一条线段的起点宽度 <0.0000>：

指定下一条线段的端点宽度 <2.0000>：

必须重生成多段线才能显示新的宽度。

⑩ 退出（X）：退出顶点编辑状态，返回 PEDIT 的命令提示下。

6.9.2 实例——编辑多段线

使用 PEDIT 命令编辑图 6-11 所示的图形，结果如图 6-12 所示。

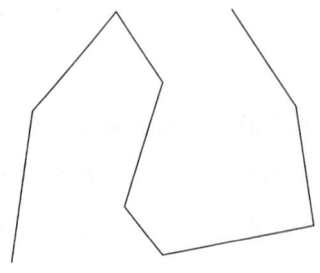

图6-11 编辑多段线（原图）

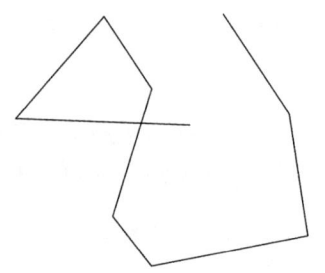

图6-12 编辑多段线（编辑结果）

Step 绘制步骤

① 输入 PEDIT 命令并确定，命令行提示如下：

选择多段线或 [多条 (M)]：

② 选择多段线，命令行提示如下：

输入选项 [闭合 (C) / 合并 (J) / 宽度 (W) / 编辑顶点 (E) / 拟合 (F) / 样条曲线 (S) / 非曲线化 (D) / 线型生成 (L) / 反转 (R) / 放弃 (U)]：

③ 输入 E 并确定，命令行提示如下：

输入顶点编辑选项

[下一个 (N) / 上一个 (P) / 打断 (B) / 插入 (I) / 移动 (M) / 重生成 (R) / 拉直 (S) / 切向 (T) / 宽度 (W) / 退出 (X)] <N>：

④ 输入 M 并确定，命令行提示如下：

为标记顶点指定新位置：

⑤ 用鼠标指定新的位置，命令行提示如下：

输入顶点编辑选项

[下一个 (N) / 上一个 (P) / 打断 (B) / 插入 (I) / 移动 (M) / 重生成 (R) / 拉直 (S) / 切向 (T) / 宽度 (W) / 退出 (X)] <N>：

⑥ 输入 X 并确定，命令行提示如下：

输入选项 [闭合 (C) / 合并 (J) / 宽度 (W) / 编辑顶点 (E) / 拟合 (F) / 样条曲线 (S) / 非曲线化 (D) / 线型生成 (L) / 反转 (R) / 放弃 (U)]：

⑦ 按回车键结束，编辑结果如图 6-12 所示。

6.10 编辑样条曲线（SPLINEDIT）

对于用 SPLINE 命令生成的样条曲线，用户可以用 SPLINEDIT 命令编辑样条控制点，可增加或移动控制点和拟合点，改变控制点权因子和样条容差，还可以封闭或打开样条并调整其首末两点切线矢量等。

该命令的具体情况如下。

执行方式

命令行：SPLINEDIT。

下拉式菜单："修改"→"对象"→"样条曲线"。

工具栏：单击"修改II"工具栏中的"编辑样条曲线"按钮 。

快捷菜单：选择要编辑的样条曲线，在绘图区域中单击鼠标右键，然后单击"样条曲线"。

功能区：单击"常用"选项卡下的"修改"面板中的"编辑样条曲线"按钮 。

操作方法

命令行提示与操作如下：

命令：SPLINEDIT　　　　　　　　　　　　　　　//执行编辑样条曲线命令。

选择样条曲线：　　　　　　　　　　　　　　　//选取要编辑的对象。

输入选项 [闭合(C)/合并(J)/拟合数据(F)/编辑顶点(E)/转换为多段线(P)/反转(R)/放弃(U)/退出(X)]<退出>: e　　　　　　　//输入具体选项。

输入顶点编辑选项 [添加(A)/删除(D)/提高阶数(E)/移动(M)/权值(W)/退出(X)]<退出>: m　　　　　　　　　　　　　　//输入顶点编辑选项。

指定新位置或 [下一个(N)/上一个(P)/选择点(S)/退出(X)]<下一个>:
　　　　　　　　　　　　　　　　　　　　　　//指定新位置或输入选项。

指定新位置或 [下一个(N)/上一个(P)/选择点(S)/退出(X)]<下一个>: x
　　　　　　　　　　　　　　　　　　　　　　//指定新位置或输入选项。

输入顶点编辑选项 [添加(A)/删除(D)/提高阶数(E)/移动(M)/权值(W)/退出(X)]<退出>: x　　　　　　　　　　　　　//输入顶点编辑选项。

输入选项 [闭合(C)/合并(J)/拟合数据(F)/编辑顶点(E)/转换为多段线(P)/反转(R)/放弃(U)/退出(X)]<退出>: x　　　　　　　//输入具体选项。

选项说明

（1）闭合(C)：封闭对象，若样条曲线始末点不同，该选项增加切向矢量平行于始末点的曲线。如果样条曲线始末点相同，该选项使每一点切向矢量连续。如果样条已封闭，则"闭合(C)"变成"打开(O)"。

（2）合并(J)：将选定的样条曲线与其他样条曲线、直线、多段线和圆弧在重合端点处合并，以形成一个较大的样条曲线。对象在连接点处使用扭折连接在一起。

(3)拟合数据（F）：使用下列选项编辑拟合点数据：

输入拟合数据选项

[添加（A）/打开（O）/删除（D）/扭折（K）/移动（M）/清理（P）/相切（T）/公差（L）/退出（X）]＜退出＞：

① 添加（A）：将拟合点添加到样条曲线；

② 打开（O）：通过删除最初创建样条曲线时指定的第一个点和最后一个点之间的最终曲线段可打开闭合的样条曲线；

③ 删除（D）：从样条曲线删除选定的拟合点；

④ 扭折（K）：在样条曲线上的指定位置添加节点和拟合点，这不会保持在该点的相切或曲率连续性；

⑤ 移动（M）：将拟合点移动到新位置；

⑥ 清理（P）：使用控制点替换样条曲线的拟合数据；

⑦ 相切（T）：更改样条曲线的开始和结束切线；

⑧ 公差（L）：使用新的公差值将样条曲线重新拟合至现有的拟合点；

⑨ 退出（X）：返回到前一个提示。

(4)编辑顶点（E）：使用下列选项编辑控制框数据。

输入顶点编辑选项 [添加（A）/删除（D）/提高阶数（E）/移动（M）/权值（W）/退出（X）]＜退出＞：

① 添加（A）：在位于两个现有的控制点之间的指定点处添加一个新控制点；

② 删除（D）：删除选定的控制点；

③ 提高阶数（E）：增大样条曲线的多项式阶数（阶数加1），这将增加整个样条曲线的控制点的数量，最大值为26；

④ 移动（M）：重新定位选定的控制点；

⑤ 权值（W）：更改指定控制点的权值；

⑥ 退出（X）：返回到前一个提示。

(5)转换为多段线（P）：将样条曲线转换为多段线。

(6)反转（R）：反转样条曲线的方向。此选项主要适用于第三方应用程序。

(7)放弃（U）：取消上一操作。

(8)退出（X）：返回到命令提示。

在AutoCAD的样条曲线中，拟合数据点和控制点（特征点）是完全不同的概念。拟合数据点是用户指定的点，即样条曲线必须经过的点；而控制点则是控制样条形状的点。AutoCAD利用拟合数据点计算控制点位置，而且除首末点外，控制点一般不在样条曲线上。

6.11 修改"对象特性"

在 AutoCAD 中，图形对象被赋予颜色、线型、线型比例、高度、厚度、层、文本样式等属性。若使用单独的命令固然也可以修改这些属性，但这些命令繁多，操作不便。"对象特性"命令可以让用户十分方便地浏览和修改图形对象的这些属性。

该命令的具体情况如下。

 执行方式

命令行：PROPERTIES。

下拉式菜单："修改"→"特性"或"工具"→"选项板"→"特性"。

工具栏：单击"标准"工具栏中的"特性"按钮。

功能区：单击"视图"选项卡下的"选项板"面板中的"特性"按钮。

快捷菜单：选择要查看或修改其特性的对象，在绘图区域中单击鼠标右键，然后单击"特性"。

执行该命令后，系统将显示"特性"窗口（图6-13），显示出选中对象的属性，供修改。

说明

（1）选中的对象不同，在"特性"窗口中显示的属性也不同。若在打开窗口时没有选中任何对象，即"无选择"，则在窗口中显示常规特性的当前设置。

（2）不管选中什么对象，窗口通常具有以下9个属性：颜色、图层、线型、线型比例、打印样式、线宽、超链接、透明度和厚度。也就是说这9个特性是共有的基本特性。选中对象若为样条曲线或椭圆，窗口不具有厚度属性。

（3）各个属性的修改方法是：将鼠标光标移动到要修改的属性框，单击左键，光标会变为"I"形，此时可对属性进

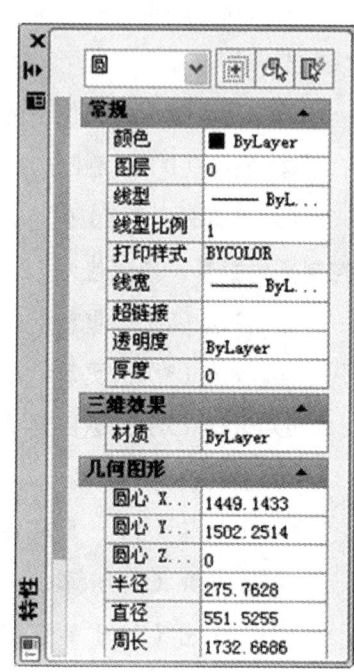

图6-13 特性"窗口"

行修改，修改后按回车键使其生效；单击"特性"窗口左上角的"关闭"按钮，则关闭"特性"窗口；单击 ESC 键退出选择集。

（4）如果将鼠标光标移动到要修改的属性框，单击左键，此时在该框的右面出现一个下拉按钮，表示该属性为选项。单击该按钮，可打开一个下拉列表。单击即可选中某一选项。

6.12 设置"选项"对话框

"选项"对话框中有非常多的设置，这些设置有助于绘图，因此合理设置非常有用。该命令的具体情况如下。

执行方式

命令行：OPTIONS。

菜单："菜单浏览器"按钮  → "选项"。

下拉式菜单："工具" → "选项"。

快捷菜单：在无命令处于活动状态，也未选定任何对象的情况下，在绘图区域中单击鼠标右键，单击"选项"。

快捷菜单：在命令窗口中单击鼠标右键，然后单击"选项"。

执行该命令后，系统将显示"选项"对话框，如图 6-14 所示。

说明

这里需要设置的内容非常多，有些内容在这里就不一一介绍了，主要介绍几个比较常用的设置。

（1）"显示"设置（图 6-14）中关于"十字光标大小"：最小是 1，最大是 100，其实就是十字光标相对于屏幕的百分比，如果是 100，十字光标充满屏幕。

（2）"打开和保存"设置（图 6-15）中关于"文件安全措施"：在这里可以设置系统保存文件的时间间隔，如图中是 10，表示每隔 10min 系统自动保存一次，文件名相同，只是后缀改为：.ac$。如果文件不慎丢失，可以恢复同名的 .ac$ 文件，最多浪费 10min 的工作量。

（3）"用户系统配置"设置中的"线宽设置"（图 6-16）：这里不仅可以设置线宽，关键是在这里可以设置"显示线宽"，而只有设置了"显示线宽"，在屏幕上才可以显示设置的结果。

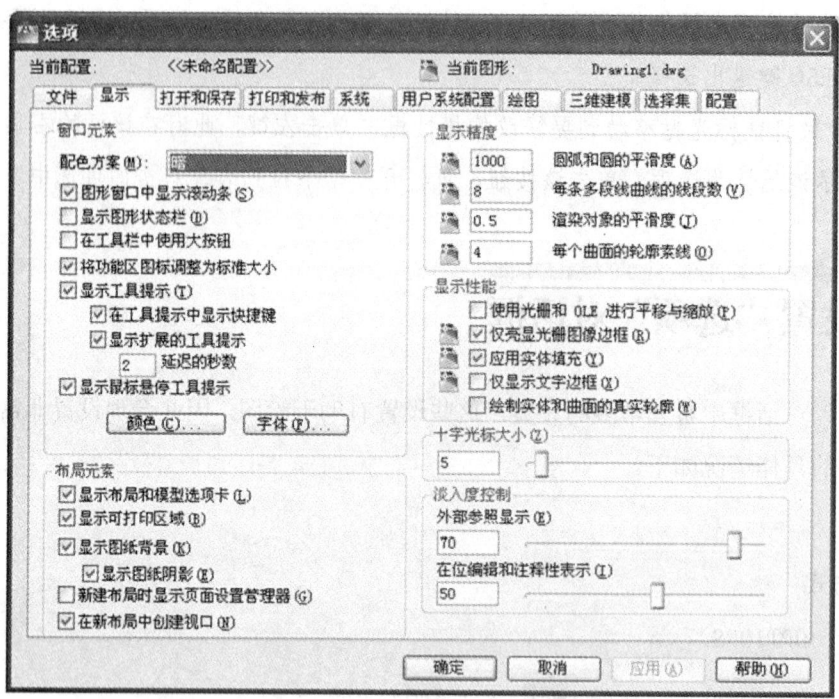

图 6-14 "选项"对话框

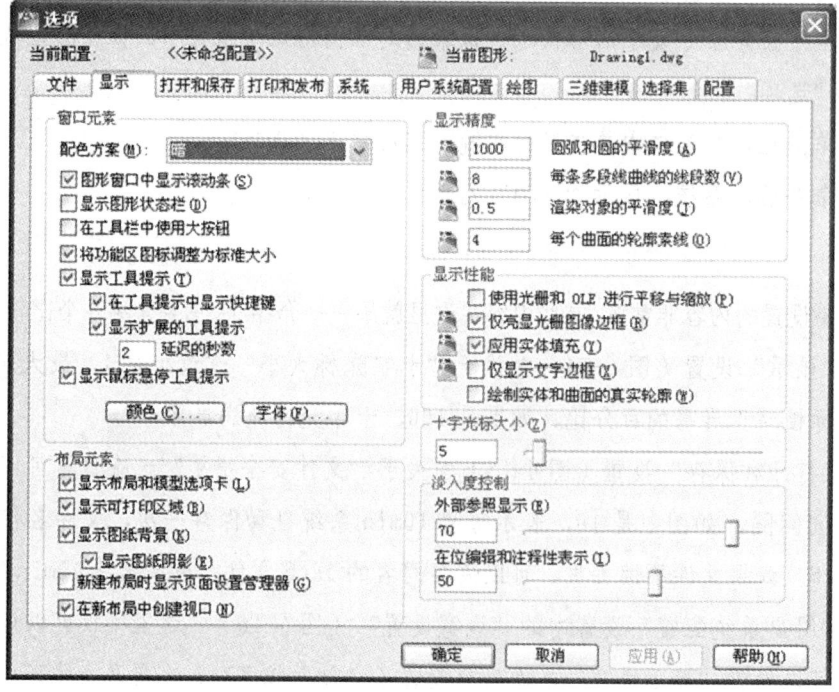

图 6-15 "打开和保存"设置

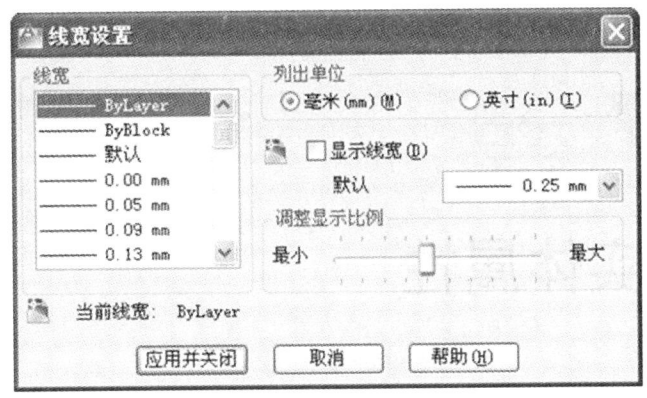

图 6-16　线宽设置

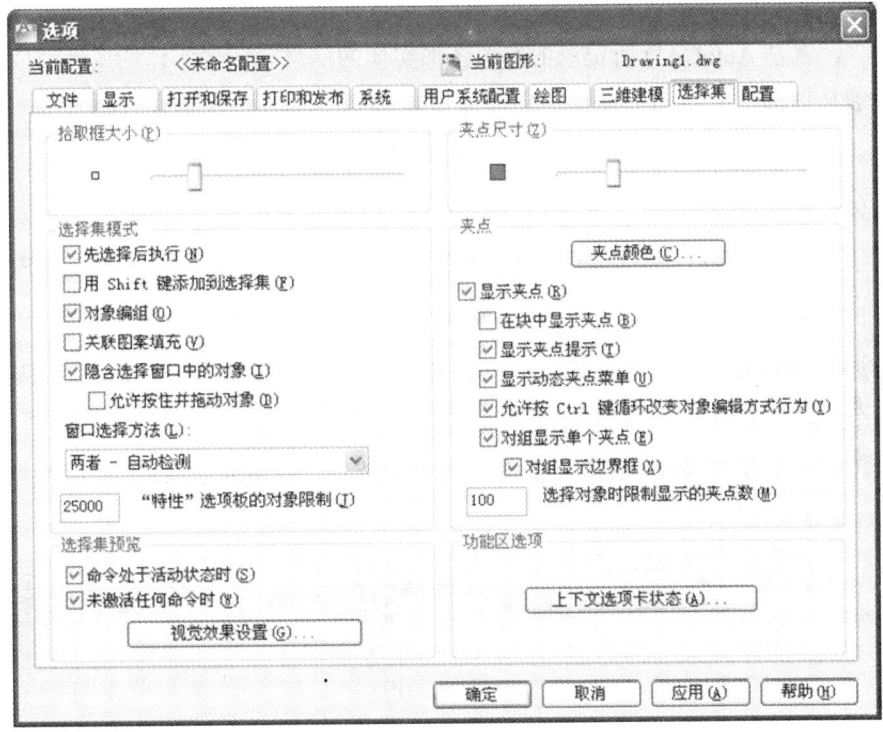

图 6-17　"选择集"设置

（4）"选择集"设置（图 6-17）中的"拾取框"大小和"夹点尺寸"：在这里可以设置拾取框的大小、夹点尺寸。而且在该设置中还可以设置夹点的颜色。

第7章
图层与实体属性

在 AutoCAD 软件中,任何一个出现在绘图区域的几何图形实体都具有自己的属性。所谓"属性",就是 AutoCAD 所记录的有关图形实体的信息。图形实体的属性分成两类:一类称之为共有的属性,即通用的属性,这些属性是每一个图形实体都具有的通用的属性,如层、颜色、线宽、线型等;另一类称之为个别的属性,就是每一个图形实体都具有的记录每一个图形实体具体信息的属性,这类属性往往多用于记录图形实体的几何信息,如对于线段来说,就是该线段的起点坐标、终点坐标、线段长度、角度等信息,而对于圆则就是圆的圆心坐标、圆的周长、半径及面积等信息。通用属性和个别属性组成了图形实体的属性。

图形实体的属性是一个非常重要的概念,图形实体的通用属性常常用于实体的控制,而实体的个别属性则用于查询实体的几何信息。

通用属性主要有四种:图层、颜色、线型和线宽。在 AutoCAD 中,实体的通用属性工具条如图 7-1 所示。

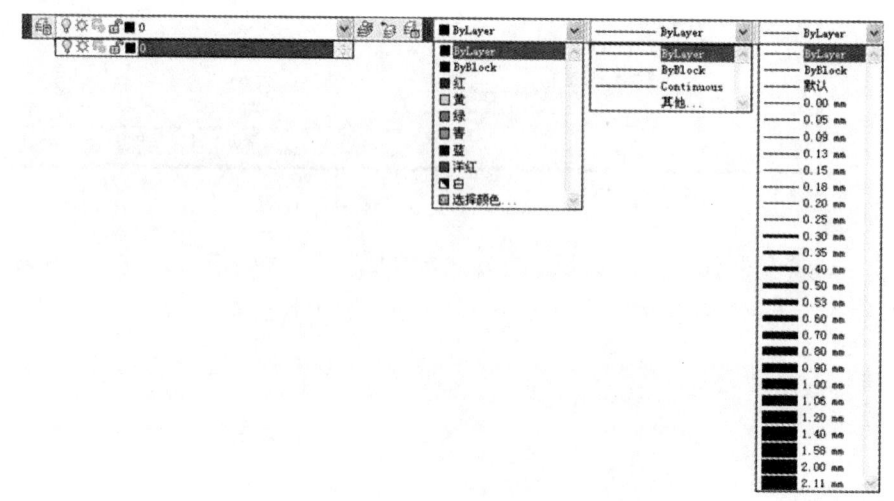

图 7-1 通用属性工具条

7.1 图层

图层就像是透明的覆盖层，运用它可以很好地组织不同类型的图形信息。在画图时，把不同性质的对象画在不同的图层上，然后把不同的图层堆栈在一起，就能得到一张完整的图形，这样既可以对图形对象进行分类，又便于图形的修改和使用。创建的对象都具有的特性包括颜色、线型和线宽等，对象可以直接使用其所在图层定义的特性，也可以专门给各个对象指定特性。颜色有助于区分图形中相似的元素，线型则可以轻易地区分不同的绘图元素（例如中心线或隐藏线），线宽用宽度表现对象的大小或类，提高了图形的表达能力和可读性。组织图层和图层上的对象使得处理图形中的信息更加容易。该命令的具体情况如下。

执行方式

命令行：LAYER（简化命令 LA）。

命令条目：LAYER 用于透明使用。

下拉式菜单："格式"→"图层"。

工具栏：单击"图层"工具栏中的"图层特性管理器"按钮 。

功能区：单击"常用"选项卡下的"图层"面板中的"图层特性"按钮 。

执行上述操作后，系统打开如图 7-2 所示的"图层特性管理器"对话框。

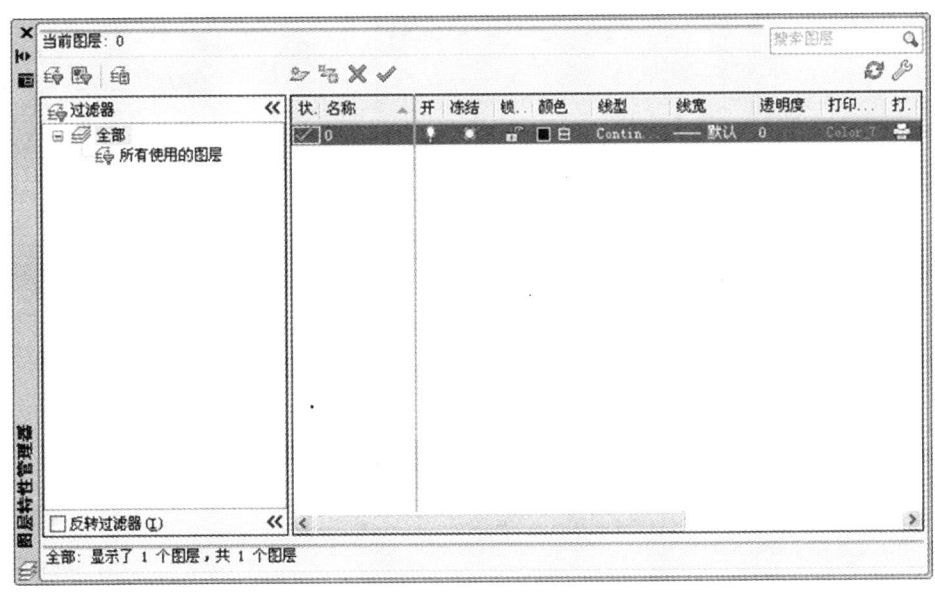

图 7-2　"图层特性管理器"对话框

下面将介绍图层特性管理器的几种使用方法。

7.1.1　创建和命名图层

可以为在设计概念上相关的一组对象（例如墙和标注）创建和命名图层，并为这些图层指定通用特性。通过将对象分类放到各自的图层中，可以更方便、更有效地进行编辑和管理。

当开始绘制一个新图形时，AutoCAD 将创建一个名为 0 的特定图层。缺省时，图层 0 将被指定编号为 7 的颜色（白色或黑色，由背景色决定）、Continuous（连续）线型、"缺省"线宽以及"普通"打印样式。图层 0 不能被删除或重命名。

可以创建新图层并为其指定颜色、线型、线宽和打印样式等特性。

创建和命名新图层的具体情况如下。

操作方法

（1）执行 LAYER 命令，打开"图层特性管理器"；

（2）单击"图层特性管理器"上方的"新建图层"按钮 ，即可在图层设置区中新建一个图层，图层名称默认为"图层 1"，如图 7-3 所示；

（3）输入新的名称。

另外，还可以采用快捷菜单方式新建图层，具体步骤如下：

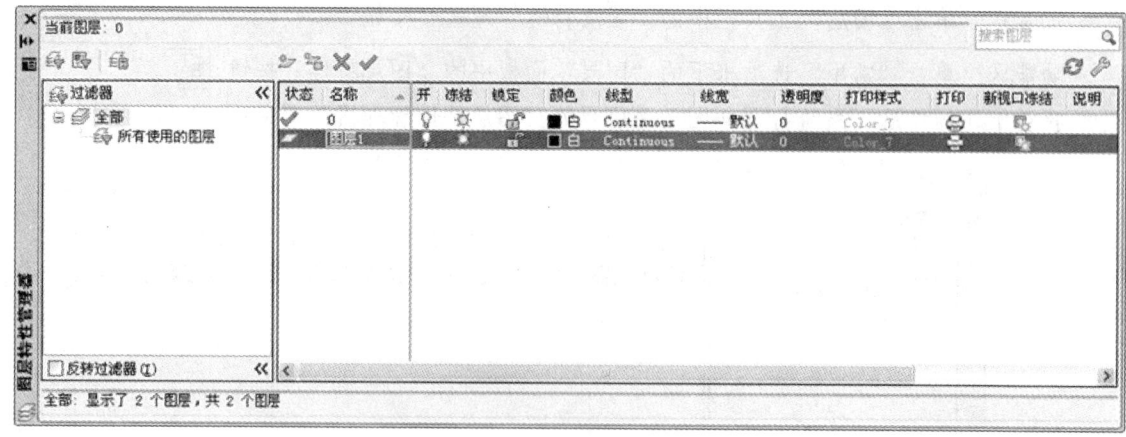

图 7-3　新建图层

（1）执行 LAYER 命令，打开"图层特性管理器"；

（2）在"图层特性管理器"的图层列表中单击右键（图 7-4），然后选择"新建图层"；

（3）重命名图层。

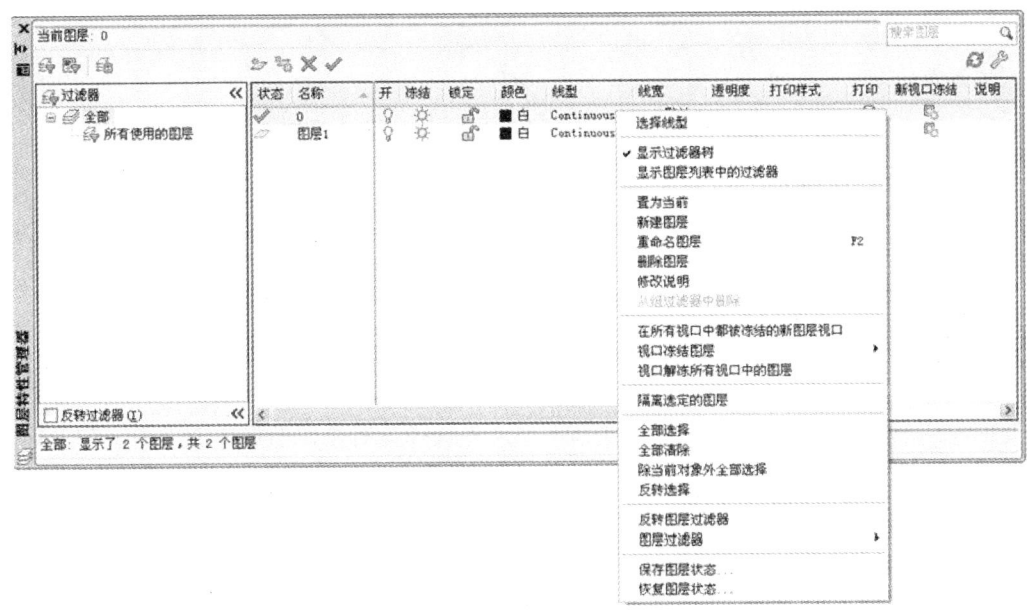

图 7-4 "图层特性管理器"的图层列表中的右键菜单

说明

（1）新建图层的缺省颜色是编号为7的颜色（白色或黑色，由背景色决定）、缺省线型是Continuous（连续）线型、"缺省"线宽是"缺省"，缺省的打印样式是"普通"打印样式。可以接受缺省设置，也可以指定其他颜色、线型、线宽和打印样式等。

（2）如果在创建新图层时选中了一个现有的图层，新建的图层将继承选定图层的特性，可以根据需要修改新图层的特性。如果使用特定的图层方案，可以为图形中的图层列表制作一个副本，并将该副本打印出来供日后参考。

7.1.2 使图层成为当前图层

绘图操作总是在当前图层上进行的。将某个图层设置为当前图层后，可以从中创建新对象。如果想让其他图层成为当前图层，则后面创建的对象都将在新的当前图层上面，并使用它的颜色、线型、线宽和打印样式（此时所有对象特性保留"随层"缺省值）。不能将被冻结的图层或依赖外部参照的图层设置为当前图层。

使图层成为当前图层的具体操作如下。

操作方法

（1）执行LAYER命令，打开"图层特性管理器"；

（2）在"图层特性管理器"中选择一个图层，单击"图层特性管理器"上方的"置为当前"

按钮 。

其他方法：

（1）在"图层特性管理器"中双击一个图层名也可以将其设置为当前图层；

（2）在"图层特性管理器"的一个图层名上单击右键，选择"置为当前"；

（3）通过CLAYER命令设置当前图层；

（4）在"图层"面板的"图层"下拉列表中选择需要设置为当前层的图层即可。

7.1.3 使对象的图层成为当前图层

要使与某个对象相关联的图层成为当前图层，先选择该对象，然后单击"图层"工具栏中的"将对象的图层置为当前"按钮 ，或者单击"图层"面板中的"将对象的图层设为当前图层"按钮 。所选择的对象的图层将变为当前图层。

也可以先单击按钮，然后再选择一个对象来改变当前图层。

7.1.4 删除图层

在绘图期间随时都能删除图层，但不能删除当前图层、图层0、依赖外部参照的图层或包含对象的图层。注意：被块定义参照的图层和名为 DEFPOINTS 的特殊图层也不能被删除，即使它们不包含可见对象。

删除图层的具体操作如下。

操作方法

（1）执行LAYER命令，打开"图层特性管理器"；

（2）在"图层特性管理器"中选择一个图层，单击"图层特性管理器"上方的"删除图层"按钮 。

另外，PURGE命令将删除图形中未使用的图层（图7-5）。

7.1.5 控制图层的可见性

AutoCAD不显示和打印绘制在不可见图层上的对象。在图形中，被冻结或关闭的图层是不可见的。如果在某一个或某一组图层上详细绘图时需要一个无遮挡的视图，则可以关闭图层或冻结图层。如果不想打印某些细节（例如

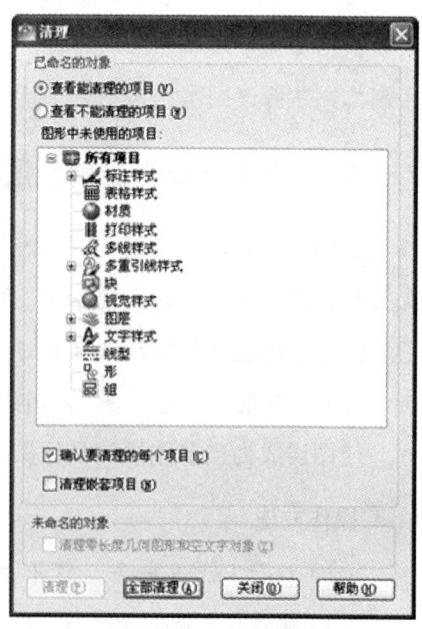

图7-5 删除图层

构造线或参照线），也可以冻结、关闭图层，或者关闭可见图层的打印。

使用哪种控制图层可见性的方法由绘图方式和图形复杂程度决定。可以冻结长时间不需要显示的图层，在重生成、消隐或渲染对象时，被冻结的图层不重新计算。如果要频繁地将图层从可见切换到不可见，可以关闭图层而不用冻结。

只有那些打开的和解冻的图层才能打印输出，从而能够控制图层是否打印。

因此，对于图层的可见性，将讨论打开/关闭与冻结/解冻的操作。

1）打开和关闭图层

关闭的图层与图形一起重生成（regen），但不能被显示或打印。关闭图层而不冻结，可以避免每次解冻图层时重生成图形。打开已关闭的图层时，AutoCAD 将重画该图层上的对象。需要注意的是，位于已关闭或冻结的图层上的 AutoCAD 表面和圆是不可见的，但在使用 HIDE，RENDER 或 SHADEMODE 时，这些对象仍会遮挡其他对象。

打开或关闭图层的具体操作如下。

操作方法

（1）执行 LAYER 命令，打开"图层特性管理器"。

（2）在"图层特性管理器"中选择要打开或关闭的图层。

单击鼠标右键，弹出快捷菜单，从快捷菜单中选择"全部选择"将同时选择所有图层，使用"除当前对象外全部选择"，选择除当前绘图图层以外的所有图层。可以使用"反转选择"选择所有当前未被选中的图层，选择"全部清除"可以清除所有选择。

（3）单击"开/关"图标将其打开或关闭。

其他方法：

（1）命令行：输入 -LAYER 命令，通过选择 on 或 off 实现图层的打开与关闭。

（2）单击"图层"面板中的"图层"下拉按钮，在展开的下拉列表中单击要打开或关闭的图层前面的"开/关"图标，实现图层的打开与关闭。

当图层打开时，以一个黄色的灯泡显示，当图层关闭时，以一个蓝灰色的灯泡表示，如图 7-6 所示。

2）冻结和解冻图层

冻结图层可以加速 ZOOM，PAN 和 VPOINT 命令的执行，提高对象选择的速度，减少复杂图形的重生成时间。AutoCAD 不能在被冻结的图层上显示、打印或重生成（regen）对象。可以将长期不需要显示的图层冻结。解冻已冻结的图层时，AutoCAD 将重生成图并显示该图层上的对象。

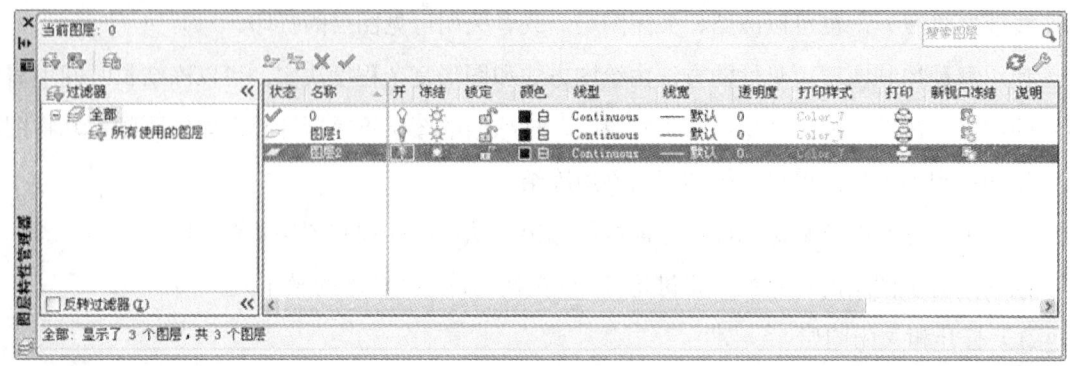

图 7-6　图层的打开与关闭

冻结和解冻图层的具体操作如下。

操作方法

（1）执行 LAYER 命令，打开"图层特性管理器"；

（2）在"图层特性管理器"中选择要冻结或解冻的图层；

（3）单击"冻结"图标将其冻结或解冻。

其他方法：

（1）命令行：输入 -LAYER 命令，通过选择"冻结（F）"或"解冻（T）"实现图层的冻结与解冻；

（2）单击"图层"面板中的"图层"下拉按钮，在展开的下拉列表中单击要冻结或解冻的图层前面的"冻结"图标，实现图层的冻结与解冻。

当图层解冻时，以一个太阳的图标显示；当图层冻结时，以一个雪花的图标表示，如图 7-7 所示。

3）冻结或解冻新视口中的图层

可以设置新的浮动视口中特定图层的可见性缺省值。例如，如果所有标注都位于"标注"

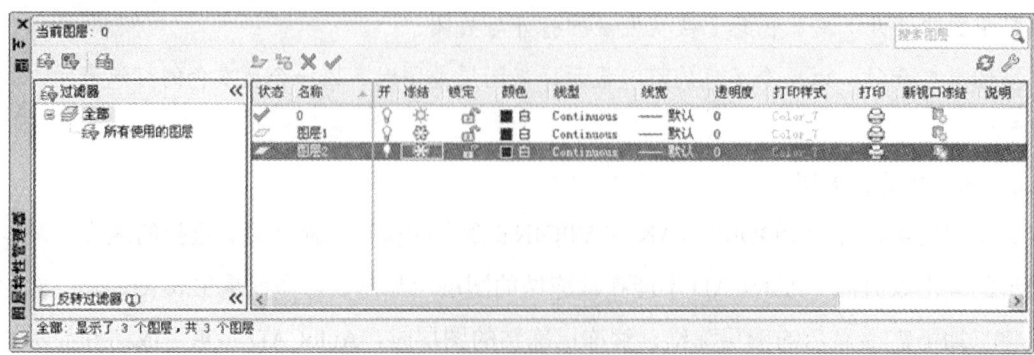

图 7-7　图层的冻结与解冻

图层上，通过冻结所有新的浮动视口中的"标注"图层可以限制标注的显示。如果创建需要标注的视口，则改变该视口的设置来替代缺省设置。改变新视口中的图层的缺省值不影响现有视口中的图层，如图 7-8 所示。

冻结或解冻新视口中的图层的具体操作如下。

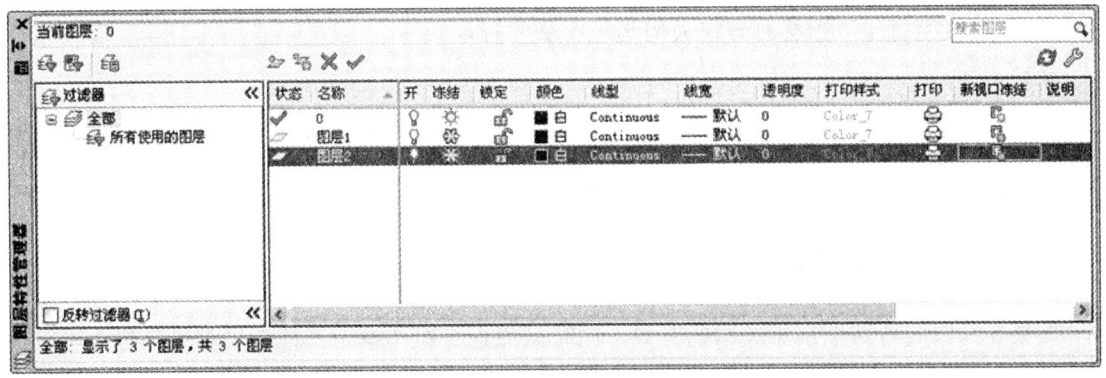

图 7-8　冻结或解冻新视口中的图层

操作方法

（1）执行 LAYER 命令，打开"图层特性管理器"；

（2）在"图层特性管理器"中选择要冻结或解冻的图层；

（3）单击"新视口冻结"图标将其冻结或解冻。

7.1.6　控制图层的打印

可以打开或关闭可见图层的打印。例如，如果图层仅包含参照信息，可以指定不打印该图层。如果关闭了图层的打印，则该图层能显示但不能打印。例如，专为构造线创建一个图层并指定不打印。打印时，就无需在打印图形前关闭该图层，如图 7-9 所示。

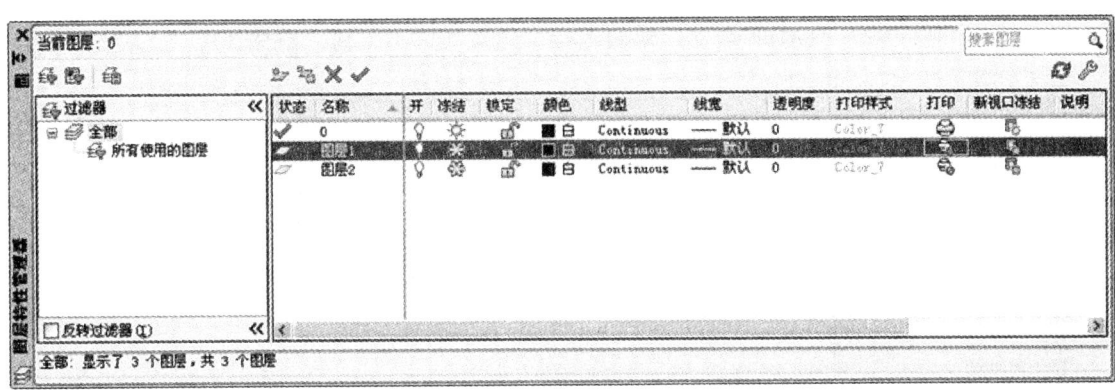

图 7-9　控制图层的打印

控制图层打印的具体操作如下。

操作方法

（1）执行 LAYER 命令，打开"图层特性管理器"；

（2）在"图层特性管理器"中选择要打印或不打印的图层；

（3）单击"打印"图标打开或关闭选定图层的打印。

其他方法：

命令行：输入 -LAYER 命令，先选择"打印（P）"选项，在接下来的命令行提示中，选择"打印（P）"或"不打印（N）"以打开或关闭图层的打印。

7.1.7 锁定和解锁图层

如果要编辑与特殊图层相关联的对象，同时又想查看但不编辑其他图层对象，那么可以锁定图层。锁定图层上的对象不能被编辑或选择，然而，如果该图层处于打开状态并未被冻结，则该层的对象仍是可见的。可以使被锁定的图层成为当前图层并在其中创建新对象，也可以在锁定图层上使用查询命令（例如 LIST）并为对象应用对象捕捉，可以冻结和关闭被锁定的图层并改变它们的相关特性。

锁定或解锁图层的具体操作如下。

操作方法

（1）执行 LAYER 命令，打开"图层特性管理器"；

（2）在"图层特性管理器"中选择要锁定或解锁的图层；

（3）单击"锁定/解锁"图标打开或关闭选定图层的锁定。

其他方法：

（1）命令行：输入 -LAYER 命令，通过选择"锁定（LO）"或"解锁（U）"实现图层的

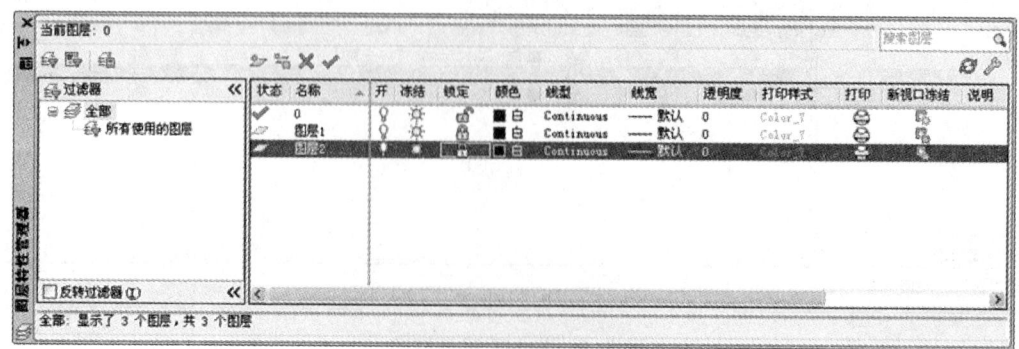

图 7-10　锁定和解锁图层

锁定与解锁；

（2）单击"图层"面板中的"图层"下拉按钮，在展开的下拉列表中单击要锁定或解锁的图层前面的"锁定/解锁"图标，实现图层的锁定与解锁。

锁定的图层以一个锁上的锁图标来表示，解锁的图层以一把打开的锁图标表示，如图7-10所示。

7.1.8 指定图层颜色

可以使用"图层特性管理器"为图层指定颜色。例如，可以将名为"电路"的图层指定为红色以便识别图形中的机械设备，如图7-11所示。

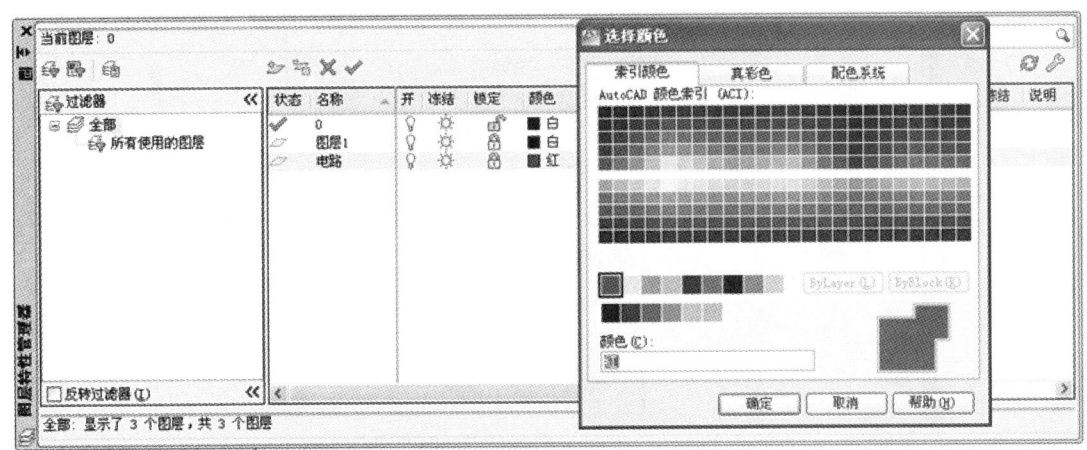

图7-11 指定图层颜色

指定图层颜色的具体操作如下。

操作方法

（1）执行LAYER命令，打开"图层特性管理器"；

（2）在"图层特性管理器"中选择一个图层，单击"颜色"图标；

（3）在"选择颜色"对话框中选择一种颜色；

（4）选择"确定"。

其他方法：

命令行：输入-LAYER命令，先选择"颜色（C）"选项。在命令行状态下修改与图层相关联的颜色时，输入颜色名或编号（1-255），此时AutoCAD提示输入要应用这种颜色的图层名。如果要指定图层的颜色，同时又想关闭该图层，可以在颜色名前加上一个减号（-）。

7.1.9 指定图层线型

定义图层时，线型可以有效地传达视觉信息。线型是直线，或者是横线、点和空格组合的图案，可达到区分各个直线的目的。线型名及其定义描述了一定的点划序列，横线和空格的相对长度，以及任何包含文字或形的特性。在实际的工程应用中，线型的应用具有一定的实际意义，比如点画线、虚线等，如图 7-12 所示。

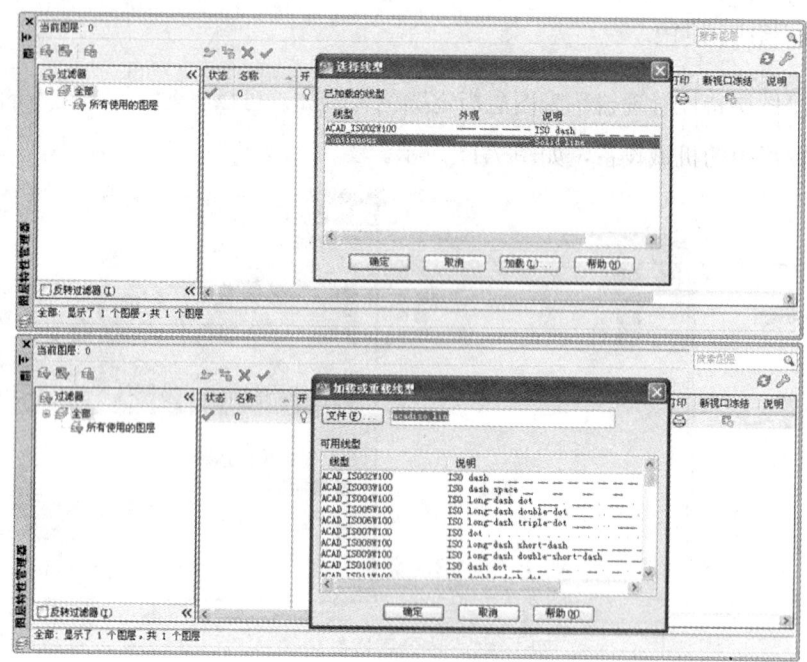

图 7-12 指定图层线型

指定图层线型的具体操作如下。

操作方法

（1）执行 LAYER 命令，打开"图层特性管理器"；

（2）在"图层特性管理器"中选择一个图层，单击与该图层相关联的线型；

（3）在"选择线型"对话框中选择一种线型，单击"确定"按钮或者单击"加载"按钮，从弹出的"加载或重载线型"对话框中选择一种线型并单击"确定"按钮，返回"选择线型"对话框中选择需要的线型，单击"确定"按钮，即可完成线型的设置。

其他方法：

命令行：输入 -LAYER 命令，先选择"线型（L）"选项。命令行提示输入已加载的线型名，此时输入相应的线型名；命令行继续提示输入使用此线型的图层名列表，输入相应的图层名即可完成图层线型的设置。

7.1.10 指定图层的线宽

线宽为对象增加宽度特性。除了 True Type 字体、光栅图像、点和实体填充（或二维实体）以外，所有对象都能以线宽显示和打印。通过为图层和对象指定线宽，可以在屏幕和纸面上表现对象的宽度。通过为图层和对象指定多种线宽，图形演示的视觉效果可以得到增强。AutoCAD 提供了一定数量的可用线宽，包括"缺省"。"缺省"的值是 0.01in（英寸）或 0.25mm（该值通过 LWDEFAULT 系统变量或"线宽设置"对话框设置）。

指定图层线宽的具体操作如下。

操作方法

（1）执行 LAYER 命令，打开"图层特性管理器"；
（2）在"图层特性管理器"中选择要设置线宽的图层，单击与该图层相关联的线宽；
（3）在"线宽"对话框（图 7-13）的列表中选择线宽；
（4）单击"确定"按钮。

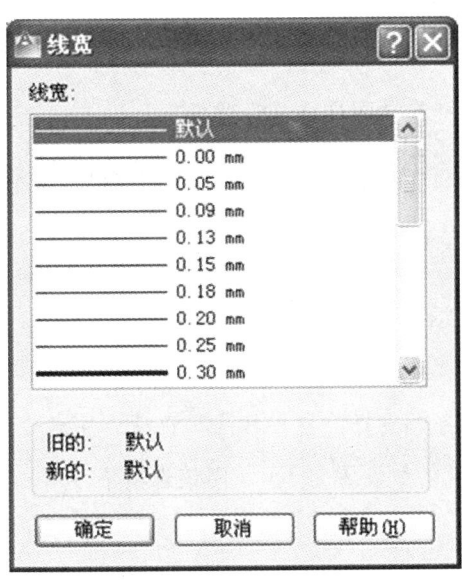

图 7-13　"线宽"对话框

其他方法：

命令行：输入 -LAYER 命令，先选择"线宽（LW）"选项。命令行提示输入线宽，此时输入线宽值；命令行继续提示输入使用此线宽的图层名列表，输入相应的图层名即可完成图层线宽的设置。在命令行状态下修改线宽时，线宽值应该在 0 ~ 2.11mm 之间的一个设定值。如果输入的线宽有效，AutoCAD 把输入的值设为当前线宽；如果输入的线宽无效，AutoCAD 把最接近输入值的固定线宽值设为当前线宽；如果要使用固定线宽值列表中找不到的自定义线宽打印对象，则可以用"打印样式编辑器"来自定义打印线宽。

7.1.11　指定图层打印样式

通过修改对象的打印样式，可以替换对象的颜色、线型和线宽，也可以指定端点、封口及输出效果（比如抖动、灰度比例、画笔指定和淡显等）。如果需要以不同的方法打印同一个图形，则可以使用打印样式。图形中的对象与缺省的打印样式设置"随层"相关联。图层 0 缺省的打印样式是"普通"，指定为"普通"打印样式的图层，使用已指定给该图层的特性。打印样式可以应用于对象或图层。打印样式定义在打印样式表中。可以查看选定对象的当前打印样式、修改对象的打印样式或把一种打印样式设置为当前打印样式，但是，如果当前工作图形处于与命名打印样式模式（PSTYLEPOLICY 设置为 0）相对的颜色相关打印样式模式（PSTYLEPOLICY 设置为 1）的情况下，则不能指定图层打印样式。

指定图层打印样式的具体操作如下。

操作方法

（1）执行 LAYER 命令，打开"图层特性管理器"；
（2）在"图层特性管理器"中选择要设置打印样式的图层，单击与该图层相关联的打印样式；
（3）在"选择打印样式"对话框的列表中选择一种打印样式；
（4）单击"确定"按钮。

其他方法：

命令行：输入 -LAYER 命令，选择"打印样式"选项。注意：如果正在使用颜色相关打印样式模式（PSTYLEPOLICY 系统变量设置为 1），则该选项不可用。

7.1.12　给图层排序

一旦创建了图层并为它们指定了颜色、线型、线宽和打印样式等，就可以按照"图层特性管理器"中的特性为图层排序。可以按照名称、可见性、颜色、线型、线宽和打印样式等对图层排序。单击列标题可以按照该列中的特性对图层排序。图层名可以按字母的升序或降序排列，每次单击可改变排列方向，如图 7-14 所示。

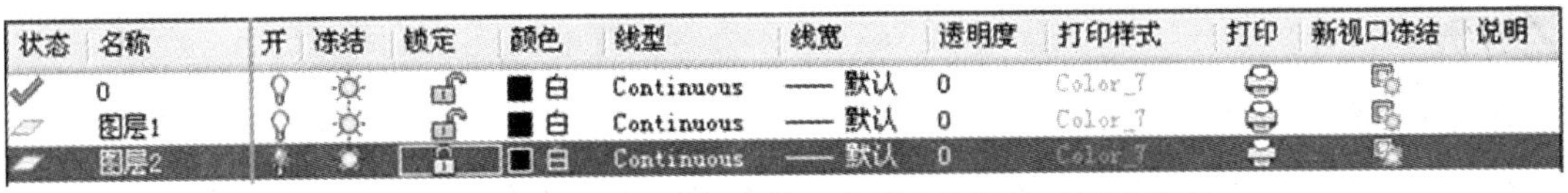

图 7-14　单击列标题按照该列中的特性对图层排序

7.1.13　过滤图层

在只需列出特定图层的情况下，例如，在含有多种电子信息图层的图形上绘图，可以在"图层特性管理器"中指定只显示这些电子信息图层。过滤出特定的图层可以更加方便地选择或清除具有特定名称或特性的图层，如图 7-15 所示。在一般情况下，可以根据下列条件过滤图层：名称、颜色、线型、线宽和打印样式、可见性、冻结或解冻状态、锁定或解锁状态、打印或不打印状态、图层中包含对象还是不包含对象以及关于外部参照图形的从属性等。

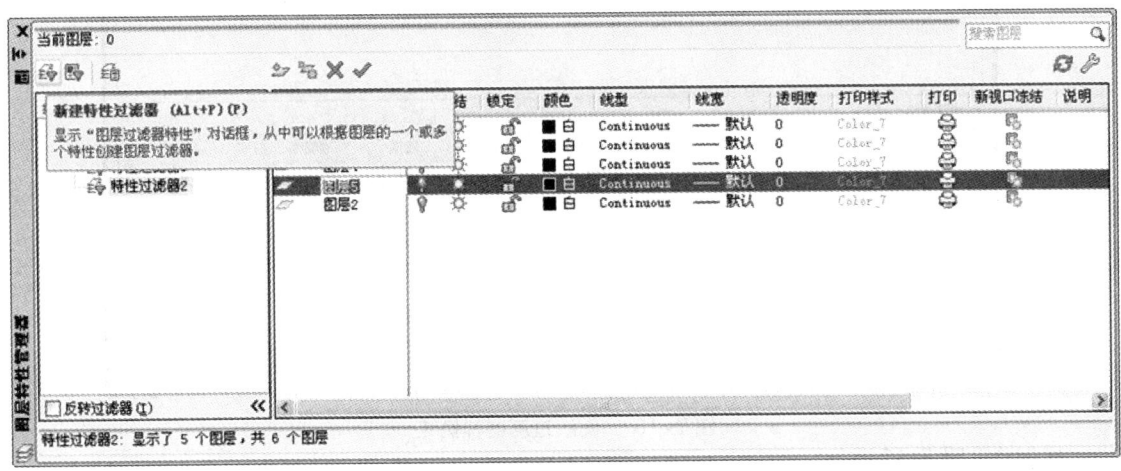

图 7-15　图层过滤器

过滤图层操作的具体情况如下。

操作方法

（1）执行 LAYER 命令，打开"图层特性管理器"；

（2）在"图层特性管理器"中单击左上角的"新建特性过滤器"按钮；

（3）在弹出的"图层过滤器特性"对话框中定义图层过滤器；

（4）输入过滤器名称；

（5）单击确定按钮；

（6）在"图层特性管理器"的树状图中选择相应的过滤器，以显示特定的图层。或者在"图层特性管理器"的列表视图中单击右键，选择"图层过滤器"。

样例

样例1（图7-16）

命名为"[ANNO]"的过滤器将显示符合以下所有条件的图层：

（1）名称中包含字符串"anno"。

（2）处于解冻状态。

（3）处于解锁状态。

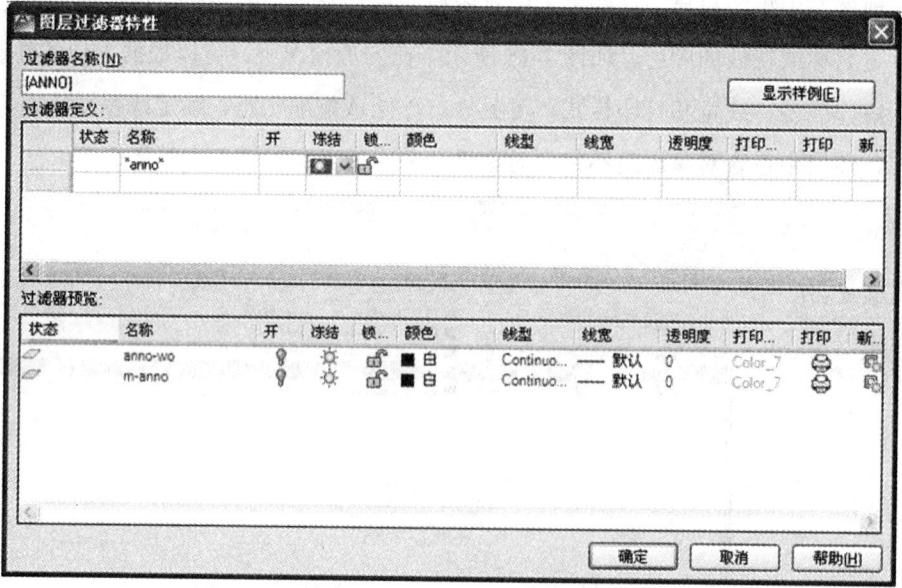

图7-16　图层过滤器样例1

样例2（图7-17）

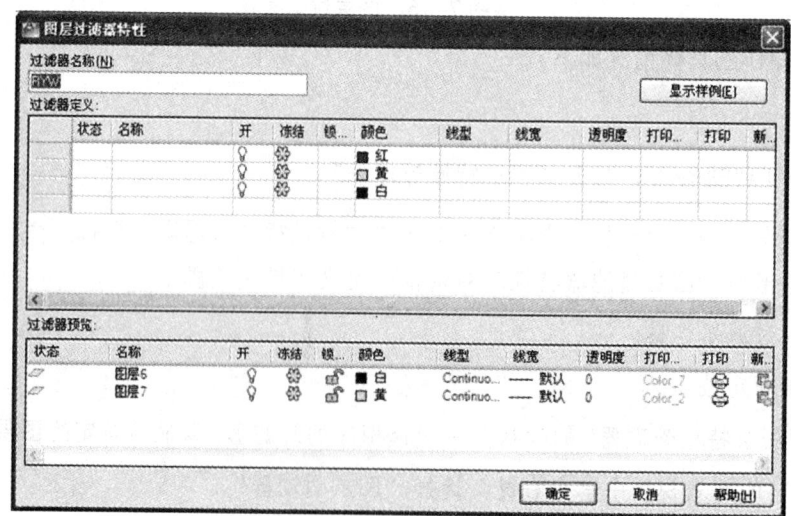

图7-17　图层过滤器样例2

命名为"RYW"的过滤器将显示符合以下所有条件的图层：

（1）处于打开状态。

（2）处于冻结状态。

（3）为红或黄或白。

说明

可以通过通配符搜索过滤图层，有效的通配符参见表 7-1。例如，如果想只显示以单词 mech 开始的图层，可在定义过滤器时，在"图层过滤器特性"对话框中的"名称"栏中输入"mech*"。也可以反向过滤图层，这在查看未包含某个特性的图层时非常有用。例如，如果有多个图层包含图形中的所有总平面图信息，这些图层名中都包含单词 site，那么可以很轻松地就显示出所有不包含总平面图信息的图层：先在"图层过滤器特性"对话框中的"名称"栏中输入"*site*"，然后选择"反转过滤器"。

表 7-1　　　　　　　　　　　　　　　通配符

字　符	定　　义
#（磅字符）	匹配任意数字
@（at）	匹配任意字母字符
.（句点）	匹配任意非字母数字字符
*（星号）	匹配任意字符串，可以在搜索字符串的任意位置使用
?（问号）	匹配任意单个字符，例如，?BC 匹配 ABC、3BC 等
~（波浪号）	匹配不包含自身的任意字符串，例如，~*AB* 匹配所有不包含 AB 的字符串
[ ]	匹配括号中包含的任意一个字符，例如，[AB]C 匹配 AC 和 BC
[~]	匹配括号中未包含的任意字符，例如，[AB]C 匹配 XC 而不匹配 AC
[-]	指定单个字符的范围，例如，[A-G]C 匹配 AC、BC 等，直到 GC，但不匹配 HC
`（反引号）	逐字读取其后的字符；例如，~AB 匹配 ~AB

注意：要过滤包含通配符的图层名，请在该字符前加反引号（`），以免将其解释为通配符。

图层特性管理器中的树状图显示了默认的图层过滤器，以及在当前图形中创建并保存的所有命名过滤器。图层过滤器旁边的图标指示过滤器的类型。这里将显示五种默认过滤器。

（1）全部：显示当前图形中的所有图层（始终显示过滤器）。

（2）所有使用的图层：显示在当前图形中绘制的对象上的所有图层（始终显示过滤器）。

（3）外部参照：如果图形附着了外部参照，将显示从其他图形参照的所有图层。

（4）视口替代：如果存在具有当前视口替代的图层，将显示包含特性替代的所有图层。

（5）未协调的新图层：如果自上次打开、保存、重载或打印图形后添加了新图层，将显示未协调的新图层的列表。

7.1.14 重命名图层

在绘图过程中随时都能重命名图层,但不能重命名图层 0 或依赖外部参照的图层。

重命名图层的具体操作如下。

操作方法

（1）执行 LAYER 命令,打开"图层特性管理器";

（2）在"图层特性管理器"中选择要重命名图层,在该层的名称上单击鼠标,图层名成激活状态;

（3）输入新的图层名,按回车键进行确定。

7.2 实体的颜色

可以指定图层的颜色,也可指定图形中单个对象的颜色。各种颜色通过名称或 AutoCAD 颜色索引号（ACI-AutoCAD Color Index）标识,索引号为 1 到 255 的整数。任何数目的对象和图层都可以有相同的颜色编号。可以为笔式绘图仪上的每个不同的笔指定一种颜色编号,或使用颜色编号识别图形中的某个对象。当打印图形时,可以用打印样式控制对象的颜色。

7.2.1 指定颜色

指定颜色时,可以输入颜色名或它的 ACI 编号。标准颜色名只对 1 到 7 号 ACI 颜色有效。1 到 7 号颜色的意义：1 红；2 黄；3 绿；4 青；5 蓝；6 紫；7 黑/白。缺省颜色是 7,白色或黑色（由背景色决定）。所有其他颜色必须由 ACI 编号指定（8 到 255）。

7.2.2 设置当前颜色

可以给图层指定颜色,为新建的对象设置当前颜色（包括"随层（ByLayer）"或"随块（ByBlock）"）,或者改变图形中现有对象的颜色。还可以定义当前颜色作为当前图层的颜色,或指定其他不同的颜色。要使用一种颜色绘图,必须选择一种颜色并将其设置为当前色。所有新创建的对象都使用当前色。

设置当前颜色的具体情况如下。

执行方式

命令行：COLOR。

下拉式菜单："格式"→"颜色"。

执行上述操作后，将打开"选择颜色"对话框，选择一种颜色或在"颜色"框中输入颜色编号，单击"确定"按钮完成选择。

系统变量：在命令行中输入 CECOLOR，根据提示设置新对象的颜色。

功能区：单击"常用"选项卡下的"特性"面板中的"对象颜色"按钮 ，在要弹出的下拉列表中选择相应的颜色。

说明

对于实体颜色的设定，在 AutoCAD 中可以用 LAYER 或者 COLOR 来设置。但是，当这两种方法同时设置，并设置了两种不同的颜色时，实体的颜色到底是什么呢？从颜色的下拉菜单中可以看到，颜色可以被设置成三种：随层（ByLayer）、随块（ByBlock）、具体颜色（红、黄、蓝等）。如果为对象特性设置选择"随块（ByBlock）"，将以缺省的特性设置绘制新对象，直到它们被编组到块中为止。当对象被编组到块中时，块中的对象继承插入块所在的图层的特性设置。"随层（ByLayer）"的设置将颜色的设置权交给了层，此时，层是什么颜色，实体就是什么颜色。当采用 COLOR 命令将颜色设置成具体颜色时，实体的颜色将由该具体的颜色决定，此时，层将不能控制颜色。

7.3 实体的线型

AutoCAD 中事先将大量的线型放进线型文件（*.lin）中，使用时可将线型调入使用。线型是点、横线和空格按一定规律重复出现形成的图案，复杂线型是符号与点、横线、空格组合的图案。线型名及其定义描述了一定的点划序列、横线和空格的相对长度，以及任何包含文字或形的特性。用户可以创建自定义线型。该命令的执行方式如下。

执行方式

命令行：LINETYPE。

下拉式菜单："格式"→"线型"。

功能区：单击“常用”选项卡下的“特性”面板中的“线型”按钮 ———ByLayer ▾，在弹出的下拉列表中选择相应的线型。

要使用线型，必须首先将其加载到图形中。在将线型加载到图形中之前，线型定义必须已存在于 *.lin 库文件中。图 7-18 显示了线型库文件 acadiso.lin 中的线型。加载线型的相关操作情况如下。

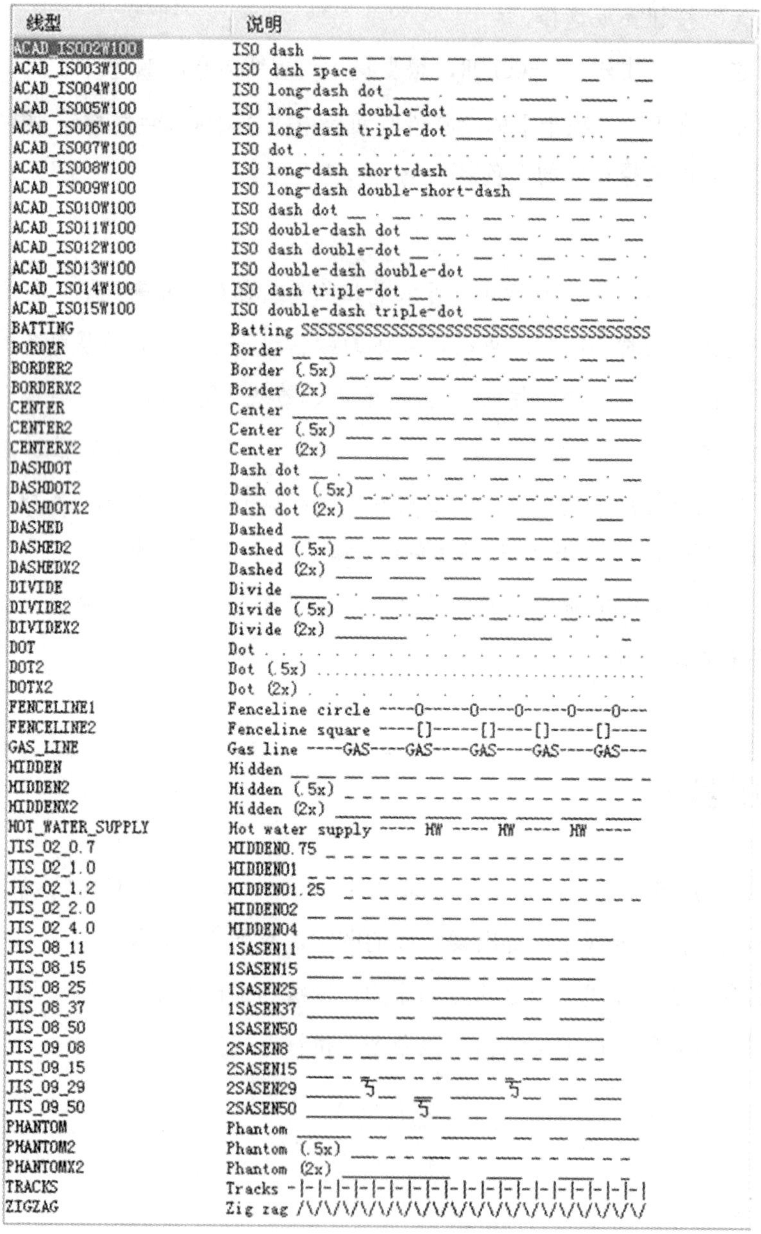

线型	说明
ACAD_ISO02W100	ISO dash
ACAD_ISO03W100	ISO dash space
ACAD_ISO04W100	ISO long-dash dot
ACAD_ISO05W100	ISO long-dash double-dot
ACAD_ISO06W100	ISO long-dash triple-dot
ACAD_ISO07W100	ISO dot
ACAD_ISO08W100	ISO long-dash short-dash
ACAD_ISO09W100	ISO long-dash double-short-dash
ACAD_ISO10W100	ISO dash dot
ACAD_ISO11W100	ISO double-dash dot
ACAD_ISO12W100	ISO dash double-dot
ACAD_ISO13W100	ISO double-dash double-dot
ACAD_ISO14W100	ISO dash triple-dot
ACAD_ISO15W100	ISO double-dash triple-dot
BATTING	Batting SSSSSSSSSSSSSSSSSSSSSSSSSSSSSSSSSSSSSSS
BORDER	Border
BORDER2	Border (.5x)
BORDERX2	Border (2x)
CENTER	Center
CENTER2	Center (.5x)
CENTERX2	Center (2x)
DASHDOT	Dash dot
DASHDOT2	Dash dot (.5x)
DASHDOTX2	Dash dot (2x)
DASHED	Dashed
DASHED2	Dashed (.5x)
DASHEDX2	Dashed (2x)
DIVIDE	Divide
DIVIDE2	Divide (.5x)
DIVIDEX2	Divide (2x)
DOT	Dot
DOT2	Dot (.5x)
DOTX2	Dot (2x)
FENCELINE1	Fenceline circle ----0-----0----0-----0----0---
FENCELINE2	Fenceline square ----[]-----[]----[]-----[]----
GAS_LINE	Gas line ----GAS----GAS----GAS----GAS----GAS---
HIDDEN	Hidden
HIDDEN2	Hidden (.5x)
HIDDENX2	Hidden (2x)
HOT_WATER_SUPPLY	Hot water supply ---- HW ---- HW ---- HW ----
JIS_02_0.7	HIDDEN0.75
JIS_02_1.0	HIDDEN01
JIS_02_1.2	HIDDEN01.25
JIS_02_2.0	HIDDEN02
JIS_02_4.0	HIDDEN04
JIS_08_11	1SASEN11
JIS_08_15	1SASEN15
JIS_08_25	1SASEN25
JIS_08_37	1SASEN37
JIS_08_50	1SASEN50
JIS_09_08	2SASEN8
JIS_09_15	2SASEN15
JIS_09_29	2SASEN29
JIS_09_50	2SASEN50
PHANTOM	Phantom
PHANTOM2	Phantom (.5x)
PHANTOMX2	Phantom (2x)
TRACKS	Tracks
ZIGZAG	Zig zag

图 7-18　线型库文件 acadiso.lin 中的线型

操作方法

（1）执行 LINETYPE 命令，打开"线型管理器"对话框。

（2）在"线型管理器"对话框中单击"加载"按钮，弹出"加载或重载线型"对话框。

（3）"加载或重载线型"对话框中选择一个或多个要加载的线型，然后单击"确定"按钮。要同时选择或清除所有线型，在线型列表中单击右键，然后从快捷菜单中选择"全部选择"或"全部清除"。

另外，可以在命令行中输入 -LINETYPE 命令，并选择"加载(L)"选项进行相关线型的加载。

说明

不要将 AutoCAD 内部使用的线型与某些绘图仪提供的硬件线型混淆。这两种类型的线型产生的效果虽相似，但是不要同时使用这两种类型，否则，可能会产生不可预料的后果。"线型管理器"对话框如图 7-19 所示，"加载或重载线型"对话框如图 7-20 所示。

可以为所创建的对象设置全局线型缩放比例。该值越小，每个绘图单位中画出的重复图案越多。在缺省情况下，AutoCAD 的全局线型缩放比例为 1.0，该比例等于一个绘图单位。为新对象设置线型比例的相关操作情况如下。

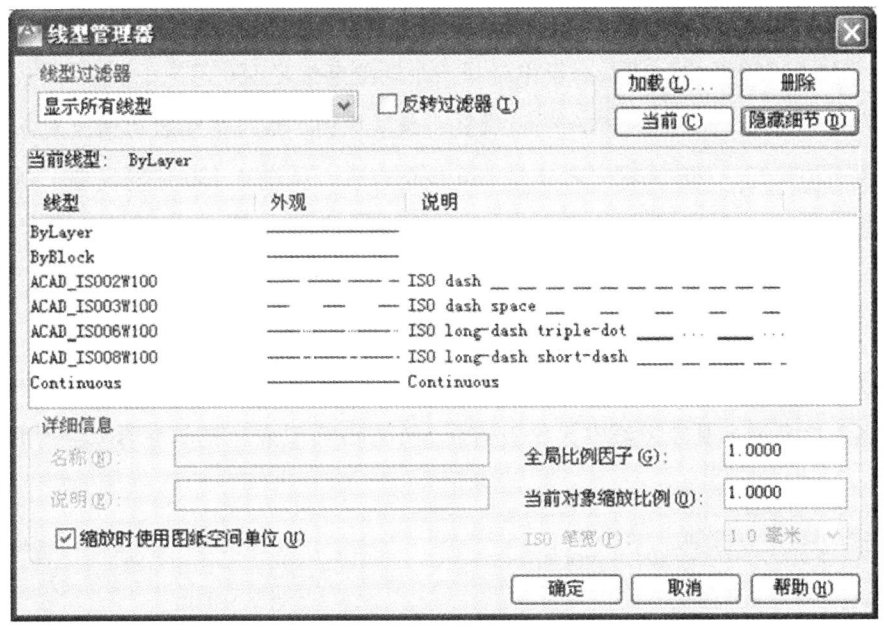

图 7-19 "线型管理器"对话框

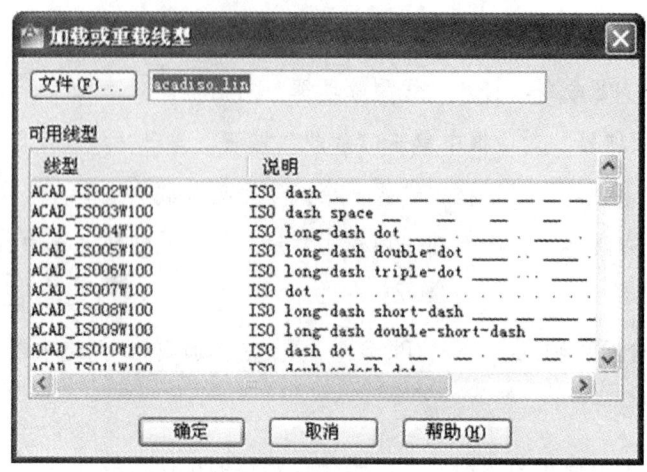

图 7-20 "加载或重载线型"对话框

 操作方法

（1）执行 LINETYPE 命令，打开"线型管理器"对话框。

（2）在"线型管理器"对话框中单击"显示细节"按钮。

（3）在"详细信息"下，输入"全局比例因子"和"当前对象缩放比例"。

"全局比例因子"将修改所有新的和现有的线型比例因子。"当前对象缩放比例"将相对于当前的全局缩放比例设置修改随后所画的对象的线型比例。

（4）如果使用 ISO 标准，请从列表中选择一个宽度来指定 ISO 笔宽；

ISO 笔宽将标准 ISO 值列表中的一个值设置为线型比例，最终的缩放比例是对象比例因子与全局比例因子的乘积。ISO 笔宽列表只对 ISO 线型有效，要激活 ISO 笔宽设置，则该线型必须被设置为当前线型。注意：ISO 线型比非 ISO 线型的缩放比例要大。ISO 线型在具有适当的 ISO 笔宽设置的公制图形中使用。

（5）选择"缩放时使用图纸空间单位"以激活图纸空间线型缩放比例。

当"缩放时使用图纸空间单位"被选中时，AutoCAD 自动调整不同图纸空间视口中线型的缩放比例。详细信息请参见在图纸空间比例缩放 AutoCAD 线型或参见命令参考中的 PSLTSCALE 系统变量。

（6）单击"确定"按钮。

说明

系统变量 CELTSCALE 为新创建的对象设置线型缩放比例；LTSCALE 全局修改现有对象和新对象的线型缩放比例；PSLTSCALE 控制图纸空间的线型缩放比例。

7.4 实体的线宽

线宽可增加屏幕上和图纸上的对象宽度。使用线宽，可以用粗线和细线清楚地表现出部件的截面、标高的深度、尺寸线和标记，以及不同的对象厚度。通过为不同图层指定不同的线宽，可以很方便地区分新建的、现有的和被破坏的结构。像手工绘图时使用粗线和细线一样，线宽可以用来直观地表示不同的对象和信息，但在精确表示对象的宽度时不应该使用线宽。例如，如果要绘制一个实际宽度为 5mm 的对象，就不应该使用线宽而应该用宽度为 0.5mm 的多段线精确地表现对象。

具有线宽的对象以指定的线宽值打印。线宽值由一些标准设置组成，包括"随层"、"随块"和"缺省"。值的单位可以是 in（英寸）或 mm（毫米），缺省单位是毫米。线宽值为 0 时，在模型空间显示为 1 个像素宽，并将以打印设备允许的最细宽度打印。如果对象的线宽值为 0.01in（0.25mm）以下，则将在模型空间中以 1 个像素显示。在命令行所输入的线宽值将舍入到最接近的预定义宽度值。

可以将图形输出到其他应用程序，或者将对象剪切到剪切板上以保留线宽信息。

该命令的具体情况如下。

执行方式

命令行：LWEIGHT。

下拉式菜单："格式"→"线宽"。

状态栏：在状态栏中的"显示/隐藏线宽"按钮上单击鼠标右键，并选择设置。

执行上述命令后，将显示"线宽设置"对话框，如图 7-21 所示。

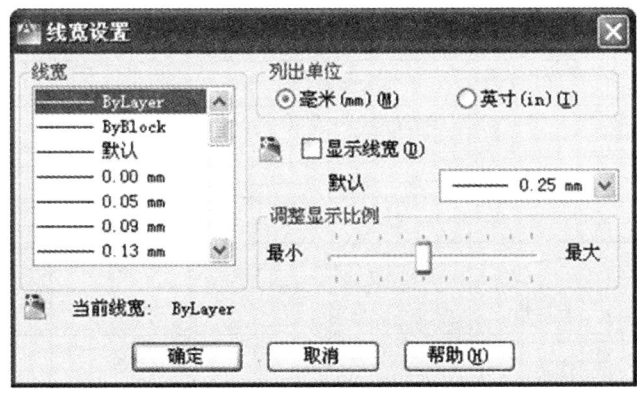

图 7-21 "线宽设置"对话框

功能区：单击"常用"选项卡下的"特性"面板中的"线宽"按钮 ————ByLayer，在弹出的下拉列表中选择相应的线宽。

说明

（1）系统变量 LWUNITS 设置线宽的单位（mm 或 in），这些单位将应用到最新创建的对象和图层上。LWDEFAULT 将线宽设置为缺省值"缺省"。

（2）表 7.2 显示了用于 AutoCAD 的有效线宽值（不包括随层、随块、缺省和 0 的值）和相关的行业标准。使用"打印样式表编辑器"可以将线宽自定义为想要打印的任何值。用户可以用"打印样式表编辑器"自定义线宽来随意定义所需的打印设置。

表 7-2　　　　　　　　　　　　有效的线宽值及其在各个标准中的应用

mm（毫米）	in（英寸）	磅	笔尺寸	ISO	DIN	JIS	ANSI
0.05	0.002						
0.09	0.003	1/4pt					
0.13	0.005				√		
0.15	0.006						
0.18	0.007	1/2pt	0000	√	√	√	
0.20	0.008						
0.25	0.010	3/4pt	000	√	√	√	
0.30	0.012		00				2H 或 H
0.35	0.014	1pt	0	√	√	√	
0.40	0.016						
0.50	0.020		1	√	√	√	
0.53	0.021	1-1/2pt					
0.60	0.024		2				H、F 或 B
0.70	0.028	2-1/4pt	2-1/2	√	√	√	
0.80	0.031		3				
0.90	0.035						
1.00	0.039		3-1/2	√	√	√	
1.06	0.042	3pt					
1.20	0.047		4				
1.40	0.056			√	√	√	
1.58	0.062	4-1/4pt					
2.00	0.078			√	√		
2.11	0.083	6pt					

7.5 实体的特性匹配

实体的特性匹配是把某一对象的特性复制给其他若干对象，比如，使它们具有相同的层、线型等。该命令的具体情况如下。

执行方式

命令行：MATCHPROP（简化命令 MA）或 painter（或 'matchprop，用于透明使用）。

下拉式菜单："修改"→"特性匹配"。

工具栏：单击"标准"工具栏中的"特性匹配"按钮。

功能区：单击"常用"选项卡下的"剪贴板"面板中的"特性匹配"按钮。

操作方法

命令行提示与操作如下：

命令：MATCHPROP。   //执行特性匹配命令。

选择源对象：   //选择要复制其特性的对象。

当前活动设置： 颜色 图层 线型 线型比例 线宽 透明度 厚度 打印样式 标注 文字 图案填充 多段线 视口 表格材质阴影显示 多重引线   //当前选定的特性匹配设置。

选择目标对象或 [设置(S)]：   //输入S或选择目标对象。

若输入S则弹出"特性设置"对话框(图7-22)，可以控制要把哪些对象特性复制到目标对象。按照缺省规定，AutoCAD 选中"特性设置"对话框中的所有对象特性进行复制。

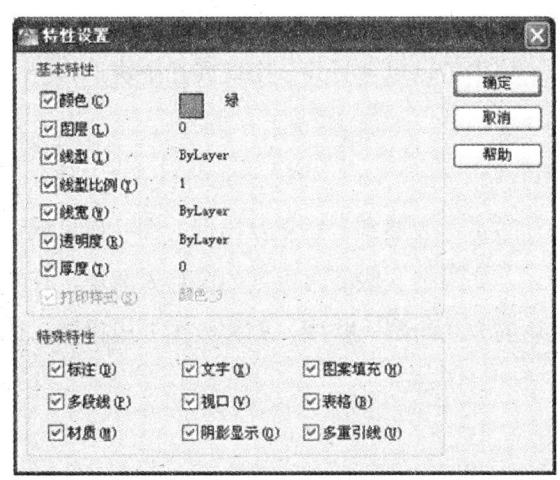

图 7-22 "特性设置"对话框

第 8 章 图块及外部参照

使用 AutoCAD 进行绘图时，常常需要重复使用一些图形，例如机械设计中的螺钉、螺帽，建筑设计中的桌椅、门窗等。如果每个图形都重新绘制，就会浪费大量的时间，同时还会浪费大量的存储空间。AutoCAD 提供了图块和外部参照来解决这些问题。

本章主要介绍图块及其属性、外部参照等知识。

8.1 图块的基本概念与特点

图块也称块，块是组成复杂对象的一组对象的集合。一旦一组对象组合成块，这组对象就被赋予一个块名，用户可根据作图需要将块插入到图中任意给定的位置，而且在插入时还可以指定不同的比例系数和旋转角度。

组成块的各个对象可以有自己的图层、自己的线型、自己的颜色，但 AutoCAD 把块当作一个单一的对象来处理，即通过选取块内的任何一个对象，就可以对整个块进行诸如 MOVE，COPY，MIRROR 这样的操作，这些操作与块的内容结构有关。

块还可以嵌套，即一个块中可以包含另外一个块或几个块。

一般来说，块有如下功能：

（1）用来建立图形库。

在不同的专业中，设计时常常会遇到一些重复出现的图（如机械设计中的螺栓、螺母；建筑设计中的桌椅、门窗等）。如果把这些经常出现的图形做成块，存放在一个图形库中，当绘制图形时，就可以用插入块的方法绘制一些图，即把绘图变成拼图，这样可避免大量的重复工作，而且还提高了绘图的速度与质量。

（2）节省存储空间。

在图中绘制每一个对象都会增加磁盘上相应图形文件的大小，这是因为 AutoCAD 必须保存每一个对象的所有信息，如这个对象的类型、位置、定义坐标等。比如一个螺栓，它由多条线段和弧线组成，显然这个螺栓需要占据一定的磁盘空间。如果一张图上需要数十个这样的螺栓，每个螺栓都要保存的话，就会占据较大的磁盘空间。如果事先把上述螺栓定义成一个名为"luoshuan"的块（块名可由用户任意定义），在绘制螺栓时就可以把该块插入到图形中各个相应的位置，这样既满足了绘图要求，又可以节省磁盘空间。这是因为虽然在"luoshuan"块的定义中包含螺栓中的全部对象，但只需要一次这样的定义。对块的每一次插入，AutoCAD仅需要记住这个块对象（包括块名、插入点坐标、插入比例等），从而大大节省了磁盘空间。对于比较复杂的图形，而且需要多次绘制时，利用块就会使这一优点更加显著。

（3）便于修改图形。

一张工程图纸往往需要进行多次修改。如在机械设计中，原来的国家标准要求螺栓的内径用虚线来表示，而新的国家标准要求内径用细实线表示。如果对已有的旧图纸按新国家标准的要求进行修改，既费时又不方便。但如果将螺栓定义成块，用户只要简单地再定义一次该块，则图中插入的所有该块均会自动地作相应的修改，从而提高了效率。

（4）可以加入属性。

有时图中还经常需要一些文本信息（如粗糙度中的粗糙度值等），以满足生产与管理上的要求。AutoCAD允许为块建立属性，即加入文本信息。这些信息可以在每次插入块时改变，而且还可以像普通文本一样显示或不显示。用户也可以从图中提取这些信息并将其传送至数据库。

8.2 图块操作

8.2.1 内部图块的定义

内部图块是在一个文件内定义的图块，可以在该文件内部自由使用，内部图块一旦被定义，它就和文件同时被存储和打开。在一张图中可以定义任意多个图块，每个图块都必须有一个图块名，否则AutoCAD将无法对图块进行管理。

该命令的具体情况如下。

执行方式

命令行：BLOCK（简化命令B）。

下拉式菜单："绘图"→"块"→"创建"。

工具栏：单击"绘图"工具栏中的"创建块"按钮。

功能区：单击"常用"选项卡下的"块"面板中的"创建"按钮。

执行上述操作后，系统打开如图8-1所示的"块定义"对话框，利用该对话框可定义图块并为之命名。

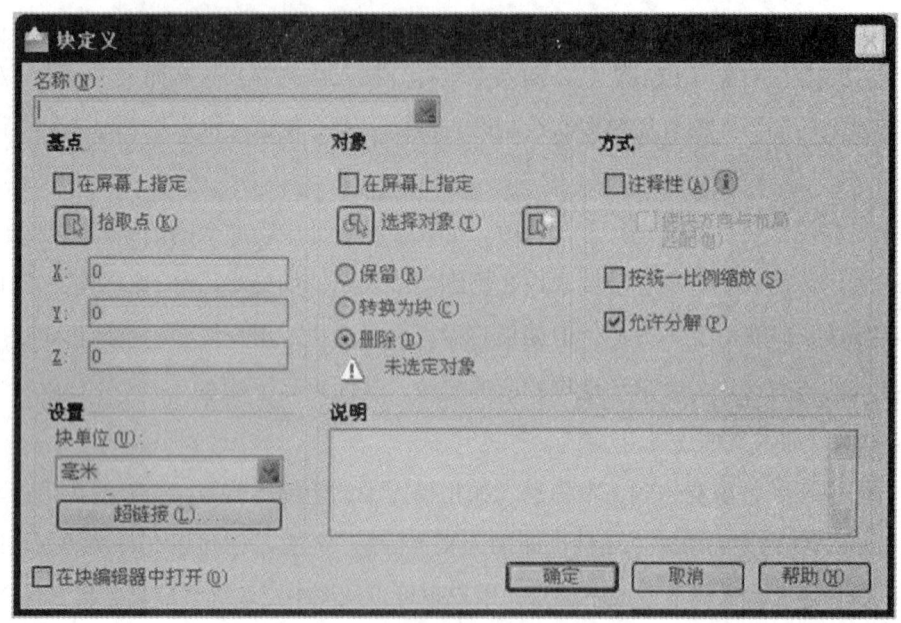

图8-1 "块定义"对话框

选项说明

（1）名称：指定块的名称。名称最多可以包含255个字符，包括字母、数字、空格以及操作系统或程序未作他用的任何特殊字符。块名称及块定义保存在当前图形中。

（2）"基点"选项组：指定图块的插入基点，默认值是（0，0，0）。基点可以在屏幕上指定，也可以通过拾取点的方式指定，单击"拾取点"按钮，在绘图区拾取一个点作为基点，或者直接在x，y，z文本框中输入坐标值以确定基点。

（3）"对象"选项组：指定新块中要包含的对象，以及创建块之后如何处理这些对象，是保留还是删除选定的对象或者是将它们转换成块实例。

① 选择对象可以在屏幕上指定，也可以通过拾取方式指定，单击"选择对象"按钮，对话框暂时消失，用户可以进行选择，选择完毕，按回车键重新显示对话框，并显示所选实体的总数。

② 在"选择对象"按钮的右边是"快速选择"按钮，单击该按钮，显示如图8-2所示的对话框，

在该对话框中可以定义选择集。

③ "保留"选项的含义是创建块以后,将选定对象保留在图形中作为区别对象。

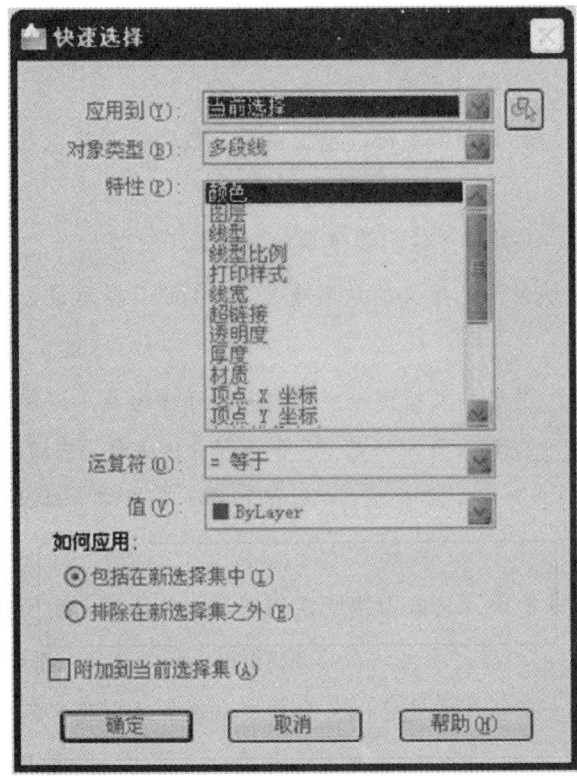

图 8-2 "快速选择"对话框

④ "转换为块"选项的含义是创建块以后,将选定对象转换成图形中的块实例。

⑤ "删除"选项的含义是创建块以后,从图形中删除选定的对象。

(4) "方式"选项组:指定块的行为。

① "注释性"复选框:指示块为注释性。

② "使块方向与布局匹配"复选框:指定在图纸空间视口中的块参照的方向与布局的方向匹配。如果未选择"注释性"选项,则该选项不可用。

③ "按统一比例缩放"复选框:指定是否阻止块参照不按统一比例缩放。

④ "允许分解"复选框:指定块参照是否可以被分解。

(5) "设置"选项组:指定块的设置。

① "块单位"下拉列表框用于指定块参照插入单位。

② 单击"超链接"按钮,打开"插入超链接"对话框,可以使用该对话框将某个超链接与块定义相关联。

（6）说明：指定块的文字说明。

（7）"在块编辑器中打开"复选框：勾选复选框后，单击"确定"，在块编辑器中打开当前的块定义。

说明

（1）块名最多可以包含 255 个字符，包括字母、数字、空格以及操作系统或程序未作他用的任何特殊字符。

（2）在创建图块时，必须事先绘出要建块的对象。

（3）如果新给定的块名与已定义的块名重复，AutoCAD 提示是否重新定义。关于块的重定义本章后面将有介绍。

（4）关于基点选择：用户可以指定一点作为基点（参考点），供以后插入该块时使用。从理论上讲，用户可以定义任意一点作为基点。但为了作图方便，应根据图形的结构选择基点。一般将基点选在块的中心、左下角或其他有特征的位置。如果不选择基点，系统自动将坐标原点定义成基点。

（5）用 BLOCK 命令建的块，只能由块所在的图形文件使用，而不能由其他文件使用。如果希望任何用户的任何图形均能使用某块，需用 WBLOCK 命令建立外部图块。

（6）块可以嵌套，一个图块中还可以包含对其他图块的引用，例如在一个图形中插入了某些图块。我们还可以将包含了图块的图形整个地再定义成另一个图块，利用块嵌套能够方便用户的绘图过程。

8.2.2 实例——定义图块"USER"

将图 8-3 所示的图定义成图块，块名为"USER"。

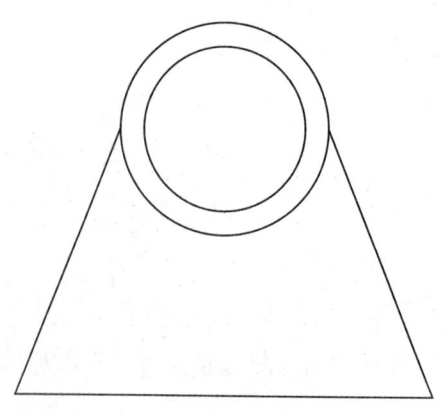

图 8-3 定义图块"USER"

Step 绘制步骤

① 绘制如图 8-3 所示的图形；
② 输入 BLOCK（简化命令 B）命令后确认，显示"块定义"对话框；
③ 在"名称"栏内输入"USER"；
④ 单击"拾取点"按钮，然后选取圆心点；
⑤ 单击"选择对象"按钮，然后选择图中的对象，并按回车键确认；
⑥ 进行其他设置，设置完成后单击"确定"按钮结束图块的定义。

8.2.3 外部图块

外部图块将块以文件的形式写入磁盘（后缀为 .dwg）。用户可以用 WBLOCK 命令将图形的一部分或者是全部写入磁盘，这样其他文件也就可以使用该图形块了，请注意这是内部图块和外部图块的一个重要区别。

该命令的具体情况如下。

执行方式

命令行：WBLOCK（简化命令 W）。

功能区：单击"插入"选项卡下的"块定义"面板中的"创建块"下拉式按钮中的"写块"按钮。

执行上述操作后，系统打开如图 8-4 所示的"写块"对话框，利用该对话框可把图形对象保存为图形文件或把图块转换成图形文件。

选项说明

（1）"源"选项组：指定块和对象，将其另存为文件并指定插入点。选中"块"表示将选择一个已经定义的的内部图块作为外部图块的内容，从列表中选择名称；"整个图形"表示将整个图形作为一个外

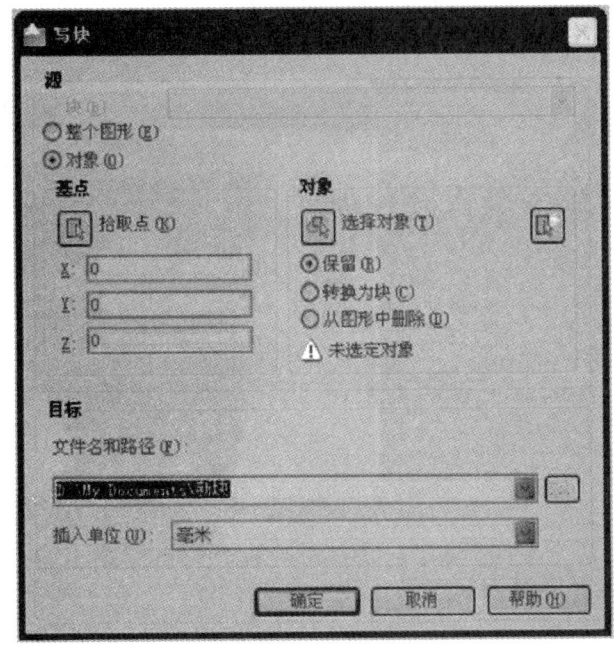

图 8-4 "写块"对话框

部图块；"对象"表示将有选择地将对象作为外部图块的内容，此时操作和内部图块定义相同。

（2）"目标"选项组：用户可以定义外部图块存储的文件名和路径以及插入图块时所用的测量单位，插入单位指定从设计中心拖动新文件或将其作为块插入到使用不同单位的图形中时用于自动缩放的单位值。如果希望插入时不自动缩放图形，请选择"无单位"。

8.2.4 插入图块

该功能将已定义的图块（内部图块或外部图块）插入到图形中。在插入的同时还可以改变所插入图形的比例与旋转角度。

该命令的具体情况如下。

**执行方式**

命令行：INSERT（简化命令Ⅰ）。

下拉式菜单："插入"→"块"。

工具栏：单击"绘图"工具栏中的"插入块"按钮，或"插入"工具栏中的"插入块"按钮。

功能区：单击"常用"选项卡下的"块"面板中的"插入"按钮。

执行上述操作后，系统打开如图8-5所示的"插入"对话框，利用该对话框可以指定要插入的图块及插入位置。

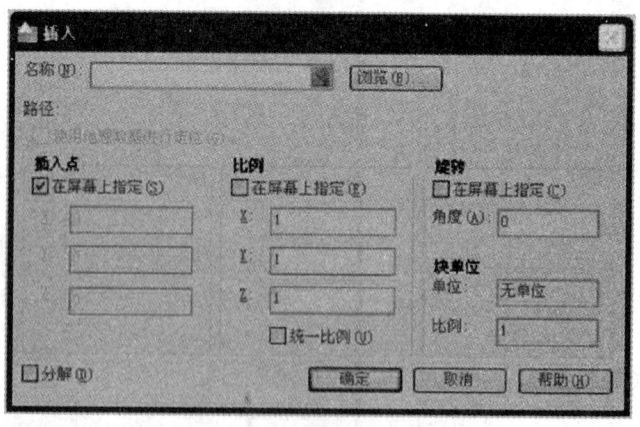

图8-5 "插入"对话框

操作方法

在"插入"对话框中选择好将插入的图块的名称后，单击"确定"按钮，命令行提示与操作如下：

指定插入点或 [基点（B）/ 比例（S）/X/Y/Z/ 旋转（R）]: r

// 指定插入点或输入其他选项。

指定旋转角度 <0>: // 输入角度或指定某一点。

指定第二点: // 指定第二点。

指定插入点或 [基点（B）/ 比例（S）/X/Y/Z/ 旋转（R）]: // 指定插入点。

选项说明

（1）名称：指定要插入块的名称，或指定要作为块插入的文件的名称。单击"浏览"按钮打开"选择图形文件"对话框（标准文件选择对话框），从中可选择要插入的块或图形文件。

（2）路径：用于显示插入外部块的路径。

（3）"插入点"选项组：用户既可以"在屏幕上指定"图块插入的位置，也可以直接输入 x,y,z 坐标值确定插入点的位置。插入点就是定义图块时所定义的基点。

（4）"比例"选项组：指定插入块的缩放比例。如果指定负的 x,y 和 z 缩放比例因子，则插入块的镜像图像。用户可以直接输入 x,y,z 方向的缩放比例，也可以"在屏幕上指定"长度作为缩放比例。如果选择"统一比例"就可以将 x,y,z 三个方向的比例设置为同一个数。

（5）"旋转"选项组：用户可以定义图块在插入时的旋转角度，当然角度也可以用"在屏幕上指定"的方法确定。

（6）"块单位"选项组：显示有关图块单位的信息。"单位"文本框用于指定插入块的 INSUNITS 值。"比例"文本框显示单位比例因子，该比例因子是根据块的 INSUNITS 值和图形单位计算得来的。INSUNITS 值指定插入或附着到图形中的块、图像或外部参照物进行自动缩放所用的图形单位值。

（7）"分解"复选框：如果勾选了此复选框，则图块在插入图形后就不再是一个整体，而自动分解成图形对象，用户就可以对其中的对象进行编辑或其他操作。

说明——块与图层的关系

块可以由绘制在若干层上的对象组成，AutoCAD 将层的信息保留在了块中。插入这样的块时，AutoCAD 遵循如下约定：

（1）0 层是一个特殊的层，绘制在 0 层上的图形在插入时是浮动的。即块插入后原来位于 0 层上的对象被绘制在当前层上，并按当前层的颜色与线型绘出。因此有时我们在图块插入时会出现意想不到的结果，为避免出现这种情况，建议用户养成建块时定义 0 层为当前层，图块插入时也定义 0 层为当前层的良好绘图习惯。

（2）对于块中其他层上的对象，若块中有与图形图层同名的图层，则块中该层上的对象绘制在图中同名的图层上，并按图中该层的颜色与线型绘制。而其他层上的对象仍在它原来的层上绘出，并给当前图形增加相应的层。

（3）如果插入的块由多个位于不同图层上的对象组成，那么冻结某一对象所在图层后，此图层上属于块上的对象就会变得不可见，而当冻结插入块时的当前层时，不管块中各对象处于哪一图层，整个块均变得不可见。

比如，在一个图形中插入块 USER，该图块中的图形分别位于 DASH 层、CON 层和 CEN 层，插入块时的当前层为 CUR，当冻结 DASH 层后，该层上的图形不可见，而当冻结 CUR 图层后，整个图形均不可见。

8.2.5 图块以矩形阵列形式多重插入

该命令的具体情况如下。

执行方式

命令行：MINSERT。

操作方法

命令行提示与操作如下：

命令：MINSERT。　　　　　　　　　　　　　　　　　　　//执行多重插入命令。

输入块名或 [?] <11>：　　　　　　　　　　　　　　//输入要插入的图块名称。

单位：毫米　　转换：　　1.0000

指定插入点或 [基点（B）/比例（S）/X/Y/Z/旋转（R）]：

　　　　　　　　　　　　　　　　　　　　　　　　//指定插入点或选择其他选项。

输入 X 比例因子，指定对角点，或 [角点（C）/XYZ（XYZ）] <1>：

　　　　　　　　　　　　　　　　　　　　　　　　//输入 x 方向的比例系数。

输入 Y 比例因子或 <使用 X 比例因子>：

　　　　　　　　　　　　　　　　　　　　　　　　//输入 y 方向的比例系数。

指定旋转角度 <0>：　　　　　　　　　　　　　　　//指定旋转角度。

输入行数（---）<1>：3　　　　　　　　　　　　　//输入阵列的行数。

输入列数（|||）<1>：3　　　　　　　　　　　　　//输入阵列的列数。

输入行间距或指定单位单元（---）：50　　　　　　　//输入行间距。

指定列间距（|||）：50　　　　　　　　　　　　　　//输入列间距。

执行结果为将块按指定的格式实现矩形阵列插入。

选项说明

（1）插入点：指定插入块的位置。指定某个点后，命令行提示如下：

输入 X 比例因子，指定对角点，或 [角点（C）/XYZ（XYZ）] <1>：

　　　　　　　　　　　　　　　　　　　　　　　　// 输入值、输入选项或按回车键。

（2）基点（B）：将块临时放置到其当前所在的图形中，并允许在将块参考拖动到位时为其指定新基点。这不会影响为块参照定义的实际基点。

（3）比例（S）：为 x，y 和 z 轴设定比例因子。z 轴比例是指定比例因子的绝对值。

（4）X：设定 x 比例因子。

（5）Y：设定 y 比例因子。

（6）Z：设定 z 比例因子。

（7）旋转（R）：设置单独块和整个阵列的插入角度。

提示：用 MINSERT 命令阵列插入的图块不能用 EXPLODE 命令分解。图块作为一个整体而存在，不能单独编辑阵列中的某一图块，但节省存储空间，因为它不重复存储具体块的信息，而只存储图块插入的行数、列数、行间距及列间距等信息。

8.2.6　图块的分解

图块是多个图形对象的集合，图块一旦被定义，图块内的所有对象就组合形成一个新的对象。如在图块插入以后需要对图块内的对象重新进行修改，则必须对图块进行分解。前面已经介绍了图块分解的方法，就是在图块插入时勾选"分解"复选框；另一种方法就是在图块插入到图形中以后再对其进行分解。该命令的具体情况如下。

执行方式

命令行：EXPLODE。

下拉式菜单："修改"→"分解"。

工具栏：单击"修改"工具栏中的"分解"按钮 。

功能区：单击"常用"选项卡下的"修改"面板中的"分解"按钮 。

执行上述操作后，命令行提示"选择对象"，选取需要分解的图块并按回车键确认。

📖 说明

（1）EXPLODE命令将插入的图块分解，并返回到其原始对象。所有对象在被分解后都返回到其原始特性设置。

（2）如果是块嵌套，则被分解到生成时的组成块，而非其原始对象。

（3）如果分解的块带有属性，则属性值丢失。属性定义被保留且显示属性标志。

8.2.7　图块的重新定义

随着设计规范和标准的不断更新，一些图例符号发生变化。有时，在修改设计时需要修改原来已定义好并已插入到图形中的图块对象，这时可以运用图块的重新定义及图块替换方法来实现。

我们在前面已经讲述了如何编辑单个图块，但是，如果用户需要编辑整个图形中相同的所有图块，该怎么办？例如用户在图中多处设置了若干相同对象，若此时想统一对这些对象进行修改，单个地编辑它们将很费时费力。

AutoCAD通过"图块重新定义"技术可以对图形中所有同名的图块进行统一修改。命令有两个：BMAKE和BLOCK，过程和结果都一样。

具体的操作情况如下。

✏️ 操作方法

（1）插入要修改的图块或使用图中已存在的图块；

（2）用EXPLODE命令将图块分解；

（3）用编辑命令修改图形；

（4）选择BLOCK或BMAKE命令，重新选择对象来定义图块，定义图块名称时使用与分解前的图块相同的名字；

（5）完成此命令后会出现如图8-6所示的对话框，此时选择"重新定义块"，图块就被重新定义。图中所有相同名称的图块都自动变成修改后的结果。

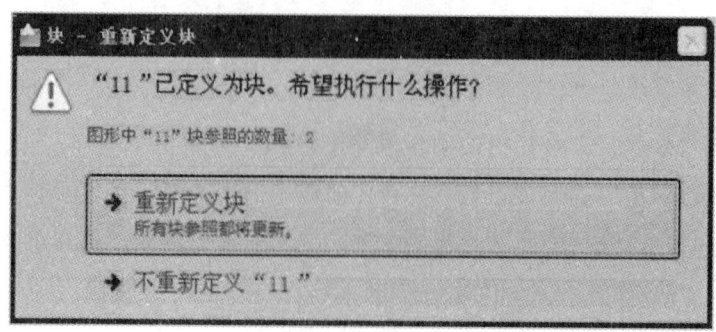

图8-6　"重新定义块"对话框

8.3 图块属性

8.3.1 图块属性及其特点

属性是附属于块的非图形信息,它是块的一个组成部分。实际上,属性是块中的文本对象,即块是由图形对象和属性共同组成的一个整体。当用 ERASE 命令删除块时,属性也被删除。当用 CHANGE 命令改变块的位置与转角时,其属性也随之移动和转动。

属性不同于块中的一般文本对象,它有如下特点:

(1)一个属性包括"属性标记"和"属性值"两方面的内容。例如:可以把 NAME(姓名)定义为属性标记,而具体的姓名"Yang"、"Zhang"就是属性值,即属性。

(2)在定义块前,每个属性要用 ATTDEF 命令进行定义。由它规定"属性标记"、"属性提示"、属性缺省值、属性的显示格式(可见或不可见)、属性在图中的位置等。属性定义后,该属性以其标记(一个字符串)在图中显示出来,并把有关的信息保留在图形文件中。

(3)在定义块前,对属性的定义可以用 CHANGE 命令修改,AutoCAD 允许用 DDEDIT 命令以对话框的方式对属性定义作修改,利用它用户不仅可以修改属性标记,还可以修改属性提示和属性缺省值。

(4)在插入块时,AutoCAD 通过属性提示要求用户输入属性值(也可以用缺省值)。插入块后,属性用属性值表示。因此,同一个定义块,在不同点插入时,可以有不同的属性值。如果属性值在属性定义时规定为常量,AutoCAD 则不询问属性值。

(5)在块插入时,可以用 ATTDISP(属性显示)命令改变属性的显示可见性,可以用 ATTEDIT 等命令对属性作修改,可以用 ATTEXT(数据提取)命令把属性单独提取出来写入文件,以供统计、制表使用,也可以与其他高级语言(如 BASIC,FORTRAN,C 等)或数据库(如 dBASE,FoxBASE 等)进行数据通讯。

8.3.2 定义图块属性

 执行方式

命令行:ATTDEF(简化命令 ATT)。

下拉式菜单:"绘图"→"块"→"定义属性"。

功能区:单击"常用"选项卡下的"块"面板中的"定义属性"按钮 。

执行上述操作后，系统打开如图8-7所示的"属性定义"对话框。

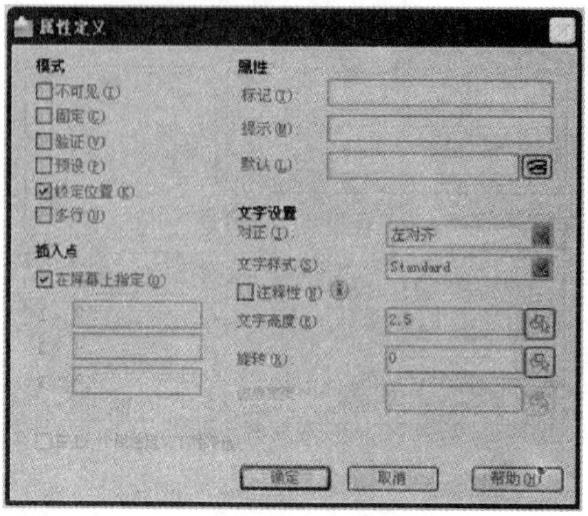

图8-7 "属性定义"对话框

选项说明

（1）"模式"选项组：用于确定属性的模式。

① 不可见：指定插入块时不显示或打印属性值。

② 固定：在插入块时赋予属性固定值。

③ 验证：插入块时提示验证属性值是否正确。

④ 预设：插入包含预设属性值的块时，将属性设定为默认值。

⑤ 锁定位置：锁定块参照中属性的位置。解锁后，属性可以相对于使用夹点编辑的块的其他部分移动，并且可以调整多行文字属性的大小。

⑥ 多行：指定属性值可以包含多行文字。选定此选项后，可以指定属性的边界宽度。

注意：在动态块中，由于属性的位置包括在动作的选择集中，因此必须将其锁定。

（2）"属性"选项组：用于设置属性数据。

① 标记：标识图形中每次出现的属性。使用任何字符组合（空格除外）输入属性标记。小写字母会自动转换为大写字母。

② 提示：指定在插入包含该属性定义的块时显示的提示。如果不输入提示，属性标记将用作提示。如果在"模式"区域选择"常数"模式，"属性提示"选项将不可用。

③ 默认：指定默认属性值。

④ "插入字段"按钮：显示"字段"对话框。可以插入一个字段作为属性的全部或部分值。

（3）"插入点"选项组：指定属性位置。输入坐标值或者选择"在屏幕上指定"，并使用定点设备根据与属性关联的对象指定属性的位置。

① 在屏幕上指定：关闭对话框后将显示"指定起点"提示，在绘图区指定插入点；

② X：指定属性插入点的 x 坐标；

③ Y：指定属性插入点的 y 坐标；

④ Z：指定属性插入点的 z 坐标。

（4）"文字设置"选项组：设定属性文字的对正、样式、高度和旋转。

① 对正：指定属性文字的对正。

② 文字样式：指定属性文字的预定义样式。显示当前加载的文字样式。

③ 注释性：指定属性为注释性。如果块是注释性的，则属性将与块的方向相匹配。

④ 文字高度：指定属性文字的高度。输入值，或选择"高度"用定点设备指定高度。此高度为从原点到指定的位置的测量值。如果选择有固定高度（任何非 0.0 值）的文字样式，或者在"对正"列表中选择了"对齐"，"高度"选项不可用。

⑤ 旋转：指定属性文字的旋转角度。输入值，或选择"旋转"用定点设备指定旋转角度。此旋转角度为从原点到指定的位置的测量值。如果在"对正"列表中选择了"对齐"或"调整"，"旋转"选项不可用。

⑥ 边界宽度：换行至下一行前，指定多行文字属性中一行文字的最大长度。值 0.000 表示对文字行的长度没有限制。此选项不适用于单行文字属性。

（5）在上一个属性定义下对齐：将属性标记直接置于之前定义的属性的下面。如果之前没有创建属性定义，则此选项不可用。

8.3.3 实例——图块知识的综合应用

先定义图 8-8 所示的"数字"属性，然后建块，最后用 INSERT 命令绘出如图 8-9 所示的图形。

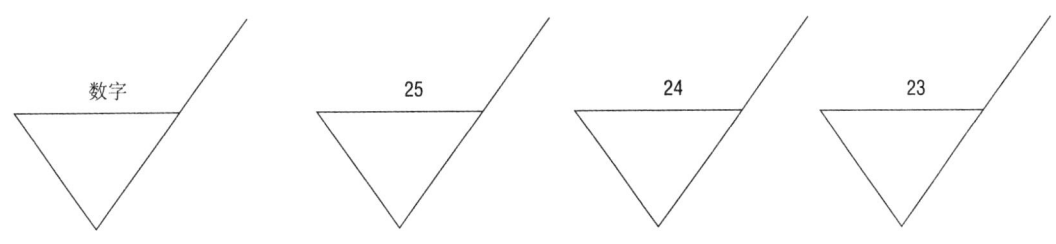

图 8-8 综合应用（初始图形）　　图 8-9 综合应用（结果）

Step 绘制步骤

① 首先画出图 8-8 所示的图形（不包括文本"数字"）。

② 定义属性：

（a）在命令行中输入 ATTDEF 命令并确定，显示"属性定义"对话框；

（b）按前面所介绍的内容输入每个项，具体结果如图 8-10 所示；

（c）单击"确定"按钮，系统提示"指定起点"，在图形适当位置选取一点，即可得到图 8-8 所示的结果（包括"数字"文本）。

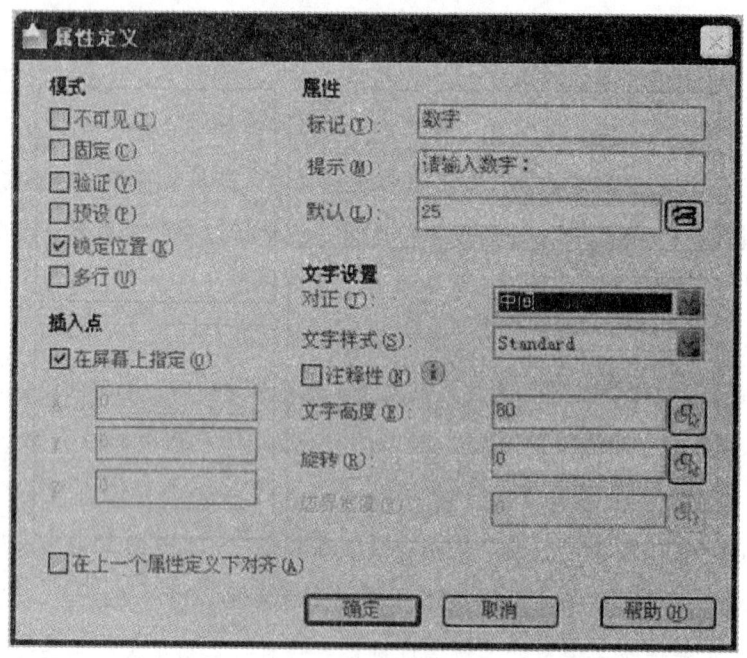

图 8-10 定义"数字"属性对应的对话框

③ 定义块：

（a）在命令行中输入 BLOCK 命令并确定，系统显示"块定义"对话框；

（b）在对话框的"名称"栏中输入：USER；

（c）单击"拾取点"按钮，在图形的适当位置选取一点；

（d）单击"选择对象"按钮，将目标全部选中（包括图形和属性），按回车键确定；

（e）单击"确定"按钮退出，出现如图 8-11 所示的对话框。

④ 插入带属性的块：

（a）在命令行中输入 INSERT 命令并确定，系统显示"插入"对话框；

（b）在对话框的"名称"栏选择 USER 的图块名，单击"确定"按钮，命令行提示如下：

指定插入点或 [基点（B）/ 比例（S）/X/Y/Z/ 旋转（R）]：

（c）在绘图区指定插入点，命令行继续提示如下：

输入属性值

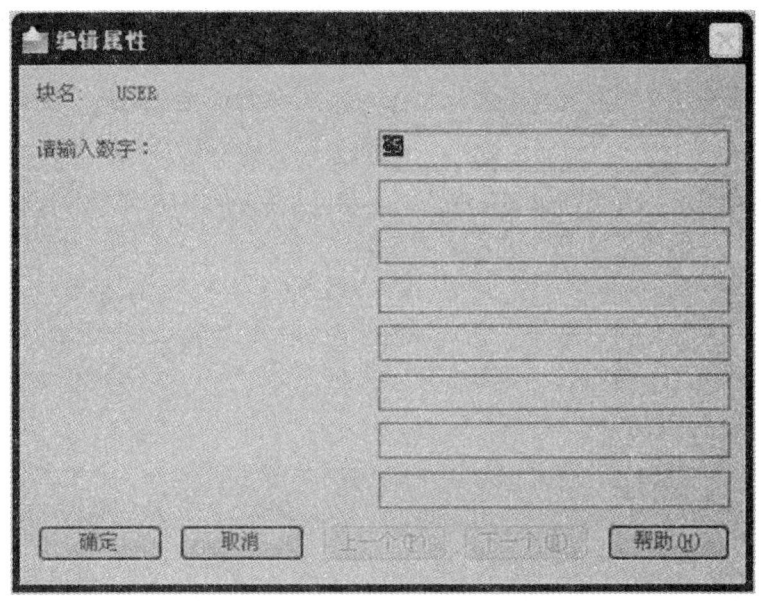

图 8-11 "编辑属性"对话框

请输入数字：<25>：

（d）输入 24 并确定。用相同的方法插入图块并输入不同的值得到如图 8-9 所示的结果。

8.3.4 修改属性定义

在定义图块之前，可以对属性定义进行修改，包括标记、提示以及默认值。

该命令的执行方式如下。

执行方式

命令行：DDEDIT（简化命令 ED）。

下拉式菜单："修改"→"对象"→"文字"→"编辑"。

工具栏：单击"文字"工具栏中的"编辑"按钮 。

执行上述操作后，选择需要修改的对象，打开如图 8-12 所示的"编辑属性定义"对话框。

另外，通过双击属性也可以对属性进行修改。

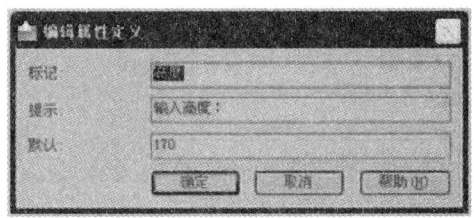

图 8-12 "编辑属性定义"对话框

8.3.5 图块属性编辑

上一节介绍了在定义图块之前修改属性的方法，当属性被定义到图块当中，或者图块被插入到图形当中之后，同样可以对属性进行编辑。

编辑图块属性的执行方式有如下几种。

执行方式

命令行：ATTEDIT（简化命令 ATE）。

下拉式菜单："修改"→"对象"→"属性"→"单个"。

工具栏：单击"修改Ⅱ"工具栏中的"编辑属性"按钮。

操作方法

（1）在命令行输入 ATTEDIT 命令并确定后，命令行提示如下：

选择块参照：

选择需要修改属性的图块，系统显示"编辑属性"对话框，通过该对话框可以对图块属性进行相应的修改。

（2）通过下拉式菜单或工具栏方式对图块属性进行修改时，系统将显示如图 8-13 所示的"增强属性编辑器"对话框，通过该对话框，用户不仅可以对属性值进行修改，还可以编辑文字选项、图层、线型、颜色等内容。

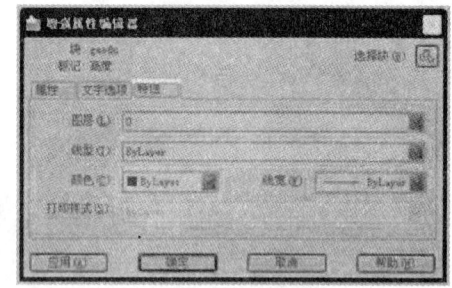

图 8-13 "增强属性编辑器"对话框

（3）另外，还可以通过菜单栏中的"修改"→"对象"→"属性"→"块属性管理器"命令进行编辑，执行该命令，系统显示如图 8-14 所示的"块属性管理器"对话框，单击"编辑"按钮，显示"编辑属性"对话框，如图 8-15 所示。用户可以通过该对话框对属性的相应信息做出修改。

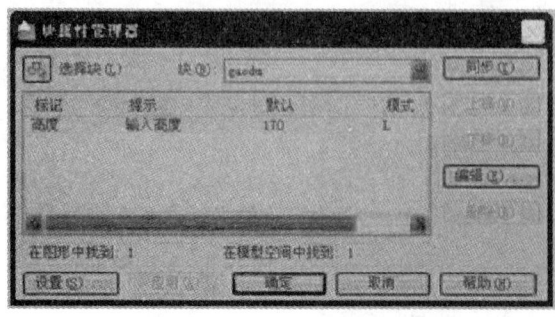

图 8-14 "块属性管理器"对话框

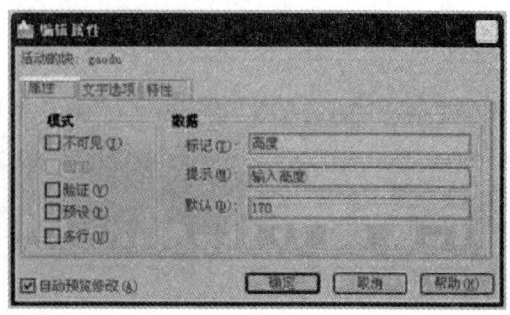

图 8-15 "编辑属性"对话框

8.3.6 设置属性的显示

执行方式

命令行：ATTDISP。

下拉式菜单："视图"→"显示"→"属性显示"。

操作方法

命令行提示与操作如下：

命令：ATTDISP。   //执行属性显示命令。

输入属性的可见性设置［普通(N)/开(ON)/关(OFF)］<开>：   //输入选项。

选项说明

（1）普通：恢复每个属性的可见性设置。只显示可见属性，不显示不可见属性。

（2）开：使所有属性可见，替代原始可见性设置。

（3）关：使所有属性不可见，替代原始可见性设置。

提示：AutoCAD 用变量 ATTMODE 存储属性显示状态模式，ATTMODE 有三种取值：0(OFF)、1(Normal)、2(ON)。

8.3.7 属性提取

用户不但可以控制是否显示属性，还可以将属性提取出来，供其他应用程序使用。在提取时用户可以选择一定的格式存储数据。

执行方式

命令行：ATTEXT。

输入命令后，系统显示如图 8-16 所示的对话框。

选项说明

（1）文件格式：设定存放提取出来的属性数据的文件格式。

① 逗号分隔文件：用逗号来分隔每个记录的字段。字符字段置于单引号中。

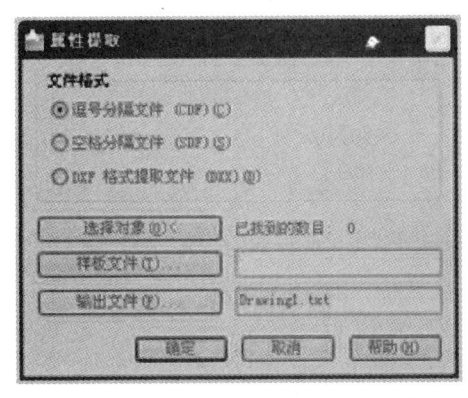

图 8-16 "属性提取"对话框

② 空格分隔文件：表示输出文件以空格分隔格式提取属性。

③ DXF 格式提取文件：表示提取后数据在文本文件中的格式为 DXF 格式。

（2）选择对象：单击该按钮后，AutoCAD 暂时退出对话框，返回作图屏幕，用户选取带属性的块，选取完成后，返回对话框，在对话框中显示出选中图块的个数。

（3）样板文件：单击该按钮，定义用 CDF 和 SDF 格式输出时用到的模板文件。

（4）输出文件：指定要保存提取的属性数据的文件名和位置。

8.4 外部参照

外部参照是指一个图形文件对另一个图形文件的引用，即把已有的其他图形文件链接到当前图形文件中。外部参照与插入"外部块"的区别在于，插入"外部块"是将块的图形数据全部插入到当前图形中；而外部参照只记录参照图形位置等链接信息，并不插入该参照图形的图形数据。

8.4.1 外部参照附着

将图形文件附着为外部参照时，可将该参照图形链接到当前图形。打开或重新加载参照图形时，当前图形中将显示对该文件所做的所有更改。

执行方式

命令行：XATTACH（简化命令 XA）。

下拉式菜单："插入"→"DWG 参照"。

工具栏：单击"参照"工具栏中的"附着外部参照"按钮。

操作方法

（1）在命令行中输入 XATTACH 命令并确定，系统显示"选择参照文件"对话框，如图 8-17 所示；

（2）在"选择参照文件"对话框中选择要附着的图形文件；

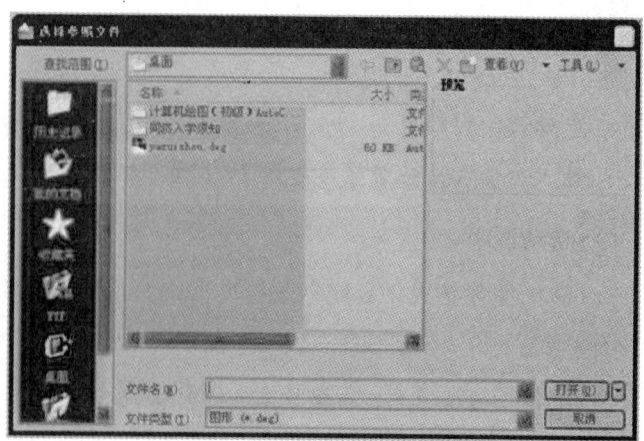

图 8-17 "选择参照文件"对话框

（3）单击"打开"按钮，显示"附着外部参照"对话框，如图8-18所示。

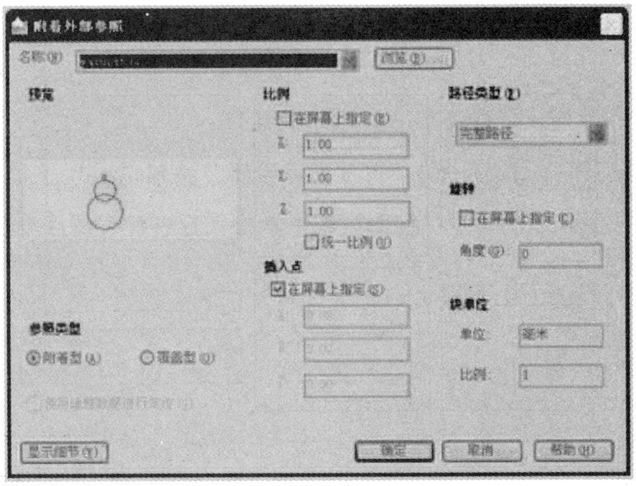

图8-18 "附着外部参照"对话框

选项说明

（1）名称：标识已选定要进行附着的DWG文件。

（2）参照类型：指定外部参照为附着型还是覆盖型。

① 附着型：选择该项，则外部参照是可以嵌套的；

② 覆盖型：选择该项，则外部参照不会嵌套。

（3）比例：用于确定所插入的外部参照的缩放比例。

（4）插入点：用于确定外部参照的插入点。

（5）路径类型：表示指定外部参照的保存路径是完整路径、相对路径还是无路径。

① 完整路径 当使用完整路径附着外部参照时,外部参照的精确位置将保存到宿主图形中;

② 相对路径：当使用相对路径附着外部参照时，将保存外部参照相对应宿主图形的位置;

③ 无路径：当不使用路径附着外部参照时，AutoCAD首先在宿主图形的文件夹中查找外部参照。

（6）旋转：确定插入外部参照的旋转角度值。

（7）块单位：显示有关块单位的信息。

8.4.2 外部参照剪裁

根据指定边界修剪选定外部参照的显示，剪裁不能改变外部参照的对象，只能更改它们的显示方式。

执行方式

命令行：XCLIP。

下拉式菜单："修改"→"剪裁"→"外部参照"。

工具栏：单击"参照"工具栏中的"剪裁外部参照"按钮 。

快捷菜单：选择一个外部参照。在绘图区域中单击鼠标右键，然后单击"剪裁外部参照"。

操作方法

命令行提示与操作如下：

命令：XCLIP。   //执行剪裁命令。

选择对象：   //选择对象。

输入剪裁选项[开(ON)/关(OFF)/剪裁深度(C)/删除(D)/生成多段线(P)/新建边界(N)]<新建边界>：N   //输入选项。

指定剪裁边界或选择反向选项：[选择多段线(S)/多边形(P)/矩形(R)/反向剪裁(I)]<矩形>：R   //输入选项。

指定第一个角点：   //指定第一个角点。

指定对角点：   //指定对角点。

选项说明

（1）开：打开外部参照物剪裁边界，即在宿主图形中不显示外部参照或块的被剪裁部分。

（2）关：关闭外部参照物剪裁边界，在当前图形中显示外部参照或块的全部几何信息，忽略剪裁边界。

（3）剪裁深度：在外部参照物或块上设定前剪裁平面和后剪裁平面，系统将不显示由边界和指定深度所定义的区域外的对象。剪裁深度应用在平行于剪裁边界的方向上，与当前UCS无关。

（4）删除：为选定的外部参照物或块删除剪裁边界。

（5）生成多段线：自动绘制一条与剪裁边界重合的多段线。此多段线采用当前的图层、线型、线宽和颜色设置。

（6）新建边界：定义一个矩形或多边形剪裁边界，或者用多段线生成一个多边形剪裁边界。

8.4.3　外部参照绑定

用户在对包含外部参照物的最终图形进行存档时，可以选择将外部参照图形与最终图形一起存储，或是将外部参照图形绑定至最终图形。

如果将外部参照物绑定至当前图形，则外部参照及其依赖命名对象将成为当前图形的一部分。

执行方式

命令行：XBIND。

下拉式菜单："修改"→"对象"→"外部参照"→"绑定"。

工具栏：单击"参照"工具栏中的"外部参照绑定"按钮。

执行上述命令后，系统显示"外部参照绑定"对话框，如图 8-19 所示。

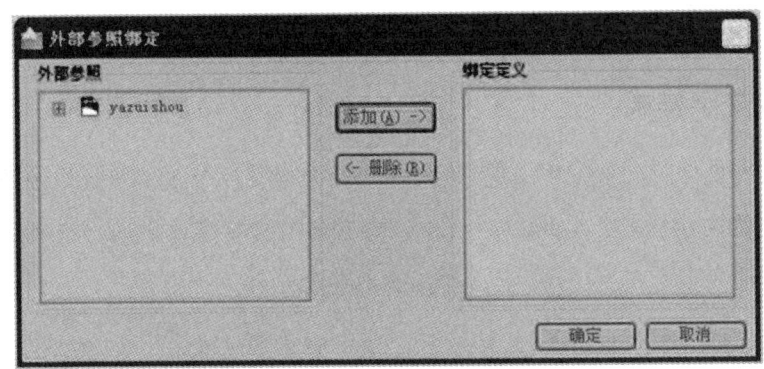

图 8-19 "外部参照绑定"对话框

选项说明

（1）外部参照：列出当前附着在图形中的外部参照。选择一个外部参照（双击）将在附着的外部参照中显示其命名对象的定义。

（2）绑定定义：列出依赖外部参照的命名对象定义以绑定到宿主图形。

（3）添加：将"外部参照"列表中选定的命名对象定义移动到"绑定定义"列表中。

（4）删除：将"绑定定义"列表中选定的依赖外部参照的命名对象定义移回到它的依赖外部参照的定义表中。

第 9 章 文字与表格

9.1 文字

9.1.1 设置文字样式

在图形中书写文字时，首先要确定要采用的文字字体、文字的高度比以及放置方式，这些参数的组合称之为文字样式。AutoCAD 提供了非常多的文字字体供用户选择来定义自己的文字样式。用户可建立多个文字样式，但只能选择其中一个作为当前样式。

执行方式

命令行：STYLE（快捷命令 ST）或 DDSTYLE。

菜单栏："格式"→"文字样式"工具栏：单击"文字"工具栏中的"文字样式"按钮。

执行上述操作后，系统打开"文字样式"对话框，如图 9-1 所示。

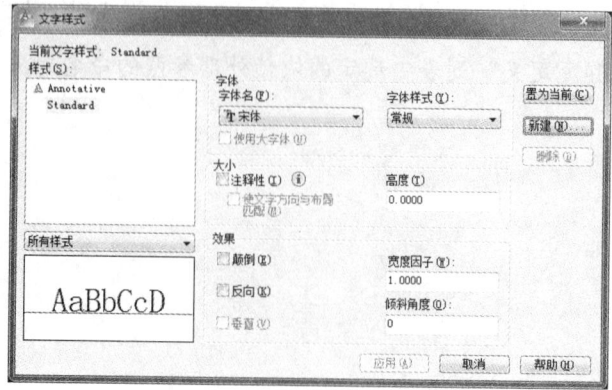

图 9-1 "文字样式"对话框

选项说明

（1）样式：在"样式"对话框中，列出了目前已经定义好的样式名。在这个目录中，包括"重命名"、"删除"和"置为当前"等操作。

（2）新建：创建新的文字样式，单击该按钮，打开"新建文字样式"对话框，如图9-2所示。在文本框中输入新的文字样式名，用户通过它可创建新的文字样式。

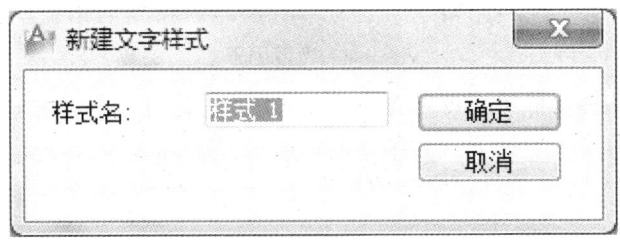

图9-2 "新建文字样式"对话框

（3）删除：删除所选择的文字样式（注意：STANDARD样式和被置为当前样式的文字样式不可删除或更改名称）。

（4）字体选项组：该区域主要用于定义字体文件，可以确定字体样式。字体文件分为两种：普通字体文件、AutoCAD特有的字体文件。一种字体可以设置不同的效果，从而被多种文本样式使用。

（5）大小选项组：用于确定文本样式使用的字体、字体高度以及字体风格。注释性比较复杂，在以前章节中已介绍过，高度选项用于设置标注文字的高度，默认值是0，表示在标注本文时进行设置字体高度。若此值不为0，则在标注文本时不出现"高度"提示符，而以此值为高度进行文本标注，建议用户将此值设置为默认值。

（6）效果选项组。

①"颠倒"：勾选该复选框，表示将文本文字倒置标注，如图9-3（a）所示。

②"反向"：勾选该复选框，确定是否将文本文字以镜像方式标注，如图9-3（b）所示。

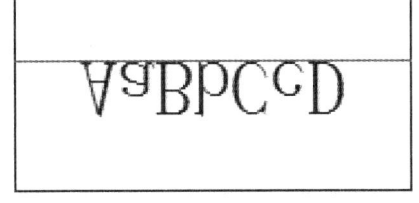

（a）"颠倒标注"　　　　　　　　　　　（b）"反向标注"

图9-3 颠倒、反向标注

③"垂直"：该选项确定文本是垂直标注还是水平标注（注意：True Type型字体不能使

用此功能）。

④"宽度因子"：该功能用来设置文字的宽度系数，确定文本字符的宽高比。当比例系数为1时，表示将用字体文件中定义的宽高比定义文字。当此系数小于1时，字会变窄，反之变宽。其效果如图9-4（a）、图9-4（b）所示。

（a）宽度比例为1　　　　　（b）宽度比例为0.5

图9-4　宽度因子

⑤"倾斜角度"：该功能用来设置文字的倾斜角度，该设置是指文本中单个字符的倾斜角度（注意：它与标注文本时提示："指定文字的旋转角度 <0>："后输入的文本整体旋转角度之间的区别）。

9.1.2　单行文字标注

单行文字标注方法比较简单，只需要执行 TEXT 命令即可。

执行方式

命令行：TEXT。

菜单栏："绘图"→"文字"→"单行文字"。

工具栏：单击"文字"工具栏中的"单行文字"按钮 。

操作方法

命令行提示如下：

命令：TEXT。

指定文字样式：Standard　当前文字高度：0.2000　注释性：否。

指定文字的起点或 [对正（J）/样式（S）]。

选项说明

（1）输入文字时，可以用"BACKSPACE"键删除已输入的文本。

（2）该行输入结束后按回车键，系统继续提示："输入文字："，如果继续输入文本，则换行显示。如果不再输入文本而是按回车键则结束文字的输入。

（3）如果在"指定文字的起点或 [对正（J）/样式（S）]："提示下不是给定起点，而是输入"J"则表示"对正"，这是系统提示：

[对齐（A）/布满（F）/居中（C）/中间（M）/右（R）/左上（TL）/中上（TC）/右上（TR）/左中（ML）/正中（MC）/右中（MR）/左下（BL）/中下（BC）/右下（BR）]：

其中每一项说明如下：

对齐（A）——控制文字的高度和位置，要求给出文字基线的第一个端点和第二个端点，使文字按样式设置的宽度系数均匀分布在亮点中间。此时不需要输入文字的高度和角度，字高取决于字符串的长度。

布满（F）——要求给出文字基线的第一个端点和第二个端点，使文字按样式设定的高度均匀分布在两点之间。字宽取决于字符串的长度。

居中（C）——要求给出文字底线的中心点，无论输入多少行，都与该点对齐。

中间（M）——要求给出一点，文字的高、宽都以此为中心。

右（R）——要求给出文字基线的终点，无论多少行，都与该点对齐。

左上（TL）——文字对齐在第一个字符的文字单元的左上角。

中上（TC）——文字对齐在文字单元串的顶部，文字串向中间对齐。

右上（TR）——文字对齐在文字串最后一个文字单元的右上角。

左中（ML）——文字对齐在第一个大写文字单元的垂直中点和上个字符的水平右边。

正中（MC）——文字对齐在一个大写文字单元的垂直中点和文字串的水平中点。

右中（MR）——文字对齐在一个大写文字单元的垂直中点和上个字符的水平右面。

左下（BL）——文字对齐在第一个字符的文字单元左底部。

中下（BC）——文字对齐在一个文字串的文字单元底部，串本身被水平地从中间划分。

右下（BR）——文字对齐在一个串的最后文字单元的右角底部。

注意：用户发出 TEXT 命令后，所有菜单都停用。因此，若用户此时想执行某些透明命令（如缩放），则必须用键盘完成该命令。

9.1.3　多行文字标注

MTEXT 命令在多行文本编辑器中建立段落文字，如施工说明等。此编辑器类似于 Windows 的字处理程序，可以方便地输入文字，可以使用不同的字体和字体样式，并支持 True Type 字体、扩展的字体格式、特殊字符序列以及加、减、幂和大量的其他字符，能识别和替换大小写及全局匹配。用户拖动一个矩形框来显示 MTEXT 命令设置的携带点和方向以及行宽。在输入文字比较多的情况下，用 MTEXT 非常方便。

执行方式

命令行：MTEXT（快捷命令：T 或 MT）。

菜单栏："绘图"→"文字"→"多行文字"。

工具栏：单击"文字"工具栏中的"多行文字"按钮或单击"绘图"工具栏中的"多行文字"按钮 。

操作方法

命令行提示如下：

命令：MTEXT。

指定文字样式："Standard" 当前文字高度：2.4000 注释性：否。

指定第一角点：指定矩形的第一个角点。

指定对角点或[高度（H）/对正（J）/行距（L）/旋转（R）/样式（S）/宽度（W）/栏（C）]。

选项说明

（1）指定对角点：在绘图区选择两个点作为矩形框的两个角点，AutoCAD 以这两个点为对角点构成一个矩形区域，其宽度作为将来要标注的多行文本的宽度，第一个点作为第一行文本顶线的起点。

（2）对正（J）：用于确定所标注文本的对齐方式。当选择此选项时，命令行提示如下：

输入对正方式[左上（TL）/中上（TC）/右上（TR）/左中（ML）/正中（MC）/右中（MR）/左下（BL）/中下（BC）/右下（BR）]<左上（TL）>：

（3）行距（L）：该选项用于确定多行文本的行间距。其命令提示如下：

输入行距类型[至少（A）/精确（E）]<至少（A）>：

（4）样式（S）：该选项用来确定当前的文本文字样式。

（5）旋转（R）：该选项用来确定文本行的倾斜角度。若选择此选项，则命令行提示如下：

指定旋转角度<0>：

输入角度后按<Enter>键，系统将返回。

（6）宽度（W）：该选项用于确定多行文本的宽度。可以输入一个数值，精确设置多行文本的宽度，也可以在绘图区选择一点，与前面确定的第一个角点组成一个矩形框的宽作为多行文本的宽度。

（7）选项菜单：在系统"文字格式"对话框中单击"选项按钮"，即打开"选项"菜单。

其中各选项与 Windows 相关选项类似。比较特殊的选项包括：符号、输入文字、字符集、删除格式、背景遮罩等。

（8）文字格式选项：该选项用来控制文本文字的显示特性。可以改变已输入的文本文字特性，也可以在输入文本文字前设置文本的特性。其中的部分选项功能包括：文字高度、加粗、斜体、下划线、堆叠、倾斜角度、符号、插入字段、追踪和宽度因子等。

9.1.4 文本编辑

对已标注的文本进行编辑，AutoCAD 提供的方式非常方便。就是直接回到原来的文字输入状态进行修改。

执行方式

命令行：DDEDIT（快捷命令：ED）。

菜单栏："修改"→"对象"→"文字"→"编辑"。

工具栏：单击"文字"工具栏中的"编辑"按钮 。

操作方法

命令行提示如下：

命令：DDEDIT。

选择注释对象或 [放弃（U）]：

选项说明

（1）选择要修改的文本，同时光标变成拾取框。用拾取框选择要修改的文本，若此时选择的文本是用 TEXT 命令创建的多行文本，则深显这个文本，可以对之进行修改。若此时选择的文本是用 MTEXT 命令创建的多行文本，选择对象后可打开多行编辑器，如图 9-5 所示。此时，用户可通过前面的介绍对各项设置或对内容进行修改。

（2）特性：用户可对文本的特性进行修改。选择特性修改时，其特性对话框如图 9-6 所示。

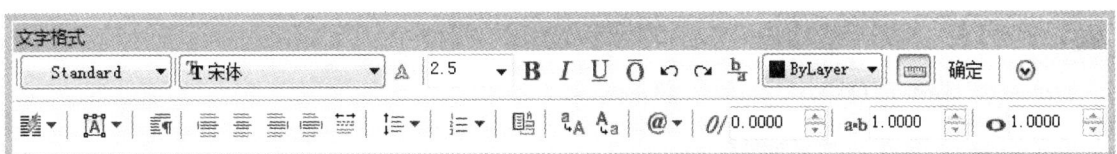

图 9-5 多行文本编辑器

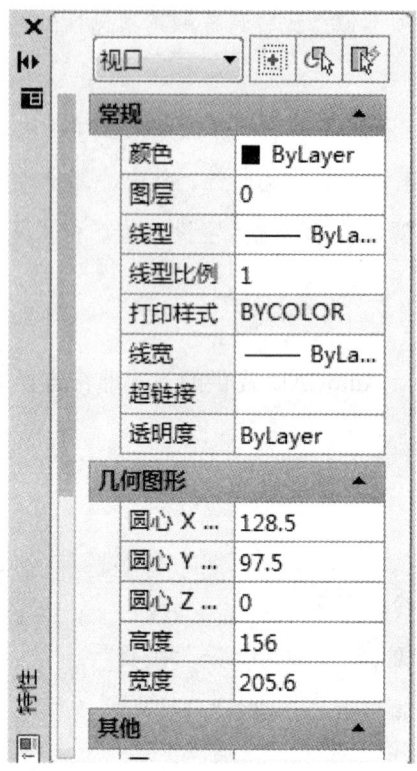

图 9-6 文本"特性"修改对话框

9.2 表格

9.2.1 定义表格样式

和文字样式相同,所有的 AutoCAD 图形中的表格均有与之对应的表格样式,在插入表格样式时,系统使用当前设置的表格样式。表格样式是用来控制表格基本形状和相关间距的一组设置,默认的表格样式为"Standard"。

执行方式

命令行:TABLESTYLE。

菜单栏:"格式"→"表格样式"。

工具栏:单击"样式"工具栏中的"表格样式"按钮 Standard。

执行上述操作后,系统打开"文字样式"对话框,如图 9-7 所示。

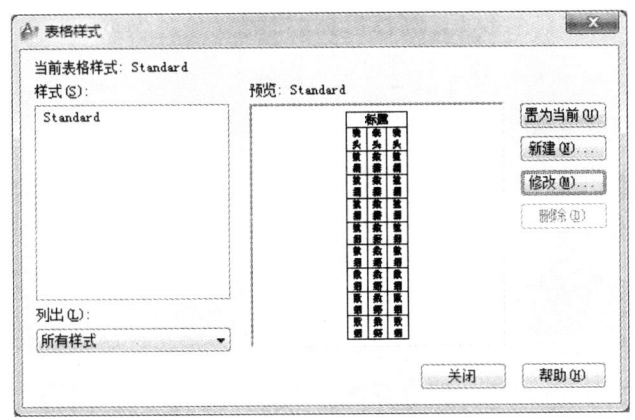

图 9-7 "表格样式"对话框

选项说明

（1）新建：选择此选项按钮，AutoCAD 打开"创建新的表格样式"对话框，如图 9-8 所示，在用户输入表格样式名后，单击"继续"按钮，AutoCAD 打开"新建表格样式"对话框，如图 9-9 所示。

在"新建表格样式"对话框中的"单元样式"下拉列表框中有 3 个选项："数据"、"表头"

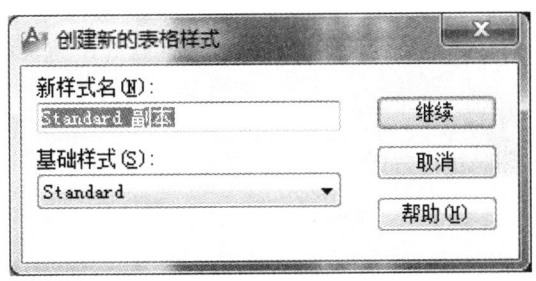

图 9-8 "创建新的表格样式"对话框

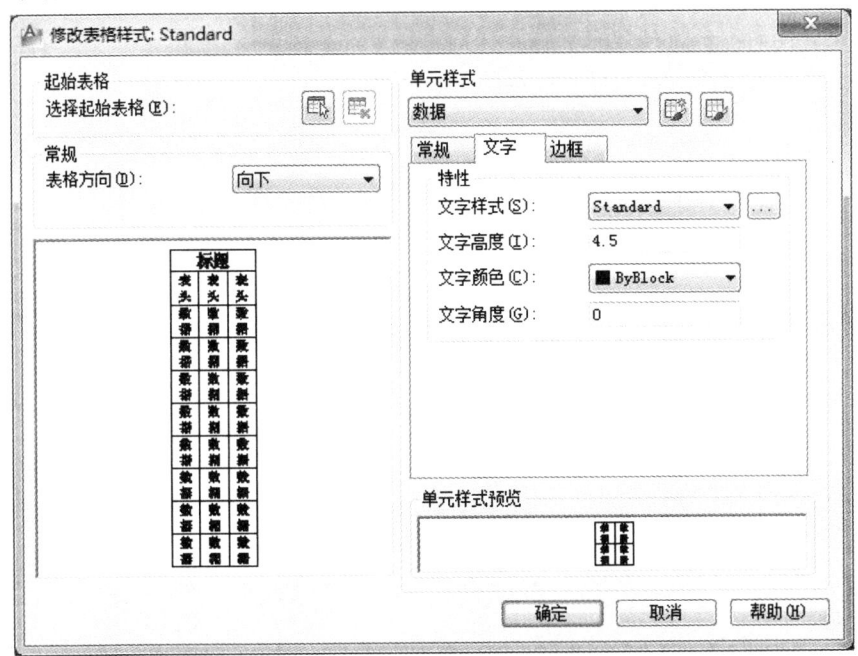

图 9-9 "新建表格样式"对话框

和"标题",其分别控制表格中数据、列标题和总标题的相关参数。其下有 3 个重要的选项卡。

① "常规":该选项用来控制标题栏与数据栏的上下位置关系。

② "文字":该选项用来设置文字属性。

③ "边框":该选项用来设置表格边框属性下面的边框线按钮,可控制数据边框线的各种形式,如绘制所有数据边框线、只绘制数据边框内部边框线、只绘制数据边框外部边框线、无边框线、只绘制底部边框线等。选项卡中的"间距"文本框用于控制单元边界和内容之间的间距,选项卡中的"线框"、"线型"、"颜色"下拉列表框分别控制边框线的线宽、线型、颜色。

(2)修改:该选项用来对当前的表格样式进行修改,方式与新建表格样式相同。对话框如图 9-10 所示。

9.2.2 创建表格

在用户设置完当前的表格样式时,就可以创建表格。

执行方式

命令行:TABLE。

菜单栏:"绘图"→"表格"。

工具栏:单击"绘图"工具栏中的"表格"按钮 。

执行上述操作后,系统打开"插入表格"对话框,如图 9-11 所示。

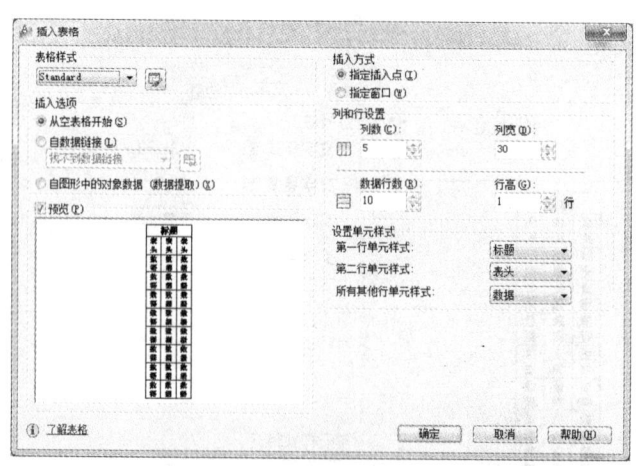

图 9-11 "插入表格"对话框

 选项说明

(1)表格样式:该选项用于选择表格样式,也可以单击右侧的按钮新建或修改表格样式。

(2)插入方式选项组。

① 指定插入点：该按钮指定表格左上角的位置，可以使用命令行输入坐标值，也可以使用定点设备。如果在"表格样式"对话框中将表格的方向设置为由下而上读取，则插入点位于表格的左下角。

② 指定窗口：该按钮指定表格的大小和位置，可以使用命令行输入坐标值，也可以使用定点设备。选择该按钮，列数、列宽、数据行数和行高取决于窗口的大小以及列和行的设置情况。

③ 列和行设置选项组：该选项组用于指定列和行的数目以及列宽与行高。

注意：在"插入表格"选项组中点选"指定窗口"单选按钮后，列与行设置的两个参数中只能指定一个，另外一个由指定窗户的大小自动等分来确定。

在"插入表格"对话框中，用户进行相应设置后，AutoCAD系统在指定的插入点或窗口自动插入一个新的表格，并打开多行文字编辑器，用户可以逐行逐列输入相应的文字或数据。

注意：在插入后的表格中选择某一个单元格，单击后出现钳夹点，通过移动钳夹点可以改变单元格的大小。

9.2.3 表格文字编辑

表格文字编辑即对选择的表格单元的文字进行编辑。

执行方式

命令行：TABLEDIT。

菜单栏：选择表和一个单元格后右击，选择快捷菜单中的"编辑文字"命令。

执行上述操作后，系统打开"拾取表格单元"的提示，选择要编辑的表格单元，AutoCAD打开如图9-5的多行文字编辑器，用户可以对选择的表格单元的文字进行编辑。

9.2.4 操作实例——绘制明细表

绘制一个明细表表格。

操作步骤

① 新建表格样式。

（a）选择"格式"→"表格样式"（或命令Tablestyle），打开"表格样式"对话框。如图9-7所示。

（b）单击"新建"按钮，打开"创建新的表格样式"对话框，输入新样式名

MyTablestyle，如图 9-12 所示。

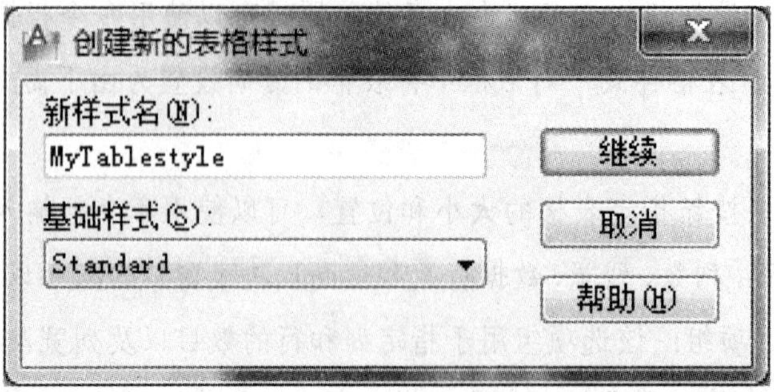

图 9-12 "创建新的表格样式 MyTablestyle" 对话框

（c）单击"继续"，打开"新建表格样式"对话框。在"单元样式"选项区域下拉列表框中选择"数据"选项。

（d）选择"常规"选项卡，在"特性"选项区域"对齐"下拉列表框中选择"正中"选项。

（e）选择"文字"选项卡，修改文字样式。单击"文字样式"后面的按钮，打开"文字样式"对话框，修改字体为"gbeitc.shx"，单击"应用"、"关闭"按钮，返回"新建表格样式"对话框。如图 9-13 所示。

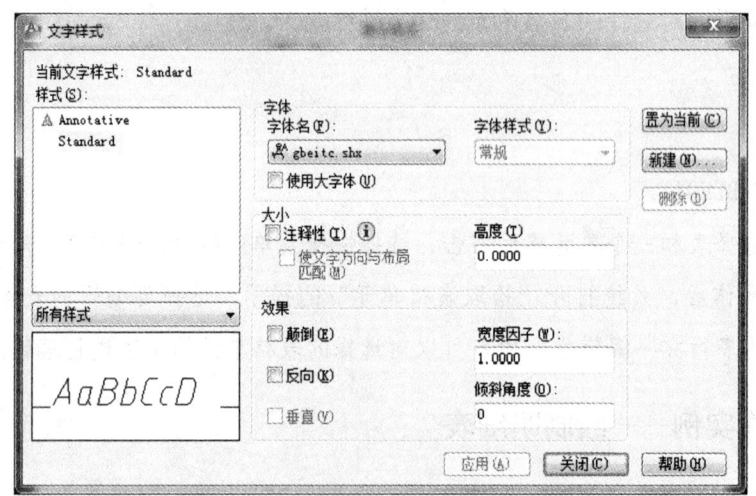

图 9-13 新建"文字样式"对话框

（f）修改文字高度为 7。最终表格样式如图 9-14 所示。

（g）单击"确定"按钮，关闭对话框。

② 创建表格。

（a）选择"绘图"→"表格"（或在面板选项板单击"表格"按钮），打开"插入表格"对话框。

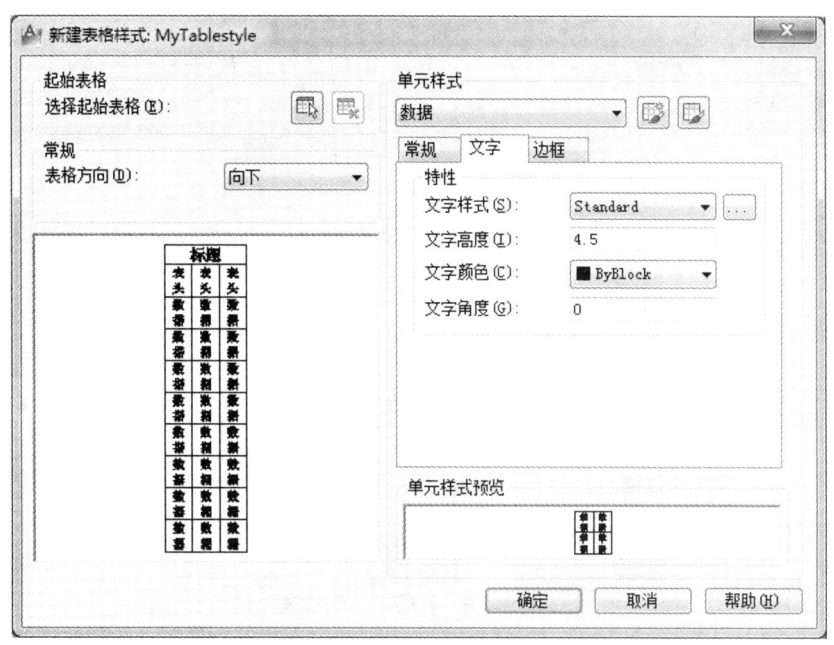

图 9-14 "表格样式" MyTablestyle 对话框

(b) 在"表格样式"选项区域中选择已设定好的样式——MyTablestyle。

(c) 在"插入选项"选择"从空表格开始","插入方式"选择"指定插入点",在"列和行设置"选项区域中分别设置"列"和"数据行"文本框中的数值为 5 和 10。具体设置如图 9-15 所示。

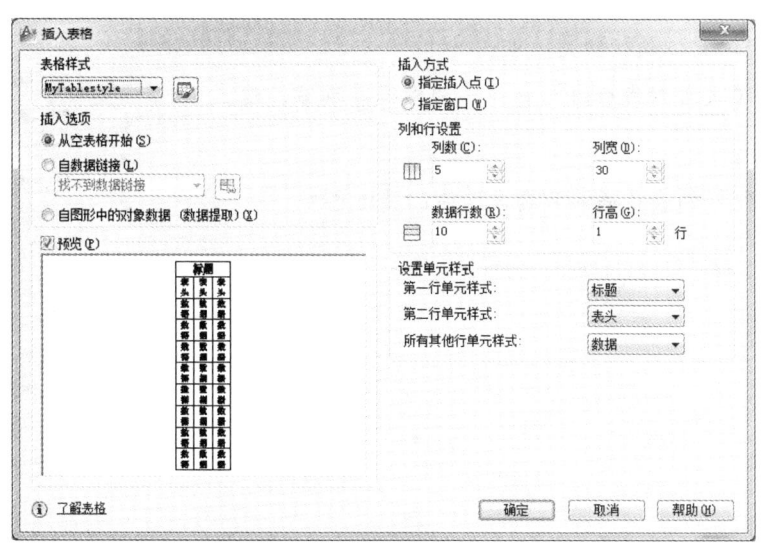

图 9-15 "插入表格"对话框设置

(d) 单击"确定"按钮,移动鼠标在绘图窗口中单击绘制一个表格,此时表格最上面一行处于文字编辑状态。如图 9-16 所示。

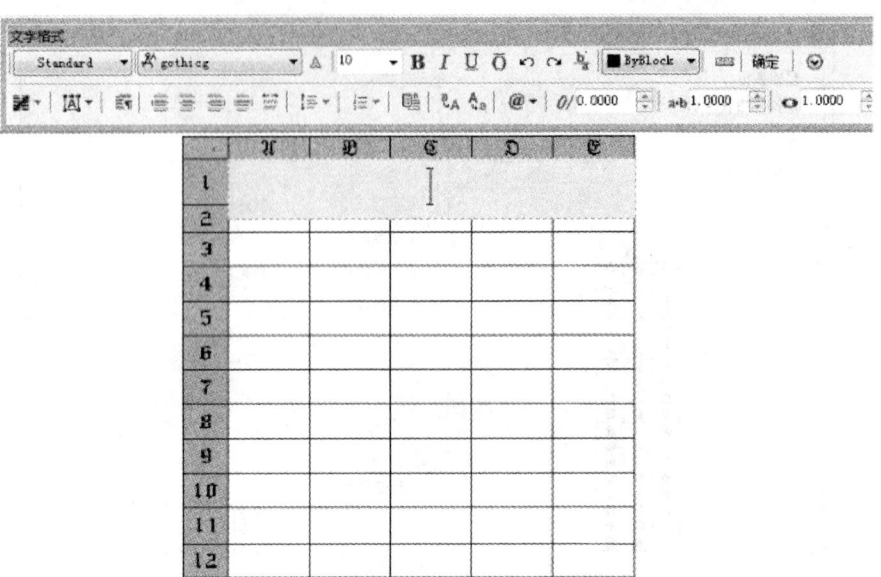

图 9-16 表格——明细表

（e）在单元格中输入文字"明细表"。

（f）选中一行/列，单击鼠标右键，选择"特性"，在弹出的对话框中改变行高和列宽，如图 9-17 所示。

（g）根据要求可对表格进行合并、调整行高列宽、输入文字内容等操作。

（h）将绘制好的表格插入到要求绘制的装配图中。

图 9-17 改变表格特性对话框

第 10 章 尺寸标注

10.1 尺寸标注概述

尺寸标注是零件制造、工程施工和零部件装配时的重要依据。在任何时候，一幅工程图中的尺寸标注是必不可少的重要部分。在某些情况下，尺寸标注甚至比图形更重要。尺寸标注描述工程图中对象各部分的实际大小和相对的准确位置。

AutoCAD 的尺寸标注采用半自动方式，系统按图形的测量值和标注样式进行标注。

尺寸标注的样式是一组尺寸参数设置的有名集合，它用于控制尺寸标注的外观形式，如基线尺寸线间的距离、箭头大小、尺寸文本的放置方式及大小等各类参数。这些参数可以在对话框中十分直观地进行修改。

在 AutoCAD 的图形文件中，每个尺寸实体都被作为一个块。如果用户用 BLOCK 命令来命令列表图形中的块，就会发现当前图形中有一个无名块，该无名块即为尺寸实体。这是因为虽然尺寸被作为块，却未对它们命名的缘故。用户可以用 EXPLODE 命令对某一个尺寸进行标注。尺寸标注块被打开以后，用户就可以对其中的各个实体分别进行操作。

一般来讲，用户在对所建立的每个图形进行标注之前，均应经过如下几个基本过程：

（1）为尺寸标注创建一个独立的层，是指与图形的其他信息分开，便于进行各种操作。例如，对图形进行修改时，可以把尺寸标注层关闭或者冻结起来。

（2）为尺寸文本建立专门的文本字样和大小，以便区别于说明文字的字体和大小。

（3）将尺寸单位设置为用户希望的计量单位，并将精度取到所希望的最小单位，各种不同类型的图形需要有各种不同的计量单位和长度单位。

（4）利用尺寸方式对话框，将整体比例因子设置为绘制图式的比例因子。

（5）充分利用目标捕捉方式，以便快捷拾取寻找点，目标捕捉方式可以快捷准确地定位到用户所需要进行标注的点上，不会发生偏差。

10.2 尺寸标注的构成及类型

在 AutoCAD 中，尺寸标注的要素与我国工程图绘制标准类似，是由尺寸线、尺寸界线、尺寸文本以及箭头灯构成。通常他们以特殊的块形式出现，系统将他们作为一个整体来处理。其分别介绍如下：

1）尺寸线

尺寸线是两端带有箭头的直线段或弧线段，尺寸文本可置于尺寸线的上方或者尺寸线的断开处，它表示两个实体间的距离和角度。

2）尺寸界线

为了标注清晰起见，尺寸界线将尺寸线引出本标注的实体之外，它是垂直于尺寸线的线段，有时用物体的轮廓线或中心线代替尺寸界线。

3）尺寸文本

尺寸文本包括公称尺寸、公差标注（可分为上偏差、下偏差），还可以将极限偏差作为尺寸文本，在尺寸文本中加入前缀或者后缀，公称尺寸值通常由系统测量而得到。

4）箭头

箭头就是尺寸线的终端，系统提供了斜线、箭头、远点等尺寸线终端样式，用户也可以自定义样式。

5）形位公差标注

由公差符号、公差值、基准等构成，一般应与旁引线同时使用。

6）旁引线

从被标注实体开始绘制的直线，在其终止端可标注注释文字或者形位公差。

AutoCAD 提供了六种尺寸标注类型，它包括线型尺寸标注、角度尺寸标注、半径尺寸标注、直径尺寸标注、圆心符号以及坐标尺寸标注。其中线性尺寸标注又包括：水平尺寸标注、垂直尺寸标注、指定角度标注、对齐尺寸标注、基线尺寸标注和连续尺寸标注。坐标尺寸标注主要用于标注指定点的 x 或 y 坐标，该坐标的尺寸值沿着旁引线放置。

10.3 设置尺寸标注样式

在进行尺寸标注时，尺寸标注样式控制尺寸线、尺寸文本、尺寸界线、箭头的外观和方式。

它是一组标注变量的集合，可以用对话框地方式直观地设置这些变量，也可以在命令行中设置变量的值。

执行方式

命令行：DIMSTYLE（快捷命令：D）。

菜单栏："格式"→"标注样式"或者"标注"→"标注样式"。

工具栏：单击"标注"工具栏中的"标注样式"按钮 ISO-25。

执行上述操作，AutoCAD打开"标注样式管理器"对话框，如图10-1所示。利用此对话框用户可方便直观地定制和浏览尺寸标注样式。

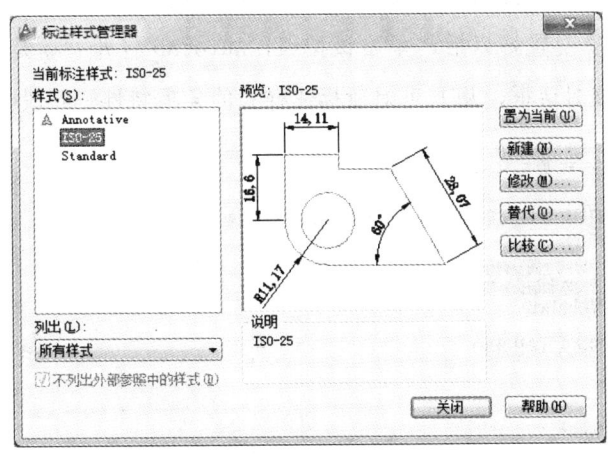

图10-1 "标注样式管理器"对话框

选项说明

（1）置为当前：该按钮是把"样式"列表框中选择的样式设置为当前的标注样式。

（2）新建：选择该按钮可创建新的尺寸标注样式。单击此按钮，AutoCAD打开"创建新标注样式"对话框，如图10-2所示，利用此对话框用户可创建一个新的尺寸标注样式。

其中各项的功能有如下说明。

① "新建样名"文本框：该文本框可为新的尺寸标注样式命名。

② "基础样式"下拉列表框：该下拉列表框选择创建新样式所基于的标注样式。单击"基础样式"下拉列表框，AutoCAD打开当前已有的样式列表，从中选择一个作为定义新样式的基础，新的样式是在所选样式的基础上修改一些特性得到的。

③ "用于"下拉列表框：该下拉列表框指定新样式的尺寸类型。单击此下拉列表框，打开

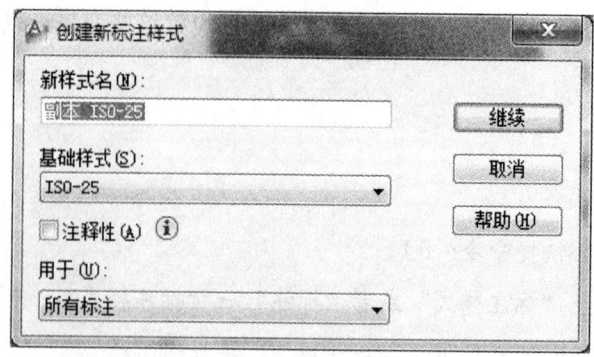

图 10-2 "创建新标注样式"对话框

尺寸类型列表,如果新建样式只应用于特定的尺寸标注(如只在标注直径时使用此样式),则选择相应的尺寸类型;如果新建样式应用于所有尺寸,则选择"所有标注"选项。

④ 继续:在各选项设置好以后,单击该按钮,AutoCAD 打开"新建标注样式"对话框,如图 10-3 所示。利用该对话框,用户可对新标注样式的各项特性进行设置。

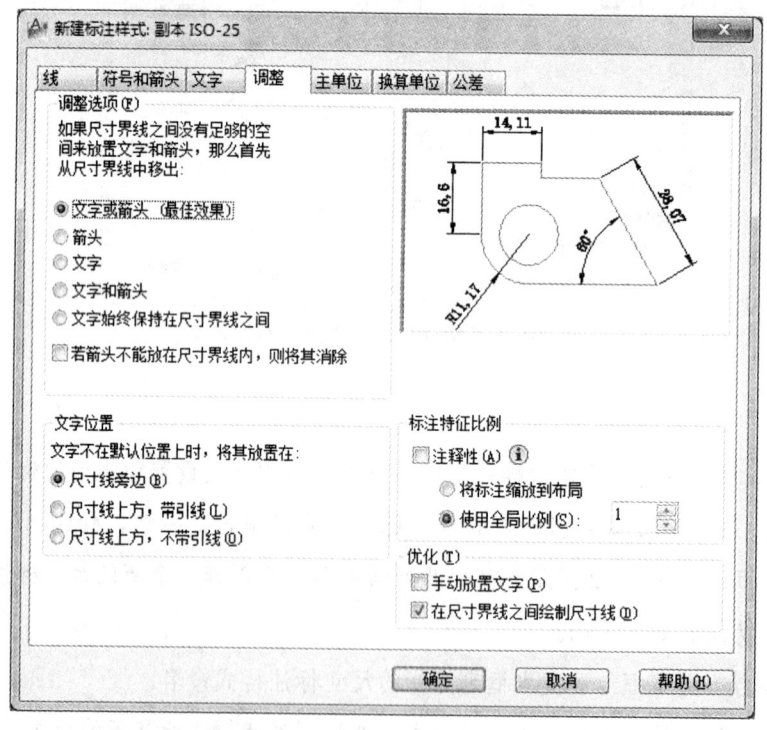

图 10-3 "新建标注样式"对话框

(3)修改:该按钮修改一个已存在的尺寸标注样式。单击该按钮,AutoCAD 打开"修改标注样式"对话框,该对话框的各选项与"新建标注样式"对话框中完全相同,可以对已有标注样式进行修改。

(4)替代：该按钮设置临时覆盖尺寸标注样式。单击该按钮，AutoCAD 将打开"替代当前样式"对话框，该对话框中各选项与"新建标注样式"对话框完全相同，用户可以改变选项的设置，以覆盖原来的设置，但是，这种修改只对指定的尺寸标注起作用，而不影响当前其他尺寸变量的设置。

(5)比较：该按钮可比较两个尺寸标注样式在参数上的区别，或浏览一个尺寸标注样式的参数设置。单击此按钮，AutoCAD 打开"比较标注样式"对话框，如图 10-4 所示，用户可以把比较结果复制到剪贴板上，然后在其他应用软件上使用。

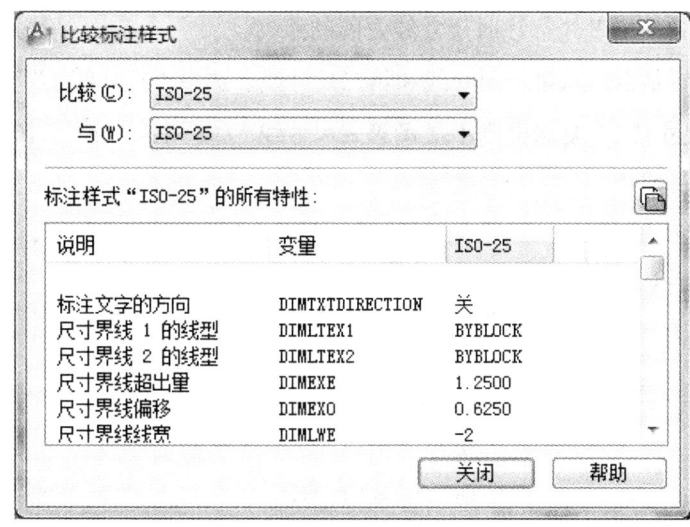

图 10-4 "比较标注样式"对话框

下面介绍如何设置新尺寸样式。

1)单击如图 10-1 所示的"标注样式管理器"对话框中的"新建"按钮，出现如图 10-2 所示的"创建新标注样式"对话框，用户可以在"新样式名"中输入合适的名称，而在"基础样式"列表中可以选择新样式继承参数的老样式，"用于"列表框则确定新样式的使用范围。其中有 7 个选项：所有标注、线型标注、角度标注、半径标注、直径标注、坐标标注、引线和公差。

2)单击"创建新标注样式"对话框中的"继续"按钮，AutoCAD 打开如图 10-3 所示的"新建标注样式"对话框，该对话框共有 6 个选项卡，分别用于设置尺寸标注样式的 7 个方面：线、符号和箭头、文字、调整、主单位、转速按单位、公差。下面一一介绍：

(1)直线：设置与尺寸线有关的样式属性。

① "尺寸线"框。

(a)颜色：该列表框用于显示和确定尺寸线的颜色。缺省颜色为"随块"，单击下拉列表，表中列出了各种颜色和两个逻辑颜色供用户选择，若要选取其他颜色，则单击"其他"，可打开颜色选项板。

（b）线型：该列表框用于设置尺寸线的颜色。缺省线型为"随块"，单击下拉列表，表中列出了各种线型和两个逻辑线型供用户选择。

（c）线宽：该列表框显示和确定尺寸线的线宽，缺省线宽为"随块"，单击下拉列表，表中列出了各种线宽和两个逻辑线宽供用户选择。

（d）超出标记：定义尺寸线超出尺寸界线的距离。

（e）基线间距：定义基线标注时尺寸线之间的距离。

（f）隐藏：设置是否显示第一尺寸线和第二尺寸线，选中"尺寸线1"复选框则不显示第一尺寸线，选中"尺寸线2"复选框则不显示第二尺寸线。如图10-5（a）、10-5（b）、10-5（c）所示。

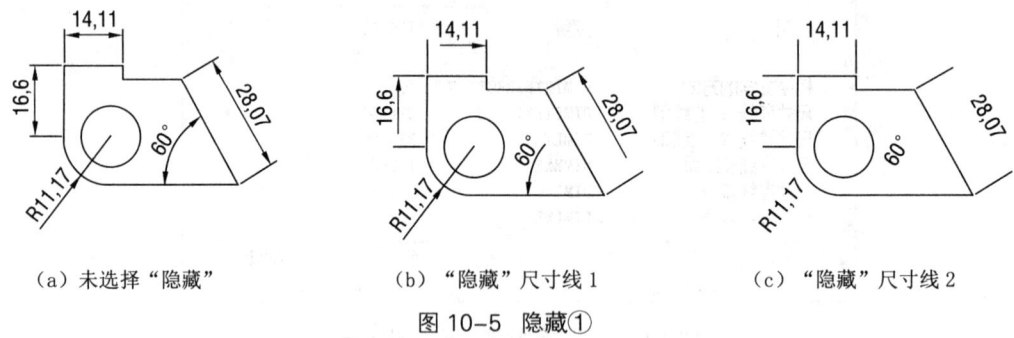

（a）未选择"隐藏"　　　　（b）"隐藏"尺寸线1　　　　（c）"隐藏"尺寸线2

图 10-5　隐藏①

②"尺寸界线"框。

（a）颜色：用于设置尺寸延伸线的颜色。

（b）延伸线1的线型：用于设置第一条延伸线的线型。

（c）延伸线2的线型：用于设置第二条延伸线的线型。

（d）线宽：用于设置尺寸延伸线的线宽。

（e）超出尺寸线：用于确定尺寸延伸线超出尺寸线的距离。

（f）起点偏移量：用于确定尺寸延伸线的实际起点相对于指定尺寸延伸线起始点的偏移量。

（g）隐藏：确定是否隐藏尺寸延伸线。勾选"延伸线1"表示隐藏第一段尺寸延伸线，如图10-6（a）；勾选"延伸线2"表示隐藏第二段尺寸延伸线如图10-6（b）。未勾选如图10-5（a）。

（h）固定长度的延伸线：勾选该复选框，AutoCAD以固定长度的尺寸延伸线标注尺寸，

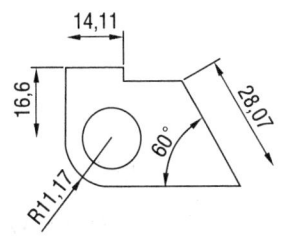
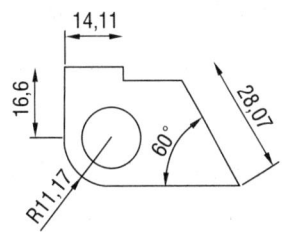

(a) 隐藏"延伸线1"　　　　　　　　(b) 隐藏"延伸线2"

图 10-6　隐藏②

可以在其下面的"长度"文本框中输入长度值。

(2) 符号和箭头：设置箭头、圆心标注、弧长符号和半径标注折弯的形式和特性。

① "箭头"框。

(a) 第一个：用于设置第一个尺寸箭头的形式。单击此下拉列表框，AutoCAD 打开各种箭头形式，其中列出了各种箭头的形状。一旦选择了第一个箭头的类型，第二个箭头则自动与其匹配，要想第二个箭头取不同的形状，可在"第二个"下拉列表框中设定。

(b) 第二个：用于设定第二个尺寸箭头的形式，可与第一个箭头形式不同。

(c) 引线：确定引线箭头的形式，与"第一个"设置类似。

(d) 箭头大小：用于设置尺寸箭头的大小。

② "圆心标注"框。

(a) 无：点选该单选钮，既不产生中心标记，也不产生中心线。

(b) 标记：点选该单选钮，中心标记为一个点记号。

(c) 直线：点选该单选钮，中心标记采用中心线的形式。

(d) 大小：用于设置中心标记和中心线的大小和粗细。

③ "折断标注"框：用于控制折断标注的间距宽度。

④ "弧长符号"框。

(a) 标注文字的前缀：点选该按钮，将弧长符号放在标注文字的左侧。

(b) 标注文字的上方：点选该按钮，将弧长符号放在标注文字的上方。

(c) 无：点选该按钮，不显示弧长符号。

⑤ "半径折弯标注"框：用于控制折弯（Z 字形）半径标注的显示。折弯半径标注通常在中心点位于页面外部时创建，在"折弯角度"文本框中可以输入连接半径标注的尺寸延伸线和尺寸线的横向直线角度。

⑥ "线型折弯标注"框：用于控制折弯线型标注的显示。当标注不能精确表示实际尺寸时，

常将折弯线添加到线型标注中，通常，实际尺寸比所需值小。

(3) 文字：设置尺寸文本的格式和位置。

① "文字外观"框。

(a) 文字样式：该选项用于选择当前尺寸文本采用的文字样式。单击此下拉列表框，可以从中选择一种文字样式，也可以单击右侧的按钮，打开"文字样式"对话框以创建新的文字样式或对文字样式进行修改。

(b) 文字颜色：用于设置尺寸文本的颜色，其操作方法与设置尺寸线颜色的方法相同。

(c) 填充颜色：用于设置标注中文背景的颜色，如果选择"选择颜色"选项，AutoCAD打开"选择颜色"对话框，可以从255种AutoCAD索引（ACI）颜色、真彩色和配色系统颜色中选择颜色。

(d) 文字高度：用于设置尺寸文本的字高。

(e) 分数高度比例：用于确定尺寸文本的比例系数。

(f) 绘制文字边框：勾选此复选框，AutoCAD在尺寸文本的周围加上边框。

② "文字位置"框。

(a) 垂直：用来确定尺寸文本相对于尺寸线在垂直方向的对齐方式。单击此下拉列表框，可从中选择的对齐方式有五种：居中、上、外部、下、JIS，如图10-7所示。

(b) 水平：用于确定尺寸文本相对于尺寸线和尺寸延伸线在水平方向的对齐方式，单击此下拉列表框，可以从中选择的对齐方式有五种：居中、第一条延伸线、第二条延伸线、第一

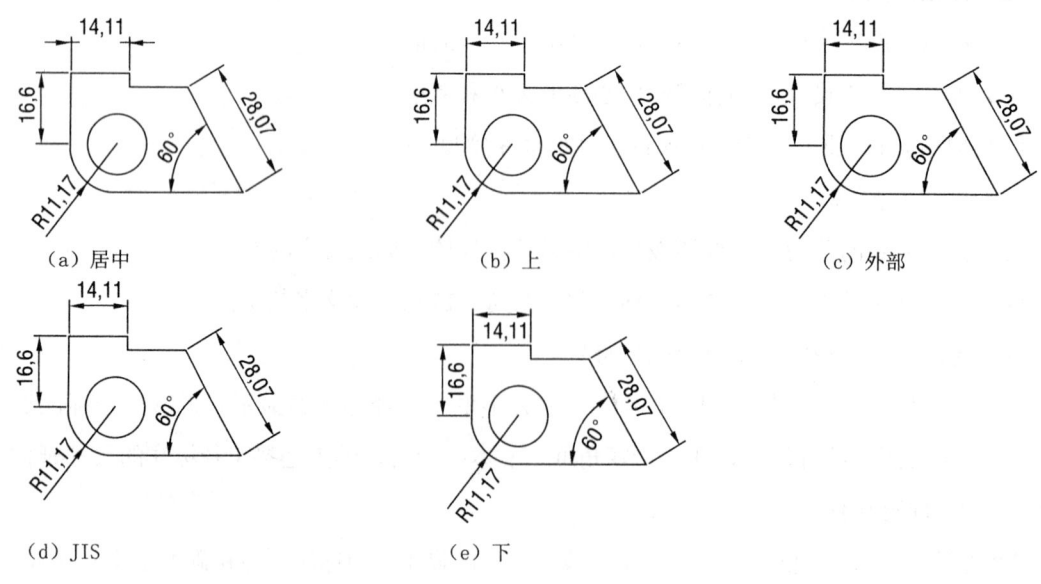

图 10-7 垂直对齐方式

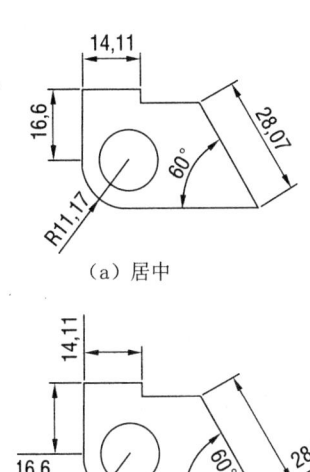
(a) 居中

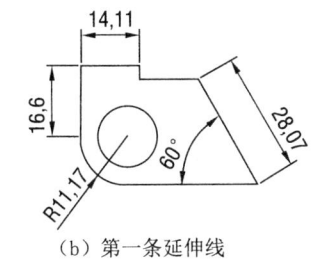
(b) 第一条延伸线

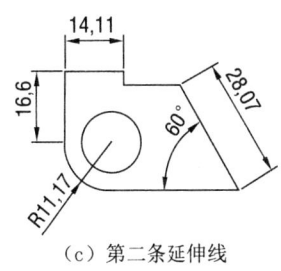
(c) 第二条延伸线

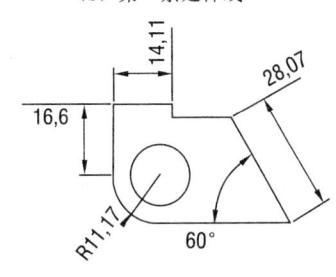
(d) 第一条延伸线上方　　　　(e) 第一条延伸线下方

图 10-8　水平对齐方式

条延伸线上方和第二条延伸线上方，如图 10-8 所示。

（c）观察方向：用于控制标注文字的观察方向。"观察方向"包括两个选项，"从左到右"即是按从左到右阅读的方式放置文字；"从右到左"即是按从右到左阅读的方式放置文字。

（d）从尺寸线偏移：当尺寸文本放在断开的尺寸线中间时，此微调框用来设置尺寸文本与尺寸线之间的距离。

③ "文字对齐"框。

（a）水平：选择此选项，尺寸文本沿水平方向放置。不论标注什么方向的尺寸，尺寸文本总是保持水平。

（b）与尺寸线对齐：选择此选项，尺寸文本沿尺寸线方向放置。

（c）ISO 标准：选择此选项，当尺寸文本在尺寸延伸线之间时，沿尺寸线方向放置，在尺寸延伸线之外时，沿水平方向放置。

（4）调整：设置当尺寸界线距离较近时，尺寸文本和箭头的位置。

① "调整选项"框。

（a）文字和箭头（最佳效果）：选中该单选框，当尺寸界线内不能容纳尺寸文本和箭头时，AutoCAD 尽量将其中一个放在尺寸界限内。

（b）箭头：选中该单选框，优先考虑箭头放在尺寸界线内。

（c）文字：选中该单选框，优先考虑尺寸文本放在尺寸界线内。

（d）文字和箭头：选中该单选框，当尺寸界线内不能容纳尺寸文本和箭头时，箭头和尺寸文本都放在尺寸界线之外。

（e）文字始终保持在尺寸界线之内：尺寸文本一直放在尺寸界线内。

（f）若不能放在尺寸界线内，则消除箭头：选中该复选框，AutoCAD 在尺寸界线的空间不够时不绘制箭头。

② "文字位置"框。

（a）尺寸线旁边：选中该单选框，尺寸文本标注在尺寸界线之外时标注在尺寸线旁边。

（b）尺寸线上方，加引线：选中该单选框，尺寸文本标注在尺寸界线之外时标注在尺寸线之上，并带有一引线。

（c）尺寸线上方，不加引线：选中该单选框，尺寸文本标注在尺寸界线之外时标注在尺寸线之上，但不带引线。

③ "标注特征比例"框。

（a）使用全局比例：选中该单选框，文本框中显示的比例为全局比例系数，即对整个尺寸标注都适用（为了保证输出的图形与尺寸大小相配，用户可以将全局比例系数设置为图形输出比例的倒数）。

（b）按布局（图纸空间）缩放标注：选中该单选框，文本框中显示的比例系数为当前模型空间和图纸空间的比例，该比例只在图纸空间中起作用。

④ "调整"框。

（a）手动放置文字：选中该选项，在标注尺寸时手工确定文本的放置位置。

（b）在尺寸界线之间绘制尺寸线：选中该选项，在标注尺寸时一直在尺寸界线上绘制尺寸线。

（5）主单位：设置线型尺寸的格式精度。

① "线型标注"框。

（a）单位格式：设置尺寸单位的格式，其中有 5 个选项：科学、小数、工程、建筑、分数。

（b）精度：设置尺寸单位的精度，用户可以根据自己的需要再次选择小数点位数。

（c）分数格式：设置分数的格式，方法同上。

（d）小数分隔符：设置小数分隔符，方法同上。

（e）舍入：设置舍入精度。

（f）前缀和后缀：设置标注尺寸时的前缀和后缀。

② "测量单位比例"框。

比例因子：设置尺寸标注时的比例因子。在这里如果选中"仅应用到布局标注"表示"比例因子"只用在布局尺寸中。

③ "消零"框。

前导：选中该复选框，抑制尺寸文本小数点前的0，如尺寸为0.6000，抑制后变成0.6000。

后续：选中该复选框，抑制尺寸文本数字尾部的0，如原尺寸为0.6000，抑制后变成0.6。

（6）换算单位：设置参考单位以及参考单位文本的前缀、后缀。

显示换算单位：选中该复选框，表示使用参考单位。该对话框中的其余各项类似于上一个选项卡，这里不再赘述。

（7）公差：设置尺寸公差的标注和标注格式。

① "公差格式"框。

（a）方式：用于设置公差标注的方式。AutoCAD提供了五种标注公差的方式，分别是"无"、"对称"、"极限偏差"、"极限尺寸"和"基本尺寸"，其中"无"表示不标注公差，标注情况如图10-9所示。

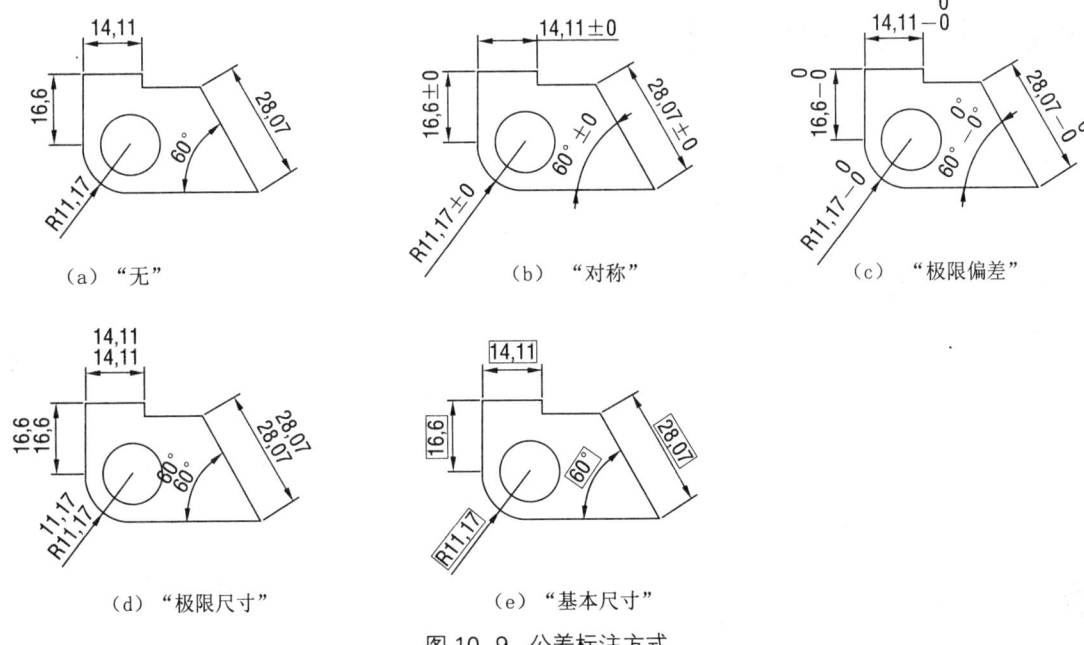

图 10-9 公差标注方式

（b）精度：用于确定公差标注的精度。

（c）上偏差：用于设置尺寸的上偏差。

（d）下偏差：用于设置尺寸的下偏差。

（e）高度比例：用于设置公差文本的高度比例，即公差文本的高度与一般尺寸文本的高度之比。

（f）垂直位置：用于控制"对称"和"极限偏差"形式公差标注的文本对齐方式，包括"上"、"中"、"下"三种对齐方式

② "公差对齐"框。

（a）对齐小数分隔符：选择该按钮，通过值的小数分隔符堆叠值。

（b）对齐运算符：选择该按钮，通过值的运算符堆叠值。

③ "消零"框：该对话框中的其余各项类似于上一个选项卡，这里不再赘述。

④ "换算单位公差"框：用于对行为公差标注的替换单位进行设置，各项的设置方法与上面相同。

总之，以上介绍了尺寸样式的各个选项卡，在定义一个新的尺寸标注样式时并不是每个内容都要进行重新设置，一般选取一个最相近的样式作为基础，然后修改与其不同的选项，通过预览可实现观察每一选项对尺寸标注的影响。这样，可以帮助用户定义所需要的样式。

10.4　尺寸标注的类型

10.4.1　长度型尺寸标注

长度型尺寸标注指标注长度方面的尺寸，又分线性标注、基线标注、连续标注、对齐标注等类型。

1）线性标注

线型标注指所标注对象的尺寸线沿水平方向或垂直方向放置，如图10-10所示。

注意：线型标注不仅仅是标注水平线或垂直线的尺寸。

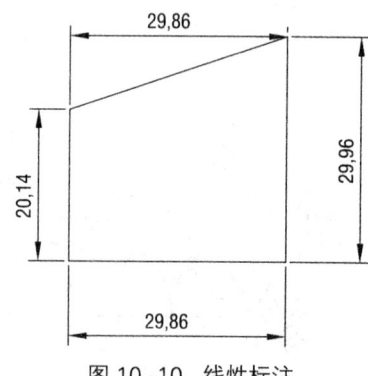

图10-10　线性标注

执行方式

命令行：DIMLINEAR（快捷命令：DLI）。

菜单栏："标注"→"线型"。

工具栏：单击"标注"工具栏中的"线性"按钮。

操作方法

命令行提示如下：

命令：DIMLINEAR

指定第一个尺寸界线原点或<选择对象>：

(1) 直接按<Enter>键

光标变为拾取框，并在命令行提示：

选择标注对象：（用拾取框选择要标注尺寸的线段）

指定尺寸线位置或[多行文字(M)/文字(T)/角度(A)/水平(H)/垂直(V)/旋转(R)]：

(2) 选择对象

指定第一条与第二条尺寸延伸线的起始点。

选项说明

(1) 指定尺寸线位置：用于确定尺寸线的位置。用户可移动鼠标选择合适的尺寸线位置，然后按<Enter>键或单击，AutoCAD则自动测量要标注线段的长度并标注出相应的尺寸。

(2) 多行文字(M)：用多行文本编辑器确定尺寸文本。

(3) 文字(T)：用于在命令行提示下输入或编辑尺寸文本。选择此选项后，命令行提示：

输入标注文字<默认值>：

其中的默认值是AutoCAD自动测量得到的被标注线段的长度，直接按<enter>键即可采用此长度值，也可输入其他数值代替默认值。当尺寸文本中包含默认值时，可使用尖括号"< >"表示默认值。

(4) 角度(A)：用于确定尺寸文本的倾斜角度。

(5) 水平(H)：水平标注尺寸，不论标注什么方向的线段，尺寸线总保持水平放置。

(6) 垂直(V)：垂直标注尺寸，不论标注什么方向的线段，尺寸线总保持垂直放置。

(7) 旋转(R)：输入尺寸线旋转的角度值，旋转标注尺寸。

2）基线标注

该命令要求用户对多个图形的尺寸标注以按基准线位置计算的方法标注。有时，几个尺寸从同一条基线进行测量，这时，使用基线标注命令可简化这些操作，基线标注自动地以互用所选定的第一个尺寸标注为基准进行标注。在使用基线标注方式之前，应该先标注出一个相关的尺寸作为基线标注。如图10-11所示。

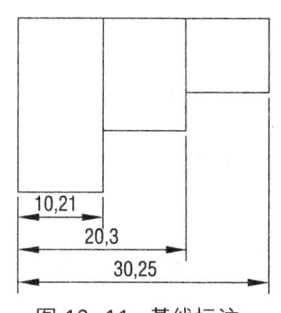

图10-11 基线标注

执行方式

命令行：DIMBASELINE（快捷命令：DBA）。

菜单栏："标注"→"基线"。

工具栏：单击"标注"工具栏中的"基线"按钮。

操作方法

命令行提示如下：

命令：DIMBASELINE

指定第二条尺寸界线原点或 [放弃（U）/ 选择（S）]:

选项说明

（1）指定第二条尺寸界线原点：直接确定另一个尺寸的第二条尺寸延伸线的起点，AutoCAD 以上次标注的尺寸为基准标注，标注出相应尺寸。

（2）选择（S）：在上述提示下直接按 <Enter> 键，命令行提示如下：

选择基准标注：选择作为基准的尺寸标注。

3）连续标注

该命令要求用户对多个图形的尺寸以按连续位置进行计算并进行标注。这个功能的操作方法和"基准标注"相似，只是使用"连续标注"功能执行的是连续标注，这种标注方法是以用户所选定的第一个尺寸标注的终点作为第二个尺寸标注的起点，如此类推下去。如图 10-12 所示。

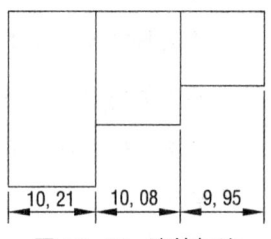

图 10-12 连续标注

执行方式

命令行：DIMCONTINUE（快捷命令：DCO）。

菜单栏："标注"→"连续"。

工具栏：单击"标注"工具栏中的"连续"按钮。

操作方法

命令行提示如下：

命令：DIMCONTINUE

指定第二条尺寸界线原点或[放弃(U)/选择(S)]<选择>:

此提示下的各选项与基线标注中完全相同,此处不再赘述。

注意:AutoCAD允许用户利用基线标注方式和连续标注方式进行角度标注。

4)对齐标注

该命令对直线的实际长度进行标注,因此也可以对斜线进行标注,它的尺寸线和斜线是平行的,可以直接标注斜直线的长度。如图10-13所示。

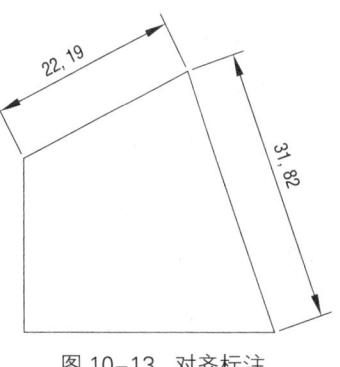

图10-13 对齐标注

 执行方式

命令行:DIMALIGNED(快捷命令:DAL)。

菜单栏:"标注"→"对齐"。

工具栏:单击"标注"工具栏中的"对齐"按钮。

操作方法

命令行提示如下:

命令:DIMALIGNED

指定第一个尺寸界线原点或<选择对象>:

这种命令标注的尺寸线与所标注轮廓线平行,标注起始点到终点之间的距离尺寸。

10.4.2 角度型尺寸标注

角度型尺寸标注用于标注直线之间的夹角或一些特定的角度,如图10-14所示。

在角度型尺寸标注中,AutoCAD也允许采用基线标注和连续标注两种标注类型。

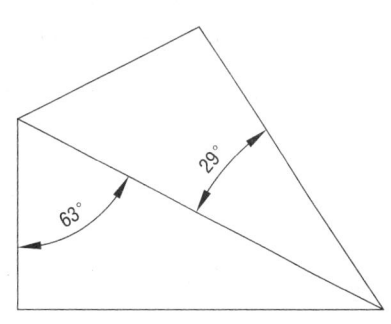

图10-14 角度尺寸标注

 执行方式

命令行:DIMANGULAR(快捷命令:DAN)。

菜单栏:"标注"→"角度"。

工具栏:单击"标注"工具栏中的"角度"按钮。

操作方法

命令行提示如下：

命令：DIMANGULAR

选择圆弧、圆、直线或＜指定定点＞：

选项说明

（1）选择圆弧：标注圆弧的中心角。

（2）选择圆：标注圆上某段圆弧的中心角。

（3）选择直线：标注两条直线间的夹角。

（4）指定顶点：直接按<Enter>键，命令行提示如下：

指定角的顶点：指定顶点

指定角的第一个端点：输入角的第一个端点

指定角的第二个端点：输入角的第二个端点，创建无关联的标注

指定标注弧线位置或 [多行文字（M）/ 文字（T）/ 角度（A）/ 象限点（Q）]：输入一点作为角的顶点

在此提示下给定尺寸线的位置，AutoCAD 根据指定的 3 点标注出角度，另外用户还可以选择"多行文字"、"文字"或"角度"选项，编辑某尺寸文本或指定尺寸文本的倾斜角度。

（5）指定标注弧线位置：指定尺寸线的位置并确定绘制延伸线的方向，指定位置之后，DIMANGULAR 命令将结束。

（6）象限点：指定标注应锁定到的象限。打开象限行为后，将标注文字放置在角度标注外时，尺寸线会延伸超过延伸线。

注意：角度标注可以测量指定的象限点，该象限点是在直线或圆弧的端点、圆心或两个顶点之间对角度进行标注时形成。创建角度标注时，可以测量 4 个可能的角度。通过指定象限点，使用户可以确保标注正确的角度。指定象限点后，放置角度标注时，用户可以将标注文字放置在标注的尺寸延伸线之外，尺寸线将自动延长。

10.4.3 半径型尺寸标注和直径型尺寸标注

1）半径标注

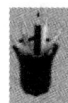
执行方式

命令行：DIMRADIUS（快捷命令：DRA）。

菜单栏："标注"→"半径"。

工具栏：单击"标注"工具栏中的"半径"按钮。

操作方法

命令行提示如下：

命令：DIMRADIUS

选择圆弧或圆：选择要标注半径的圆或圆弧。

指定尺寸线位置或 [多行文字（M）/文字（T）/角度（A）]：确定尺寸线的位置或选择某一选项。

用户可以选择"多行文字"、"文字"或"角度"选项来输入、标记尺寸文本或确定尺寸文本的倾斜角度，也可以直接确定尺寸线的位置，标注出制定预案或圆弧的半径。

2）直径标注

执行方式

命令行：DIMDIAMETER（快捷命令：DDI）。

菜单栏："标注"→"直径"。

工具栏：单击"标注"工具栏中的"直径"按钮。

操作方法

命令行提示如下：

命令：DIMDIAMETER

选择圆弧或圆：选择要标注直径的圆或圆弧。

指定尺寸线位置或 [多行文字（M）/文字（T）/角度（A）]：确定尺寸线的位置或选择某一选项。

用户可以选择"多行文字"、"文字"或"角度"选项来输入、标记尺寸文本或确定尺寸文本的倾斜角度，也可以直接确定尺寸线的位置，标注出制定预案或圆弧的直径。

选项说明

尺寸线位置：确定尺寸线的角度和标注文字的位置。如果未将标注放置在圆弧上面导致标注指向圆弧外，则 AutoCAD 会自动绘制圆弧延伸线。

10.4.4 引线型尺寸标注

AutoCAD 提供了引线标注功能,利用该功能不仅可以标注特定的尺寸,如圆角、倒角等,还可以实现在图中添加多行旁注、说明。在引线标注中指引线可以是折线,也可以是曲线,指引线端部可以有箭头,也可以没有箭头。

1)利用 LEADER 命令进行引线标注

执行方式

命令行:LEADER(快捷命令:LEAD)。

操作方法

命令行提示如下:

命令:LEADER

指定引线起点:输入指引线的起始点

指定下一点:输入指引线的另一点

指定下一点或{注释(A)/格式(F)/放弃(U)}<注释>:

选项说明

(1)指定下一点:直接输入一点,AutoCAD 根据前面的点绘制出直线作为指引线。

(2)注释(A):输入注释文本,为默认项。在此提示下直接按 <enter> 键,命令提示行提示如下:

输入注释文字的第一行或 < 选项 >:

① 输入注释文字,在此提示下输入第一行文字后按 <enter> 键,用户可继续输入第二行文字,如此反复执行,直到输入全部注释文字,然后在此提示下直接按 <enter> 键,AutoCAD 会在指引线终端标注出所输入的多行文本文字,并结束 LEADER 命令。

② 直接按 <enter> 键,如果在上面的提示下直接按 <enter> 键,命令行提示如下:

输入注释选项 [公差(T)/ 副本(C)/ 块(B)/ 无(N)/ 多行文字(M)]< 多行文字 >:

在此提示下选择一个注释选项或直接按 <enter> 键默认选择"多行文字"选项,其他选项含义如下。

(a)公差(T):标注形位公差。

(b)副本(C):把已利用 LEADER 命令创建的注释赋值到当前指引线的末端。

(c)块(B):插入块,把已经定义好的图块插入到指引线的末端。

（d）无（N）：不进行注释，没有注释文本。

（e）多行文字（M）：用多行文本编辑器标注注释文本，并定制文本格式，为默认选项。

③ 格式（F）：确定指引线的形式。选择该选项，命令提示如下：

输入引线格式选项 [样条曲线（S）/ 直线（ST）/ 箭头（A）/ 无（N）]＜退出＞：

选择指引线形式，或直接按<enter>键返回上一级提示。

2）利用 QLEADER 命令进行引线标注

执行方式

命令行：QLEADER（快捷命令：LE）。

操作方法

命令行提示如下：

命令：QLEADER

指定第一个引线点或 [设置（S）]＜设置＞：

选项说明

（1）指定第一个引线点：在上面的提示下确定一点作为指引线的第一点，命令行提示如下：

指定下一点：输入指引线的第二点

指定下一点：输入指引线的第三点

AutoCAD 提示用户输入点的输入由"引线"对话框确定。

（2）设置：在上面的提示下直接按<enter>键，或输入"S"，AutoCAD 将打开"引线设置"对话框，如图 10-15 所示，允许对引线标注进行设置。对话框包含"注释"、"引线和箭头"、"附着" 3 个选项卡，分别介绍如下。

① 注释：如图 10-15 所示，用于设置引线标注中注释文本的类型、多行文本的格式并确定注释文本是否多次使用。

② 引线和箭头：如图 10-16 所示，用于设置引线标注中指引线和箭头的形式。

③ 附着：如图 10-17 所示，用于设置注释文本和指引线的相对位置。如果最后一段指引线指向右边，AutoCAD 自动把注释文本放在右侧。

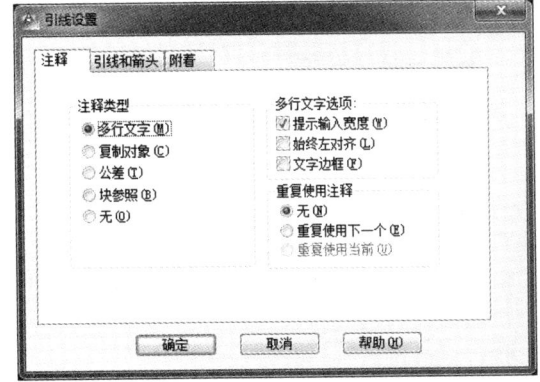

图 10-15 "引线设置"对话框

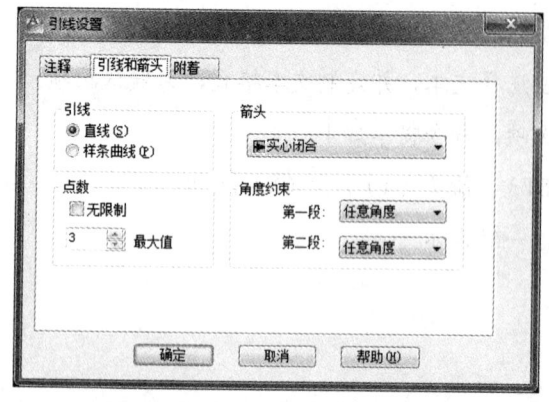

图 10-16 "引线和箭头"对话框

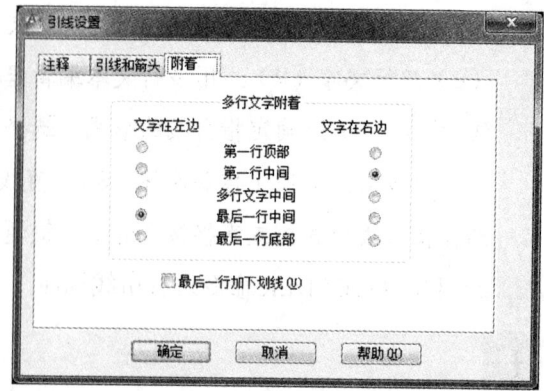

图 10-17 "附着"对话框

如果最后一段指引线指向左边，AutoCAD 自动把注释文本放在左侧。利用本页左侧和右侧的单选按钮分别设置位于左侧和右侧的注释文本与最后一段指引线的相对位置，而这可相同也可不同。

10.4.5 坐标型尺寸标注

该命令可以对图形进行基于 x 坐标或基于 y 坐标的尺寸标注，可以标出图形中各个对象的 x 坐标值或 y 坐标值。这种标注方法是用于那些图形比较密，无法进行标注或只需对 x 方向坐标或 y 方向坐标进行标注的情况。

执行方式

命令行：DIMORDINATE（快捷命令：DOR）。

菜单栏："标注"→"坐标"。

工具栏：单击"标注"工具栏中的"坐标"按钮 。

操作方法

命令行提示如下：

命令：DIMORDINATE

指定点坐标：选择要标注坐标的点

创建了无关联的标注

指定引线端点或 [X 基准（X）/Y 基准（Y）/多行文字（M）/文字（T）/角度（A）]：

选项说明

（1）指定引线端点：确定另外一点，根据这两点之间的坐标差决定是生成 x 坐标尺寸还是 y 坐标尺寸。如果这两点的 y 坐标之差比较大，则生成 x 坐标尺寸，反之，生成 y 坐标尺寸。

（2）X 基准（X）：生成该点的 x 坐标。

（3）Y 基准（Y）：生成该点的 y 坐标。

（4）文字（T）：在命令行提示下，自定义标注文字，生成的标注测量值显示在尖括号（< >）中。

（5）角度（A）：修改标注文字的角度。

10.4.6　圆心标记和中心标记

该命令可以给圆或圆弧找出圆心并加上圆心标记。如图 10-18 所示。

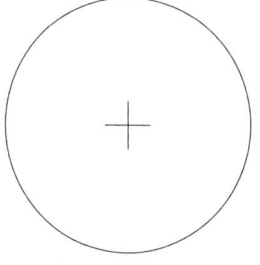

图 10-18　圆心标记

执行方式

命令行：DIMCENTER（快捷命令：DCE）。

菜单栏："标注"→"圆心标记"。

工具栏：单击"标注"工具栏中的"圆心标记"按钮 ⊕。

操作方法

命令行提示如下：

命令：DIMCENTER

选择圆弧或圆：选择要标注中心或中心线的圆或圆弧

10.4.7　形位公差标注

执行方式

命令行：TOLERANCE（快捷命令：TOL）。

菜单栏："标注"→"公差"命令。

工具栏：单击"标注"工具栏中的"公差"按钮 ⊞。

执行上述操作后，AutoCAD 打开"形位公差"对话框，如图 10-19 所示，用户可通过此对话框对形位公差进行设置。

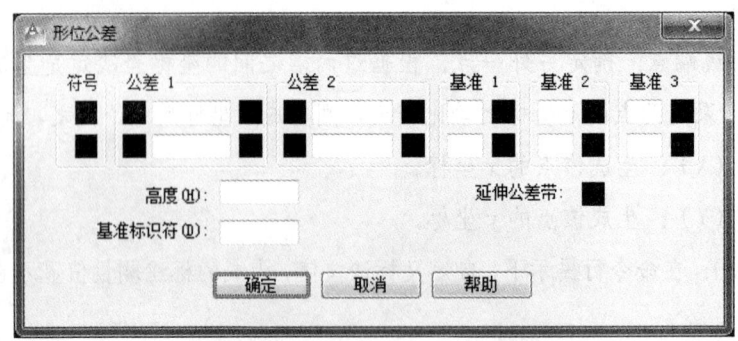

图10-19 "形位公差"对话框

选项说明

（1）符号：用于设定或改变公差代号。

（2）公差1/2：用于产生第一/二个公差值及"附加符号"。

（3）基准1/2/3：用于确定第一/二/三个基准代号及材料状态符号。

（4）高度：用于确定标注符合形位公差的高度。

（5）延伸公差带：单击此块，在复合公差带后面加一个复合公差符号。

（6）基准标识符：用于产生一个标识符号，用一个字母表示。

10.4.8 快速标注

执行方式

命令行：QDIM。

菜单栏："标注"→"快速标注"。

工具栏：单击"标注"工具栏中的"快速标注"按钮 。

操作方法

命令行提示如下：

命令：QDIM

选择要标注的几何图形：选择要标注尺寸的多个对象

指定尺寸线位置或[连续（C）/并列（S）/基线（B）/坐标（O）/半径（R）/直径（D）/基准点（P）/编辑（E）/设置（T）]<连续>：

选项说明

（1）指定尺寸线位置：直接确定尺寸线的位置，AutoCAD 在该位置按默认的尺寸标注类型标注出相应的尺寸。

（2）连续（C）：产生一系列连续的尺寸标注。

（3）并列（S）：产生一系列交错的尺寸标注。

（4）基线（B）：产生一系列基线尺寸标注。

（5）基准点（P）：为基线标注和连续标注指定一个新的基准点。

（6）编辑（E）：对多个尺寸标注进行编辑，AutoCAD 允许对已存在的尺寸标注添加或移去尺寸点。

10.5 尺寸标注的编辑

10.5.1 尺寸标注的相关性

在尺寸标注时，AutoCAD 一般将尺寸线、尺寸界线、尺寸箭头和尺寸文本作为一个完整的图块，此时，如果对尺寸标注部分进行拉伸，尺寸文本将自动发生相应的变化，这种尺寸标注成为关联性尺寸标注。

当尺寸标注采用关联性标注时，如果改变尺寸标注样式，则以该样式标注的所有尺寸标注都将全部以新样式改变。

当尺寸标注时，若将尺寸线、尺寸界线、尺寸箭头和尺寸文本都作为单独的对象存在，这种尺寸标注，成为非关联性尺寸标注。

当尺寸标注采用非关联性标注时，尺寸线、尺寸界线、尺寸箭头和尺寸文本不再作为一个图块整体存在，此时若对尺寸标注部分进行拉伸，用户就会看到仅仅尺寸线拉长了，尺寸文本并没有改变。并且如果改变尺寸标注样式，以该样式标注的尺寸将不会作任何改变。所以，虽然使用非关联性尺寸标注在改变文本方面比较便利，但对以后的标注修改不利，建议用户对此慎重使用。

AutoCAD 用变量 DIMASO 控制尺寸标注的关联性，当 DIMASO=1 时，标注的尺寸为关联性尺寸；当 DIMASO=0 时，标注的尺寸为非关联性尺寸。

如果标注的尺寸为非关联性尺寸，使用 EXPLODE 命令对其分解后，将变成非关联性尺寸。这里应该注意以下两点：

（1）在标注时，AutoCAD 在名为 DEFPOINT 的层上设置定义点，该点并不绘出，但在编辑对象过程中，选择集中必须包含该点。

（2）如果尺寸文本不是测量值，而是用户自己修改过的值，则没有相关性。

10.5.2 尺寸标注编辑

该命令主要是为适应某些特殊需要对文本及尺寸界线进行编辑操作。

执行方式

命令行：DIMEDIT。

操作方法

命令行提示如下：

命令：DIMEDIT

输入标注编辑类型 [缺省（H）/ 新建（N）/ 旋转（R）/ 倾斜（O）]< 默认 >：

选项说明

（1）缺省（H）：将尺寸文本按尺寸标注样式中所定义的位置、方向重新放置。

（2）新建（N）：修改所选择的尺寸标注的尺寸文本。

（3）旋转（R）：改变尺寸文本的方向。

（4）倾斜（O）：实行倾斜标注。即编辑线性尺寸标注，使其尺寸界线倾斜一个角度。

10.5.3 用 DIMTEDIT 命令修改尺寸文本的位置

该功能用于旋转和重新定位尺寸文本。在标注样式中定义的文本原点称为原位，可以将被移动和旋转的尺寸文本返回原位。

执行方式

命令行：DIMTEDIT。

操作方法

命令行提示如下：

命令：DIMTEDIT

选择标注：选择要进行编辑的标注

指定标注文字的新位置或 [左（L）/右（R）/中心（C）/缺省（H）/角度（A）]：输入一点以确定尺寸文本的新位置或输入一选项。

选项说明

（1）指定标注文字的新位置：输入一点以确定尺寸文本的新位置。

（2）左（L）：输入 L 即选取该选项，将尺寸文本放在尺寸线的左边。

（3）右（R）：输入 R 即选取该选项，将尺寸文本放在尺寸线的右边。

（4）中心（C）：输入 C 即选取该选项，将尺寸文本放在尺寸线的中间。

（5）缺省（H）：将尺寸文本按尺寸标注样式中所定义的位置、方向重新放置。

（6）角度（A）：改变尺寸文本的方向。

10.5.4 用"对象特征（Properties）"命令修改尺寸标注

执行方式

命令行：PROPERTIES。

执行完上述操作后，AutoCAD 打开"特性"对话框 如图 10-20 所示。

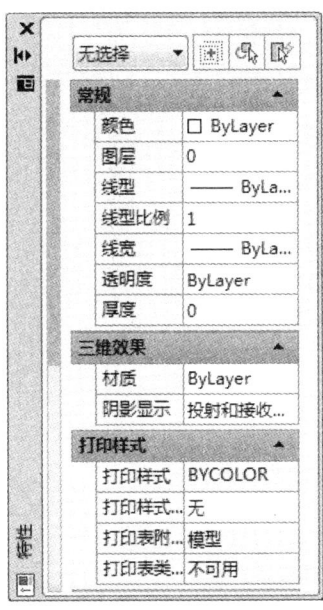

图 10-20 "特性"对话框

10.6 尺寸变量

尺寸变量是确定组成尺寸的尺寸线、尺寸界线、尺寸文本以及箭头的样式、大小和它们之间相对位置等的变量。他们是系统变量的一部分。

AutoCAD 提供了众多的尺寸变量。在"命令："状态下，用 SETVAR 命令可以了解这些尺寸变量及其当前值，另外，在"命令：DIM"后"标注："状态下，利用 STATUS 命令也可以了解这些尺寸变量及其当前值。

当用户需要改变某一尺寸变量的值时，通过在"命令："命令提示行输入相应变量名的方式就可以进行改变。例如，当希望把 DIMASZ 的值改为 0.25 时，可按下面方式操作。

命令：DIMASZ。

输入 DIMASZ 的新值 <0.1800>：0.25。

在"标注："状态下改变尺寸变量时，有两种方法。一是直接输入尺寸变量的全名，另一种是输入变量名时省略掉变量名的前三个字符"DIM"。

如果用户需要了解尺寸变量及其含义就可以用上面所提的方法在系统中列出，非常方便。

第 11 章
图纸空间和出图打印

11.1 图纸空间

11.1.1 图纸空间概况

图纸空间有时又称为"布局",是一种图纸空间环境,它模拟图纸页面,提供直观的打印设置。在 AutoCAD 环境中有两种空间:模型空间和图纸空间,其作用是不同的。一般来说,模型空间是一个三维的空间,主要用来设计零件和图形的几何形状,设计者一般在模型空间完成其主要的设计构思;而图纸空间是用来将几何模型表达到工程图之上用的,专门用来进行出图。

目前的设计方向是进入三维的零件建模和设计,那么零件设计好之后,需要表达到工程图上时,需要对其进行各个角度的投影、标注尺寸、加入标题栏和图框等操作,此时在模型空间已经不能够方便地进行这些操作了,而在图纸空间则非常方便。

在图纸空间中可以创建并放置视口对象,还可以添加标题栏或其他几何图形。可以在图形中创建多个布局以显示不同视图,每个布局可以包含不同的打印比例和图纸尺寸。布局显示的图形与图纸页面上打印出来的图形完全一样。AutoCAD 中的模型空间和图纸空间如图 11-1 所示。

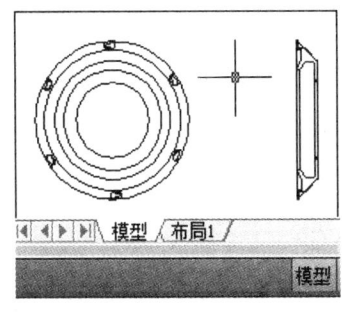
(a) 模型空间

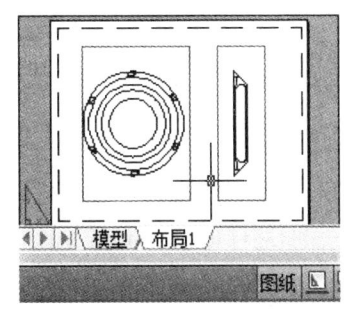
(b) 图纸空间

图 11-1 AutoCAD 中的模型空间和图纸空间

11.1.2 使用模型空间和图纸空间

在设计模型图形和准备打印的过程中，模型空间和图纸空间的使用方法与早期的 AutoCAD 版本类似，在 AutoCAD2012 中，布局及其设置所使用的环境使实际操作更加直观、形象。图形窗口底部有一系列选项卡，包括"模型"选项卡和一个或多个布局选项卡，如图 11-2 所示。

图 11-2 AutoCAD 底部选项卡

1）在模型空间内工作

默认情况下，您的工作开始于称为模型空间的无限绘图区域，如图 11-1（a）所示。在模型空间中，可以绘制、查看和编辑模型。

首先确定一个单位是表示 1mm（毫米）、1dm（分米）、1in（英寸）、1ft（英尺）还是表示在工作中最方便或最常用的其他单位。然后可以按 1：1 的比例创建模型。

在模型空间中，可以查看并编辑模型空间对象。十字光标在整个绘图区域都处于活动状态。

在模型空间中，还可以在布局中定义布局视口中显示的命名视图。

使用命名布局：

命名布局提供了一个称为图纸空间的区域，如图 11-1（b）所示。在图纸空间中，可以放置标题栏、创建用于显示视图的布局视口、标注图形以及添加注释。

在图纸空间中，一个单位表示一页图纸的实际距离。该单位可以是 mm（毫米）或 in（英寸），具体取决于您如何配置页面设置。

在命名布局上，可以查看和编辑图纸空间对象，例如，布局视口和标题栏。也可以将对象（如引线或标题栏）从模型空间移到图纸空间（反之亦然）。十字光标在整个布局区域都处于活动状态。

默认情况下，新图形最开始有两个命名布局，即 Layout1 和 Layout2。如果使用图形样板或打开现有图形，图形中的布局可能以不同名称命名。

可以使用以下方法之一创建新的布局：

（1）添加一个未进行设置的新布局，然后在页面设置管理器中指定各个设置。

（2）使用"创建布局"向导创建布局选项卡并指定设置。

（3）从当前图形文件复制布局及其设置。

（4）从现有图形样板（DWT）文件或图形（DWG）文件输入布局。

可以使用"创建布局"向导创建新布局。向导会提示有关布局设置的信息，其中包括新布局的名称、关联的打印机、布局要使用的图纸尺寸、图形在图纸上的方向、标题栏、视口设置信息、布局中视口配置的位置。

用户可以稍后编辑输入向导的信息。依次单击文件（F）→页面设置管理器（G）。

2）从布局视口访问模型空间

可以从布局视口访问模型空间，以编辑对象、冻结和解冻图层以及调整视图。

创建视口对象后，可以从布局视口访问模型空间，以执行以下任务：在布局视口内部的模型空间中创建和修改对象、在布局视口内部平移视图并更改图层的可见性。访问模型空间时使用的方法取决于您要执行的任务。

（1）在布局视口中创建和修改对象。

如果要创建或修改对象，请使用状态栏上的按钮最大化布局视口。最大化的布局视口将布满整个绘图区域，将保留该视口的中心点和布局可见性设置，并显示周围的对象。在模型空间可以进行平移和缩放操作，但是恢复视口返回图纸空间后，也将恢复布局视口中对象的位置和比例。

注意：如果最大化视口时使用的是 PLOT，在"打印"对话框显示之前将恢复对应的布局选项卡。如果在最大化视口时保存并关闭图形，打开该图形时将恢复布局选项卡。

如果选择切换到"模型"选项卡进行更改，则图层可见性设置是整个图形的设置，而不是特定布局视口的设置。而且，使视图居中或放大的方式与在布局视口中的操作方式也不同。

（2）在布局视口中调整视图。

如果要平移视图并修改图层的可见性，请双击布局视口以访问模型空间。视口边界将变粗，且当前视口中只有十字光标可见。操作过程中，布局中的所有活动视口仍然可见。可以在图层特性管理器中冻结和解冻当前视口中的图层以及平移视图。要返回图纸空间，请双击视口外部布局中的空白区域，所做更改将显示在视口中。从状态栏中选择"图纸"或"模型"，也可以在模型空间与布局中的图纸空间之间来回切换。如果在状态栏选择"模型"切换到模型空间，上一次的活动视口将被当前化。

如果在访问模型空间之前在布局视口中设置了比例，则可以锁定该比例以避免进行修改。锁定比例后，在模型空间中操作时将无法使用 Zoom。

3）将布局输出到模型空间

可以使用 EXPORTLAYOUT 命令将当前布局中的所有可见对象输出到模型空间。在布局中，"图纸"边界之外的对象也将被输出。某些对象不会输出到模型空间图形，这些对象是材质、相机、光源、命名视图、图层上被禁用（关闭）或冻结的对象、模型空间对象，在给定视口中将不显示。将布局输出到模型空间时，请考虑以下问题：

（1）如果模型空间视口是活动的，则执行 EXPORTLAYOUT 命令的速度可能会降低。

（2）在输出图形中，视口将显示原始线型，原始线型可能与原始图形的外观不匹配。如果出现这种情况，请为原始图形中的视口指定"连续"线型。

（3）如果 PSLTSCALE 为 0，则外部参照和块中的对象的线型比例可能不会精确地保持。

（4）如果在输出过程中，外部参照出现问题，则请拆离未融入的外部参照或者手动绑定外部参照，然后使用 EXPORTLAYOUT 命令。

（5）将输出 Superhatch 对象（通过 Express Tools），但是图案填充可能不会保留在原始边界内。可以在输出图形中使用 TRIM 命令更正任何有关视觉外观的问题。

11.1.3　使用布局向导指定图纸空间的布局

要使用布局向导指定布局环境之前，应首先确认拥有所配置的打印机的权限。要添加或配置新的 Windows 系统打印机，可以在 Windows 控制面板中选择"打印机"，然后选择"添加打印机"。要添加非系统打印机，在"选项"对话框的"打印"选项卡中选择"添加或配置打印机"。

使用布局向导指定图纸空间的布局方法：

执行方式

命令行：LAYOUTWIZARD。

菜单栏："工具"→"向导"→"创建布局"。

执行上述操作后，AutoCAD 打开"创建布局"向导。使用此向导，用户可以指定打印设备、确定相应的图纸尺寸和图纸的打印方向、选择布局中使用的标题栏或确定视口设置。

具体步骤介绍如下。

（1）在进入"创建布局"向导窗口之后，首先系统要求输入布局的名称，如图 11-3 所示。

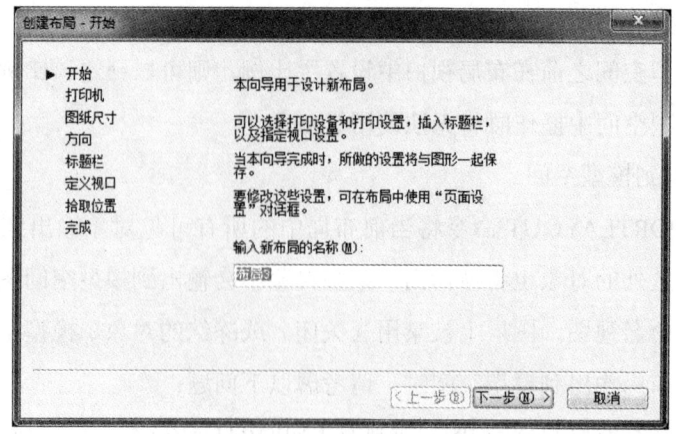

图 11-3　指定布局的名称

布局的名称可以采用各种名字，以便于在设计时区分。同时，针对一个模型空间，可以制作多个布局与之对应，各个布局采用不同的名称，与模型空间一起，保存在一个图形文件中。这样，就可以针对一个工程项目，在模型空间中画出设计的几何形状，然后在需要的时候制作多个布局与之对应，如同一层楼的结构图、水电图等。

（2）"创建布局"向导的第二步是选择打印机，如图 11-4 所示，在图纸空间创建的每一个布局都可以设置各自的打印设备，每一个布局都具有各自的打印属性。当然，首先需要将打印设备配置好。向导中提供的打印设备是当前已配置好的设备。如果要配置新的打印机，必须选择控制面板的"打印机"，然后选择"添加打印机"。

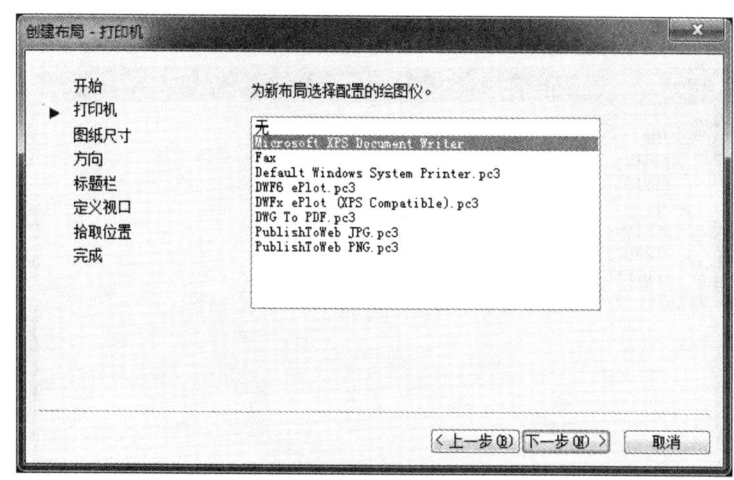

图 11-4 指定打印机

（3）"创建布局"向导的第三步是设置图纸的尺寸，如图 11-5 所示。布局选项卡中保存了图纸尺寸、图形方向、打印比例和打印偏移等多种打印设置。选定当前布局的打印设备之后，会出现列表，列出选定打印机中可用的图纸尺寸。

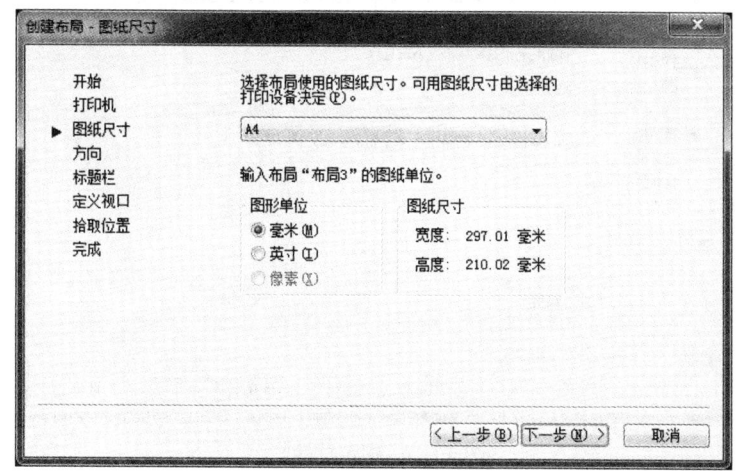

图 11-5 指定图纸的大小

图纸的尺寸由当前选择的打印设备决定，打印设备越大，可供选择的图纸尺寸越多。这些图纸的尺寸是各种标准尺寸，如 ISO，ANSI，DIN，JIS 等。

使用"创建布局"向导还可以选择图形的单位：mm（毫米）或者 in（英寸）。如果指定图形中的 1 个单位代表 1in（英寸），那么向导中的图纸单位应该指定为英寸，即使纸张大小选择的是 ISO 尺寸（ISO 标准的绘图单位是毫米）。如果图形中的 1 个单位代表 1mm，那么"布局"向导中的图纸单位应该指定为 mm。向导将根据选定的单位显示图纸尺寸的宽和高。

（4）"创建布局"向导的第四步是指定打印方向，如图 11-6 所示。该窗口可以选择打印时是纵向打印还是横向打印，纵向打印时图纸的短边作为图形页面的顶部；横向打印时图纸的长边作为图形页面的顶部。

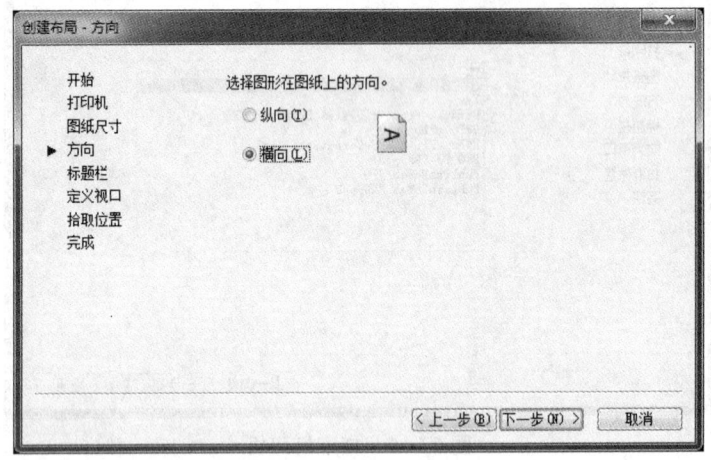

图 11-6　指定打印方向

（5）"创建布局"向导的第五步是指定标题栏，如图 11-7 所示。标题栏由系统事先按照

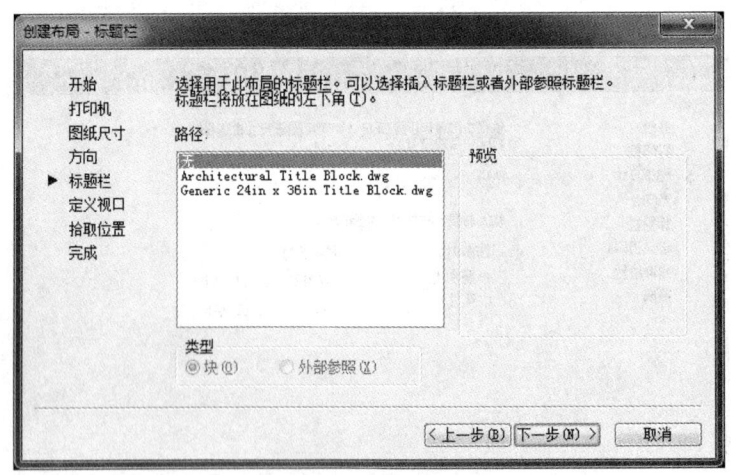

图 11-7　指定标题栏

标准做好并在窗口中采用预览方式显示，以供选择。标题栏的使用有两种类型：块和外部参考。

AutoCAD 中有多种 ANSI（美国国家标准化协会）和 ISO（国际标准化组织）的标题栏可供选择。在中文版中，还有其他的标准，如 GB（中国大陆国家标准）、DIN（德国国家标准）、JIS（日本国家标准）的标准题栏等。我们可以选择 GB 标题栏。如果从标题栏列表中选择标题栏，将显示选中标题栏的预览图片。可以选择插入选中的标题栏，或者将标题栏作为外部参照附着。

选择标题栏时，建议选择一种匹配指定图纸尺寸的标题栏，否则标题栏可能不适合选定的图纸尺寸。ANSI 标题栏是以 in（英寸）为单位绘制的，而 GB，ISO，DIN 和 JIS 标题栏则是以 mm（毫米）为单位绘制的。ANSI 标题栏大小约为 10*8 个单位。如果将这个标题栏插入到使用 A4 图纸（其图纸单位为 mm（毫米））的布局，那么图纸尺寸就是 297*210 个单位。这样标题栏就太小了。

需要注意的是，对于某些打印设备，可打印区域可能太小以致相应尺寸的纸张容纳不了标题栏。例如，NSI 型标题栏有时并不适用于 D 型纸张。

（6）"创建布局"向导的第六步是定义视口的性质，如图 11-8 所示。定义视口的性质主要设置在这个布局中有多少个视口、视口的图形比例、视口之间的距离等。在图纸空间中可以设置多个视口来显示模型空间的形状，在各个视口中可以分别设置不同的显示比例、显示角度、显示位置（局部或全部）等，而在图纸空间中，各个视口又作为整体可以进行各种图形操作，如移动、比例、旋转、删除、复制等操作。在如图 11-8 中，要定义当前布局的视口数，可以选择使用单一视口、标准工程视图系列或视口阵列。标准的三维工程配置是包括俯视图、主视图、侧视图和等轴侧视图在内的 2*2 阵列。如果选择"阵列"，还必须指定阵列的行数和列数。缺省值为 2*2。

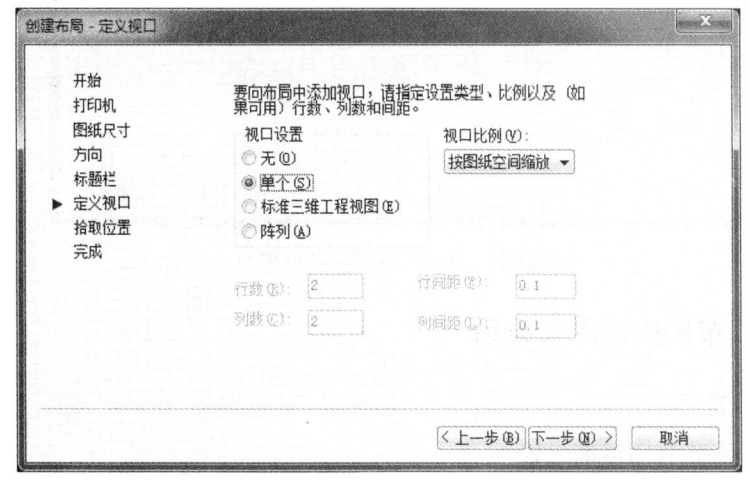

图 11-8 定义视口的性质

缺省的视口缩放比例为"按图纸空间缩放"。如果指定其他比例因子，将根据模型空间几何图形的范围居中显示视图。缺省的布局打印比例为1：1。

（7）"创建布局"向导的第七步是拾取位置。如图 11-9 所示，通过选择视口的对角点来指定视口的位置。选择"完成"将结束"创建布局"向导，如图 11-10 所示。

创建布局结束后，可以通过移动图形视口向布局中添加几何图形或从"文件"菜单中选择"页面设置"从而修改布局。

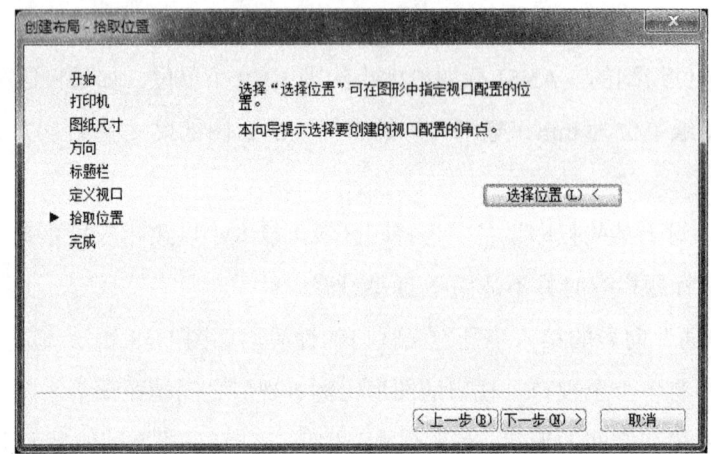

图 11-9 拾取视口的位置

图 11-10 拾取视口后结束

11.1.4 图纸布局的使用与编辑

1）图纸布局的使用

（1）正确地进行打印页面设置

绘制模型的工作完成之后，选择布局选项卡可以创建要打印的布局。在绘图任务中首次创建布局选卡时，将显示单一视口，并以带有边界的图形来表示当前配置的打印机的纸张大小和图纸的可打印区域。AutoCAD 显示"页面设置"对话框，从中可以指定布局和打印设备的设置。指定的布局设置将随布局一起保存。设置打印设置并使用"预览"功能，这样，不需要实际打印就可以直观地显示所得布局。如果不希望每次新建图形布局时都出现"页面设置"对话框，可以在"选项"对话框的"显示"选项卡中清除"新建布局时显示'页面布局'"选项。如果不需要 AutoCAD 为每个新布局创建视口，可以在"选项"对话框的"显示"选项卡中清除"在新布局中创建视口"选项，如图 11-11 所示。一旦创建了布局，右键单击布局选项卡就会显示快捷菜单。从中选择选项，可以进行删除、重命名、移动或复制操作。

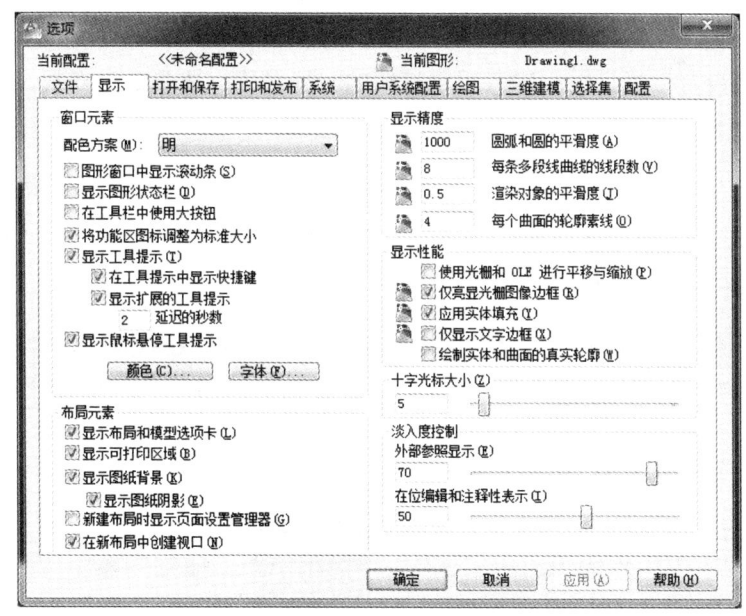

图 11-11 创建新布局时"页面设置"对话框

在模型空间中创建图形之后，选择选项卡下面的布局名字。此时将显示包含模型图形的单一视口，如果是第一次进入布局，还将显示"页面设置"对话框。可以在对话框中指定打印机和页面设置。

由于图纸空间和布局都是用来打印的，所以设置一个理想的打印环境非常重要。下面介绍打印环境的设置方法。

① 从"文件"菜单中选择"页面设置管理器"；或者在布局标签的名称上按下鼠标右键，在弹出的菜单中选择"页面设置"；或者命令行输入 PAGESETUP。AutoCAD 将出现"页面设置管理器"对话框，如图 11-12 所示。

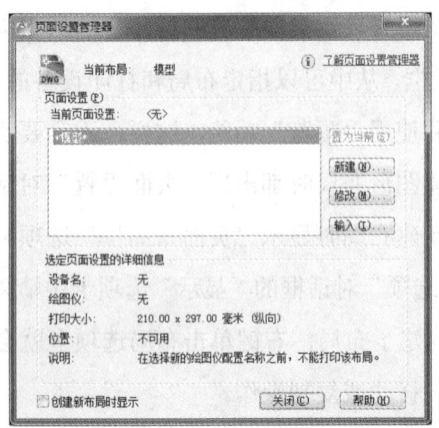 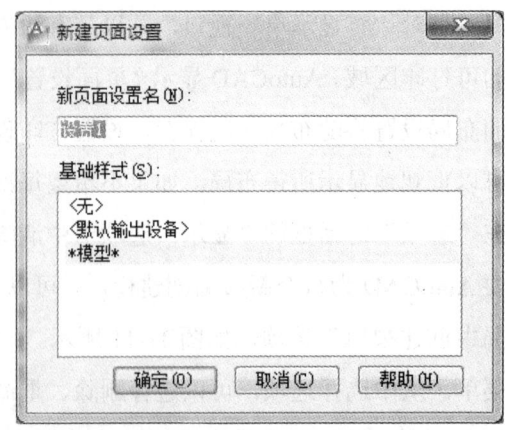

图 11-12　页面设置管理器　　　　图 11-13　"新建"页面设置

② 在"页面设置"对话框中输入用于打印的布局名称。要重命名布局名称,右键单击布局选项卡,然后从快捷菜单中选择"重命名",也可以在"页面设置"对话框中修改布局的名称。

③ 要命名并保存当前的页面设置,在"页面设置管理器"中选择"新建"以显示新建页面设置对话框,如图 11-13 所示。也可以在"页面设置管理器"中选择"修改",这时,AutoCAD 打开"修改"对话框,如图 11-14 所示。

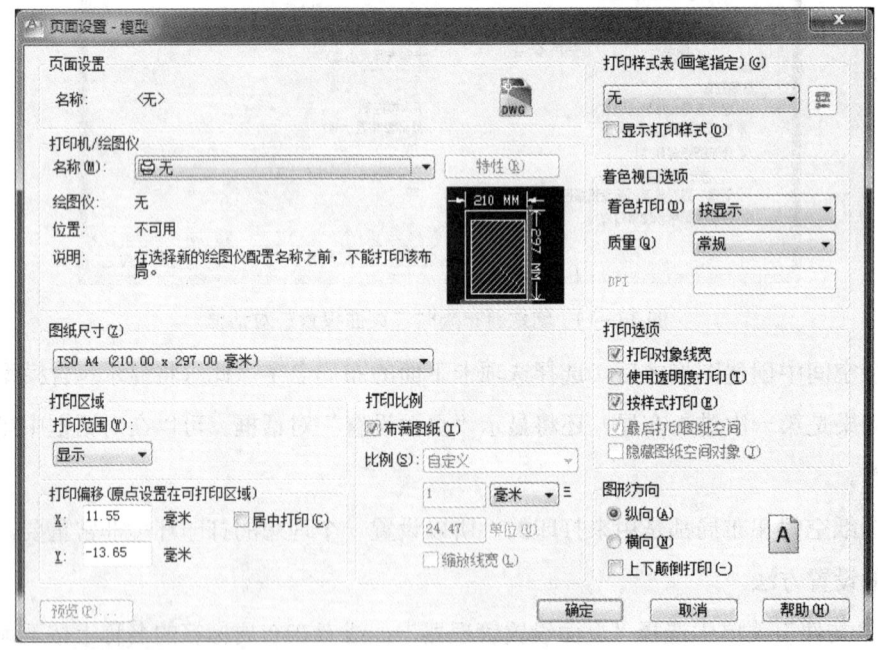

图 11-14　"修改"页面设置

④ 在"修改页面设置"对话框中的"打印机/绘图仪"选项卡中检查已配置的打印机的名称是否正确,或者从当前配置打印机的列表中选择。

⑤ 要查看或修改打印机的配置信息，请选择"特性"。此时显示"绘图仪配置编辑器"，如图 11-15 所示。

⑥ 要将打印样式表应用到布局中，请从"打印样式表"列表中选择一个样式表。

⑦ 要查看或修改打印样式（与附着的打印样式表相关联的打印样式），请选择"编辑"，将显示"打印样式表编辑器"，如图 11-16 所示。

图 11-15　绘图仪配置编辑器

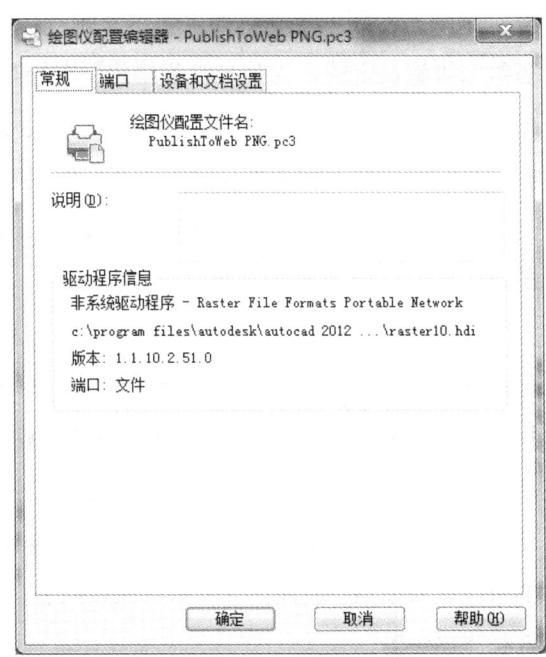

图 11-16　打印样式表编辑器

⑧ 要添加新的打印样式表，请选择"新建"。此时将显示"添加命名打印样式表"向导，从中可以创建新的打印样式表。

⑨ 要在"选项"对话框的"打印"选项卡中查看当前布局及其应用的打印样式设置，请选择"选项"。

⑩ 要使用指定的设置打印当前布局，请选择"打印"。

LIMITS 将根据选定的图纸尺寸控制布局的图纸页边距。但是，如果图纸空间处于活动状态，而且已经使用"选项"对话框的"显示"选项卡设置了图纸页边距，那么应用于 LIMITS 命令的任何设置都是只读的，且不能应用到布局中。

在"页面设置"窗口中，有几个比较重要的设置，具体说明如下。

① 布局设置通常是指页面设置，它控制最后的打印输出效果，这些设置决定打印设备、图纸尺寸、缩放比例、打印区域、打印原点和旋转角度。只有掌握如何使用布局设置，才能保

证打印出理想的图形。可以在"页面设置"对话框中修改布局的所有设置并将其保存到布局，而不必实际的打印。也可以从 PCP 或 PC2 文件中将布局设置输入到当前布局。

② 选择图纸尺寸：可以从标注列表中选择图纸尺寸，指定使用尺寸以 mm（毫米）为单位，列表中可用的图纸尺寸由当前配置的打印设备确定。如果设置打印机进行光栅输入，则必须按像素指定输出尺寸，可以使用 PC3 编辑器添加自定义图纸尺寸。添加和配置新打印机时就已确定了缺省的图纸尺寸。如果使用系统打印机，则图纸尺寸是根据 Windows 控制面板中的缺省纸张设置决定的。为某一设备创建新布局时，缺省图纸尺寸显示在"页面设置"对话框中。如果在"页面设置"对话框中修改了图纸尺寸，则在布局中保存的将是新的图纸尺寸，而忽略打印机配置文件中的图纸尺寸。选择图纸尺寸的步骤：从"文件"菜单中选择"页面设置"；在"页面设置"对话框中选择"布局设置"选项卡；从已配置设备的可用图纸尺寸中选择一种图纸尺寸；选择"确定"。

③ 调整打印原点：打印原点位于指定打印区域的左下角，一般该点的坐标为（0，0）。但是在"页面设置"对话框中选择"居中打印"可以在图纸上居中打印图形，居中打印改变了打印原点的位置。指定正值或负值的打印偏移，可以相对图纸的左下角移动图形。要将图形移动到左下角之下，则输入负值，这样可能是打印区域被剪裁掉。偏移打印原点的步骤：从"文件"菜单中选择"页面设置"；在"页面设置"对话框"打印偏移"中输入 x 或 y 值；按输入的单位偏移原点。输入正值表示将原点向右、上方移动，输入负值表示将原点向左、下方移动；选择"确定"。

④ 打印区域：在从"模型"选项卡的布局选项卡中进行打印之前，可以指定打印区域，确定打印内容。在创建新布局时，缺省的打印区域为"布局"，即打印图纸尺寸边界内的所有几何图形。打印原点为（0，0），也就是页面的左下角。"显示"选项将打印绘图区域中显示的所有几何图形。如果输入图形是以早期版本 AutoCAD 格式在图纸空间中保存的，则打印区域的缺省值为"范围"，打印比例的缺省值为"按图纸空间缩放"。

⑤ 设置打印比例：绘制对象时通常使用实际的尺寸。打印图形中，可以指定精确比例，或者使图像根据图纸尺寸进行调整。要指定比例，可以输入打印单位与图形单位的比率，或者输入标准或自定义打印比例。复查草图时，精确的比例通常不是很重要。可以使用"按图纸空间缩放"选项，按照能够布满图纸的最大尺寸打印视图。设置打印比例的步骤：在"文件"菜单中选择"页面设置管理器"；在"页面设置管理器"的"页面设置"区域中选择要修改的页面设置；单击"修改"；在"页面设置"对话框的"打印比例"列表中选择缩放比例，此时，打印布局的缺省比例为 1∶1。要设置自定义打印比例，可以在"自定义"下输入打印比例，

或选择"布满图纸"。选择"确定"。

⑥ 设置线宽比例：在布局中，线宽可以按打印比例缩放。通常，线宽指定打印对象时的线条宽度，在打印时不受打印比例的影响。在更多的情况下，在打印布局时会使用缺省的打印比例 1∶1。但是，比如说，如果要在 A0 号纸上打印按 A3 号图纸缩放的布局，就需要按比例缩放线宽，以适应新的打印比例。设置线宽比例的步骤：同上述方法打开"页面设置"对话框；在"打印比例"下选择"缩放线宽"；选择"确定"。

（2）正确地保存和输入已命名的页面设置。

创建布局的页面设置后，可以保存并命名设置，然后应用到当前布局或其他布局中。通过保存多个页面设置，还可以选择采用多种方式打印某个布局。例如，要指定某个布局分别在 C 号图纸上按 1∶1 打印和在 A 号图纸上按 1∶2 打印，只要保存并命名上述页面设置，就可以在打印之前将任何用户定义的页面设置轻松地应用到布局中。

2）使用图纸布局样板

（1）选择布局样板。

布局样板是从 DWG 文件或 DWT 文件中输入的布局，可以利用现有样板中的信息创建新的布局。AutoCAD 提供了样例布局样板，以供用户设计新布局环境时使用。根据布局样板创建新布局时，新布局中将使用现有样板中的图纸空间几何图形及其页面设置。这样，将在图纸空间中显示布局几何图形和视口对象。用户可以保留从样板中输入的几何图形，也可以删除几何图形。在这个过程中不输入任何模型空间几何图形。

AutoCAD 提供的布局样板的扩展名为 .dwt。来自任何图形的任何布局样板都可以输入到当前图形中。

通常情况下，将图形或样板文件插入到新布局的同时，源图形或源样板文件保存的符号表及块定义信息都将插入到新的布局中。但是，如果使用 LAYOUT 命令的"另存为"选项保存源样板文件，任何未经引用的符号表和块定义信息都不随布局样板一起保存。可以使用"样板"选项在图形中创建新的布局。使用这种方法保存和插入布局样板，可以避免删除不必要的符号表信息。

如果要处理在 AutoCAD R14 或更早版本中创建的图形，可以选择输入 PCP 或 PC2 文件中包含的布局和打印设置，然后将其应用到当前布局中。PCP 和 PC2 又将保存早期版本 AutoCAD 中的打印设置信息，包括打印区域、旋转、打印偏移、打印优化、图纸尺寸和缩放比例。

使用现有的布局样板步骤如下。

① 命令行：LAYOUT 后选择样板

快捷菜单：右键单击布局选项卡，然后选择"来自样板"。

下拉菜单：从"插入"菜单中选择"布局""来自样板的布局"。

② 在"选择文件"对话框的列表中选择图形样板文件，如图 11-17 所示。

③ 选择"打开"。

④ 在"插入布局"对话框的列表中选择布局样板，然后选择"确定"。

图 11-17　选择布局样板

使用选定的样板创建新布局，并自动命名为"图层 n_A"，其中 n 为布局序列的下一个数字，A 为输入的附着布局的名称。

注意：要从其他图形中插入布局样板，而且要将源样板中保存的所有符号表定义写入新的布局，可以使用 MGE 命令从新布局中删除符号表及块定义。

（2）在布局样板中使用 PCP/PC2 设置。

如果需要处理早期版本 AutoCAD 的图形，可以将以前保存的 PCP 或 PC2 文件中的输入布局和打印设置用到当前布局中。保存在 PCP 或 PC2 文件中的打印设置包括：打印区域、旋转、图纸尺寸、打印比例、打印远点、打印偏移。

PC2 文件还可能包括已被打印机校准修改的分辨率信息。使用"打印样式表"向导可以输入画笔指定的信息，并将其保存在打印样式表中。如何将画笔指定保存到布局设置的详细信息中，请参考创建打印样式表。

要输入打印设备和画笔指定信息，可以使用"输入 PCP 或 PC2 打印设置"向导，并选择需要输入信息的 PCP/PC2 文件。使用"页面设置"对话框可以修改输入的设置。

(3) 保存布局样板。

任何图形都可以保存为样板图形，所有的几何图形和布局设置都可保存到 DWT 文件中。选择 LAYOUT 命令的"另存为"选项可以将布局包围为样板文件（DWT），样板文件保存于"选项"对话框中设定的图形样板文件目录。

创建新的布局样板时，任何引用的符号定义都将随样板一起保存。如果将这个样板输入到新的布局，引用的符号定义将被输入为布局设置的一部分。建议使用 LAYOUT 命令的"另存为"选项创建新的布局样板。如果使用"另存为"选项，没有使用的符号表定义将不随文件一起保存，也不添加到输入样板的新布局中。

(4) 使用 AutoCAD 设计中心插入布局。

使用 AutoCAD 设计中心的可固定控制，可以将布局及其几何图形拖动并放置到当前图形中的其他布局，可选以下三种方法中的一种，使用 AutoCAD 设计中心插入一个布局：

① 从 AutoCAD 设计中心的列表中选择一个布局，然后将其拖动并释放到新的布局。

② 从 AutoCAD 设计中心的列表中选择一个布局，单击右键并从快捷菜单中选择"复制"，然后从"编辑"菜单中选择"粘贴"。

③ 双击 AutoCAD 设计中心列表中的一个布局。

如果使用 AutoCAD 设计中心将一个布局插入到另一个布局，将会创建一个新的布局，其中包括源布局中的所有几何图形、符号表以及块定义。要删除新布局中不必要的符号表或块定义信息，请使用 PURGE 命令。

还可以使用"文件"菜单的"打开"选项从 AutoCAD 设计中心插入布局样板（.dwt）。以这种方式插入布局样板，任何没有使用的符号表和块定义都不会复制到样板中。这样，就不需要清理所创建布局的不必要信息。

11.1.5 创建非矩形视口

使用早期版本的 AutoCAD 可以在图纸空间中创建矩形视口来显示模型的不同视图。在 AutoCAD 2012 中还可以将边界与矩形视口相关联，然后根据边界剪裁视口中的几何图形。这样，就可以创建边界不规则（非矩形）视口，如图 11-18 所示。

将裁剪对象（多段线、圆、面域、样条曲线或椭圆）与一般的视口对象关联起来的同时将创建非矩形视口。如果这两类对象是相互关联的，那么，只要非矩形视口边界存在，它们就会关联起来。

创建非矩形视口的方法，既可以从头创建不规则边界的视口，也可以重新定义现有视口的

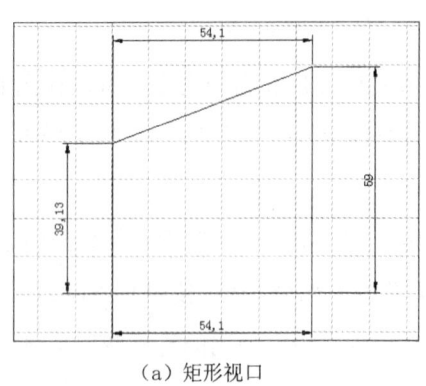 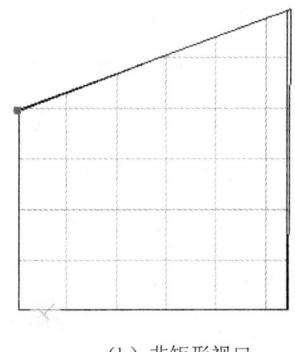

(a)矩形视口　　　　　　　　(b)非矩形视口

图 11-18　矩形视口和非矩形视口

边界来创建非矩形视口。这种视口的边界可以包含封闭的多段线、圆、样条曲线、椭圆、面域或弧线段。

如果使用 BHAAN 对非矩形视口进行图案填充，请使用内部点方法。如果使用选择对象的方法，并试图选择剪裁对象，则下面的矩形视口将被添加到选择集中，并用图案填充矩形视口。要在视口边界内进行图案填充，请选择内部点。

1）创建具有不规则边界的新视口

AutoCAD 中 VPORTS（或 MVIEW）命令的"对象"和"多边形"选项将有助于定义不规则视口。将图纸空间中绘制的对象转换为视口。

使用"对象"选项，可以选择一个闭合对象（例如在图纸空间中创建的圆或闭合多段线）转换为布局视口。创建视口后，定义视口边界的对象将与该视口相关联。

"多边形"选项用于根据指定的点创建不规则视口，其命令提示序列与创建多段线一样。

注意：如果希望不显示布局视口边界，应该关闭非矩形视口的图层，而不是冻结该图层。如果冻结非矩形布局视口的图层，将不显示边界，也不剪裁视口。

2）重定义现有视口的边界

可以使用 VPCLIP 命令重定义视口边界。要剪裁视口，可以使用顶点设备选择现有对象作为新的边界，或者指定新的边界点。

重定义视口边界的步骤如下。

① 在命令行中输入 VPCLIP，或快捷菜单：选择要剪裁的视口，在绘图区域中单击右键，然后选择"视口剪裁"。

② 选择要剪裁的视口。若已选择视口，则命令行提示：选择剪裁对象或 [多边形（P）/删除（D）]< 多边形 >：

③ 输入 d 已删除视口剪裁边界。

④ 输入 p 或按 <enter> 键。

⑤ 指定点或选择对象，以定义新的视口边界。

3）使用夹点编辑不规则视口

创建不规则视口时，AutoCAD 计算选定对象所在的范围，然后在这一范围的边界角上放置视口对象，再根据边界中指定的对象剪裁视口。由于边界的形状不同，有些几何图形可能不能够在不规则视口内完全显示。

使用夹点编辑不规则边界的顶点，就可以修改视口的形状。编辑的方法和使用夹点编辑其他对象的方法相同。

11.2 出图打印

11.2.1 图形打印输出简介

在 AutoCAD 中打印输出的一般过程是：经过绘图及编辑命令所绘制的图形，在 AutoCAD 主界面下，通过文件（F）→输出（E）等命令从绘图设备中输出。

在 AutoCAD 具体的环境下，要完成一个完整的输出，需要做三部分工作：首先，对于打印绘图的设备进行配置，即"设备配置"；其次，对于具体的图纸进行具体的打印参数的设置，即"打印设置"；最后，设置一些有特殊要求的打印效果，即"打印样式设定"。

在 AutoCAD 中出现了图纸空间的概念，随之又出现了"布局"、"视口"等概念，要尽可能利用新版本的打印优势，最好在打印图形中使用下列步骤：

（1）使用"模型"选项卡在模型空间设计图形。

（2）切换到布局选项卡，安排打印用的视口和视图。

（3）在"页面设置"对话框中设置打印设备和设置，如图纸大小和方向。

（4）（可选）使用打印样式表编辑创建新的打印样式，将这些打印样式指定给对象以在打印图形中产生特殊的效果。选择"打印"或"页面设置"对话框里"打印样式表"下的"新建"，可以创建新的打印样式表并为之添加打印样式。

（5）（可选）把打印样式表附着到一个布局里，该布局要包含每个要用的打印样式的定义。可以创建命名打印样式表或颜色相关打印样式表，将在其版本 AutoCAD 中的笔设置信息收入到 AutoCAD 中。

(6)打印图形。

目前采用的绘图设备主要有绘图仪和打印机两大类。这两类绘图设备的精度及速度都可以达到较高水平，但价格一般前者比后者高得多。绘图仪主要在比较专业的设计单位、工厂等使用。而打印机由于价格比较便宜，打印质量好，可以与文字处理共用，广泛被个人用户所接受，只是打印机的图幅较小。

绘图仪可以产生的图幅范围比较全，主要用于工作图幅较大的场合，如用于产生 A1、A0 及加长的 A0 号图纸。绘图仪按结构不同可分为：笔式绘图仪和无笔式绘图仪。笔式绘图仪是矢量式设备，包括平板式、滚筒式；无笔式绘图仪为光栅式设备，包括喷墨绘图仪、激光绘图仪、静电绘图仪、热敏绘图仪、热蜡转印绘图仪和发光二极管绘图仪等。从绘图仪的发展过程来看，是从笔式绘图仪向无笔式发展。在目前使用的绘图仪中，笔式绘图仪占有的比例越来越小，而喷墨绘图仪的发展势头极为强劲，成为市场上的主流绘图仪。

而打印机所能够生成的图幅范围有限，主要用于工作图幅较小的场合，最典型的为 A4 大小的图纸。打印机常用的有针式打印机、喷墨打印机和激光打印机等。如果用于绘图输出，应以喷墨打印机和激光打印机作为输出设备，针式打印机的输出精度一般不能满足图形的需要。

11.2.2　打印设备的配置

在购买了打印机或者绘图仪之后，在 AutoCAD 中第一次使用之前，需要对设备进行配置，配置之后的设备才能够正常使用。此时，用户可以根据自己工作的实际情况来决定所需的图幅、精度、配套的绘图软件、绘图设备（打印机或绘图仪）等。

在 AutoCAD 中可以使用的打印机/绘图仪可以分为三种：第一种是 Windows 系统的打印设备，第二种是 AutoCAD 在本地机上设置的绘图仪等打印设备，第三种是在网络上的 AutoCAD 设置的绘图仪等打印设备。

1）配置 Windows 系统打印机

使用 Windows 系统打印机和绘图仪无需进行其他配置，其可以使用的前提条件是该打印机在 Windows 的其他应用软件中如 Word 中可以正常的打印，此时在 AutoCAD 的"打印"对话框的打印列表中，始终可以选择 Windows 系统打印机和绘图仪。它们的标志是一个打印机图标，如图 11-19 所示。

Windows 系统打印机是一种打印或绘图设备，可以用于在所有基于 Windows 的应用程序中打印。使用"添加打印机"向导可以配置 Windows 系统打印机，要使用"添加打印机"向导，请选择"开始"→"设置"→"打印机"，然后选择"添加打印机"。

图 11-19 系统打印机

2）配置直接连接到本地计算机的 HDI 打印机

Autodesk Heidi（HDI）打印机驱动程序取代了以前的 AutoCAD ADI 打印驱动程序，使用 Autodesk（R）打印机管理器和"添加打印机"向导，可以配置 Autodesk Heidi 打印机驱动程序支持的打印设备。"添加打印机"向导将创建打印机配置（PC3）文件，其中包含了设备驱动程序名称、型号、介质类型和缺省图纸尺寸等设备特定信息。

配置直接连接到本地计算机的 HDI 打印机的步骤：

（1）在 AutoCAD 的"文件"菜单中选择"打印"。

（2）在"绘图仪管理器"中双击"添加绘图仪向导（快捷方式）"图标，如图 11-20 所示。

（3）在"添加绘图仪——简介"页上选择"下一步"。

（4）在"添加绘图仪——开始"页中，单击"我的电脑"配置连接到本地计算机的打印机上，然后单击"下一步"，如图 11-21 所示。

（5）在"添加绘图仪——绘图仪型号"页中的"生产商"下选择生产商，如图 11-22 所示。

（6）在"型号"下选择打印机的型号，然后单击"下一步"。

（7）在"添加绘图仪——输入 PCP 或 PC2"页中单击"下一步"。

（8）在"添加绘图仪——端口"页中，指定端口选项，然后单击"下一步"，如图 11-23 所示。

名称	修改日期	类型	大小
Plot Styles	2012/4/6 9:41	文件夹	
PMP Files	2012/4/6 9:41	文件夹	
Default Windows System Printer.pc3	2003/3/3 18:36	AutoCAD 绘图仪...	2 KB
DWF6 ePlot.pc3	2004/7/29 1:14	AutoCAD 绘图仪...	5 KB
DWFx ePlot (XPS Compatible).pc3	2007/6/21 8:17	AutoCAD 绘图仪...	5 KB
DWG To PDF.pc3	2008/10/23 7:32	AutoCAD 绘图仪...	2 KB
PublishToWeb JPG.pc3	1999/12/7 19:53	AutoCAD 绘图仪...	1 KB
PublishToWeb PNG.pc3	2000/11/21 22:18	AutoCAD 绘图仪...	1 KB
添加绘图仪向导	2012/4/6 9:40	快捷方式	2 KB

图 11-20 添加打印机向导

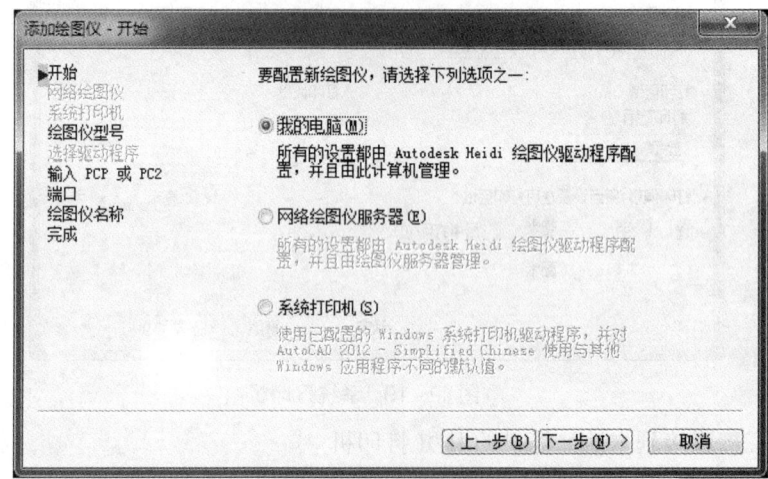

图 11-21 配置连接到本地计算机的打印机

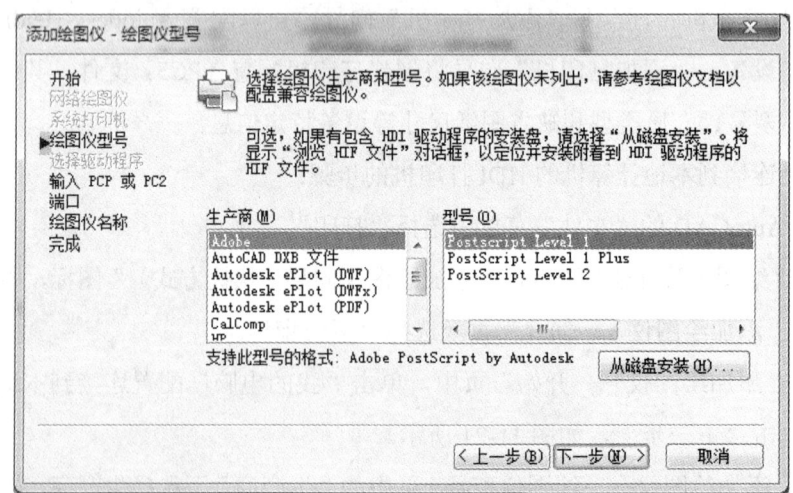

图 11-22 打印机的生产商和型号

（9）在"添加绘图仪——绘图仪名称"页中指定打印机的名称，然后单击"下一步"。

（10）在"添加绘图仪——完成"页中，单击"完成"。

第 11 章 图纸空间和出图打印

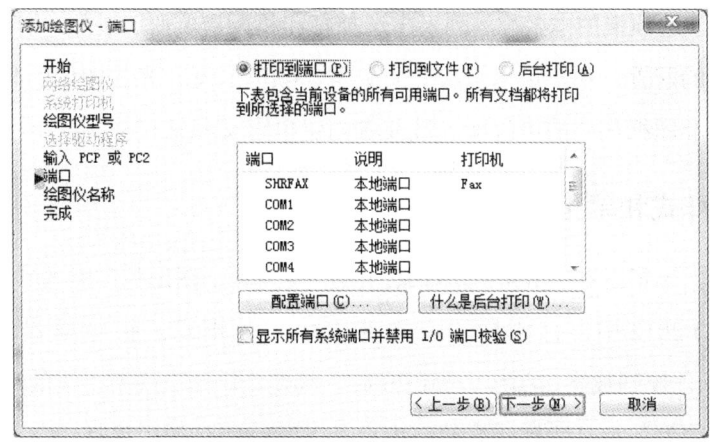

图 11-23 打印机的端口

此时，在打印机管理器文件夹中创建了一个新的打印机配置文件，要使用该配置，请在"打印"对话框"打印设备"选项卡的"名称"列表中选择打印机配置文件。需要说明的是，在"添加打印机"向导的"输入 PCP 或 PC2"页上，可以从 PCP 或 PC2 文件中输入图纸尺寸、打印优化、网络共享名称和端口名称。

3）配置连接到网络服务器的打印机

随着网络的发展，越来越多的设备被连接到网络上来，在网络上的用户们可以共用这些设备，打印绘图设备也不例外。

在 AutoCAD 中，也可以设置网络打印设备，其过程与配置连接到本地计算机的打印机类似，在"添加绘图仪—开始"页中，选择"网络绘图仪服务器（E）"，如图 11-24 所示。

在打印机管理器文件夹中创建了一个新的打印机配置文件，要使用该配置，请在"打印"

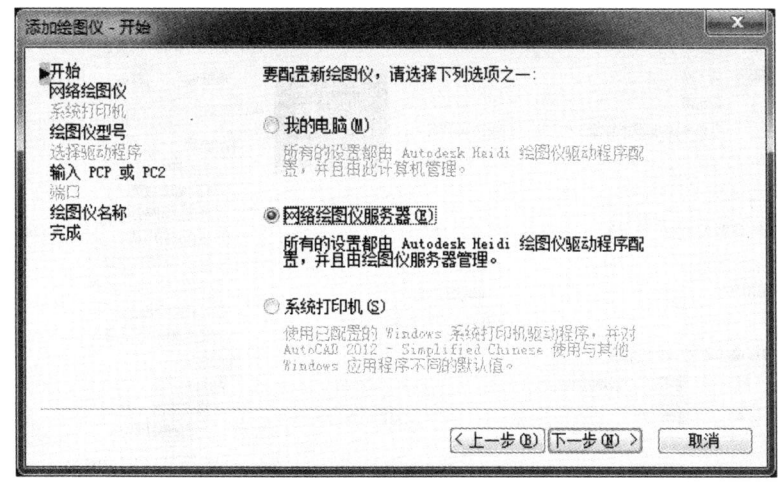

图 11-24 配置"网络打印机服务器"

对话框"打印设备"选项卡的"名称"列表中选择打印机配置文件。使用"打印机配置编辑器"可以修改打印设备的配置，用户可以设置介质类型、颜色深度、光栅图像的质量和设备的缺省图纸尺寸，修改标准图纸尺寸的可打印区域或者创建自定义图纸尺寸。

11.2.3　打印样式和笔指定

在以前版本中，笔指定和 AutoCAD 对象的颜色共同确定图形打印时的线宽、线型和颜色。

而在 AutoCAD 2012 中，打印样式表文件取代了笔指定。打印样式表文件能够使用 AutoCAD 对象的颜色控制线宽、颜色、颜色浅显、灰度、抖动、线型、线的端点和连接样式、填充模式和打印时的笔数。打印样式表独立于设备，在打印时使用"打印"对话框中的"打印样式表（笔指定）"列表来进行附着。

1）使用打印样式表设置笔指定

（1）在 AutoCAD 的"文件"菜单中选择"打印"。

（2）单击"打印"对话框右下角的（更多选项）按钮，对话框右侧出现"打印样式表（画笔指定）"列表。如图 11-25 所示。

（3）从列表中选择打印样式表，使之作用到图形上，以供打印。在打印图形时，将使用附着的打印样式表中的线宽、颜色、颜色淡显、灰度、抖动、线型、填充模式和笔数。如果要使用在 AutoCAD R14 中打印时的笔指定，请选择"缺省 R14 笔指定"打印样式表。

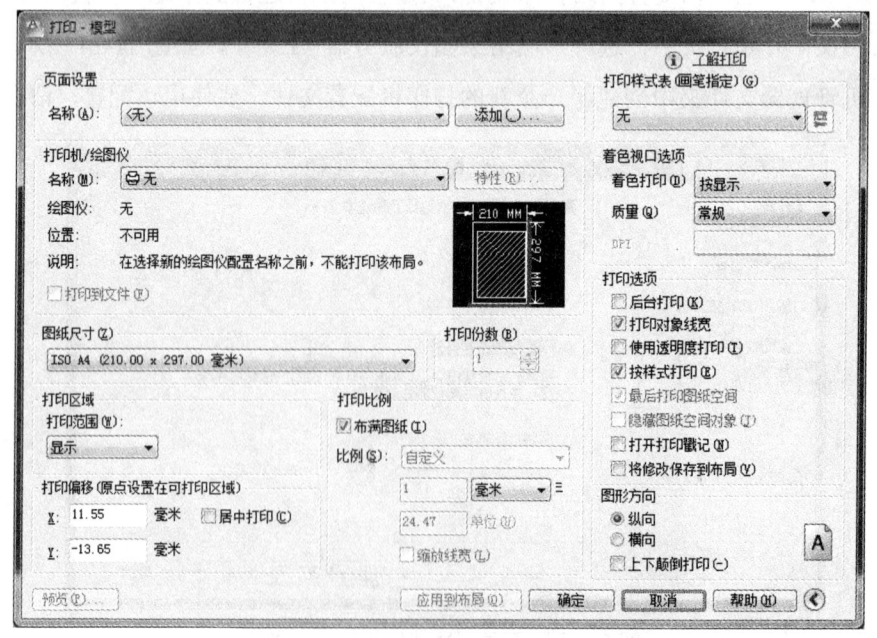

图 11-25　"打印样式表（笔指定）"列表

2）使用打印样式表编辑笔指定

（1）在"打印"对话框的"打印设备"选项卡上，选择"打印样式表（画笔指定）"列表。

（2）从列表中选择打印样式表，然后选择"编辑"，使用"打印样式表编辑器"编辑当前打印样式表。如图 11-26 所示。

图 11-26　打印样式表编辑器

（3）在"打印样式表编辑器"中，从"打印样式"列表中选择一种 AutoCAD 颜色，然后从"特性"列表中选择该颜色的值。

（4）在"打印样式表编辑器"中选择"保存并关闭"保存对打印样式表的修改。

用户可以在"打印样式表编辑器"中编辑指定打印样式表中的打印样式，可以修改打印样式的线宽、颜色、颜色淡显、灰度、抖动、线型、直线端点和连接样式、填充模型和笔数。

编辑器包含三个选项卡："基本"、"表视图"和"格式视图"。"基本"选项卡列出了打印样式表、说明、版本号和位置（路径名）等。可以修改说明，也可以对填充模型和非 ISO 直线应用缩放比例。"表视图"和"格式视图"选项卡提供了修改打印样式的两种方法，这两个选项卡都列出了打印样式表中的所有打印样式及其设置。在"表视图"选项卡上，打印样式是按行从上到下显示的，每一列的设置名称显示在选项卡的上边。在"格式视图"选项卡上，打印样式的名称列在左边的"打印样式"下，选定打印样式的设置列在对话框的右边。

3）在新打印样式表中创建笔指定

(1) 在"打印"对话框右侧的"打印样式表"的列表中，选择"新建"启动"添加颜色相关打印样式表"向导，如图 11-27 所示。

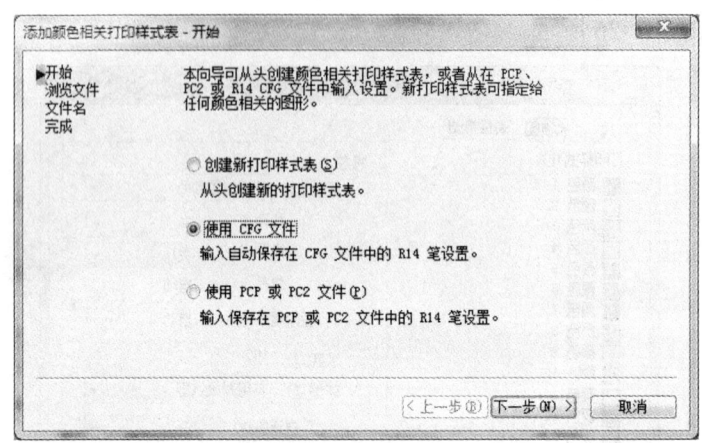

图 11-27 创建新打印样式表

(2) 在"开始"页中，单击"创建新打印样式表"，然后单击"下一步"。

(3) 在"文件名"页中，输入新打印样式表的文件名，然后单击"下一步"。

(4) 在"完成"页中，单击"打印样式表编辑器"。

(5) 在"打印样式表编辑器"中，设置 AutoCAD 颜色的打印特性。

(6) 在"打印样式表编辑器"中，单击"保存并关闭"保存新的打印样式表。

(7) 在"完成"页中，单击"完成"。

此时，新创建的打印样式表附着到图形并准备好打印。

11.2.4 指定打印区域、旋转、图纸尺寸和缩放比例

"打印"对话框包含了图纸尺寸、图形方向、打印区域、打印比例、打印偏移和打印选项。一般图形经过打印，所有的打印设置就会目前保存在图形中。要使用同样的打印设置在此打印图形，请选择"打印"，然后选择"确定"。如果从模型空间打印图形，打印设置将保存在模型空间中。如果在图形布局（即原来的布局空间）中打印图形，打印设置将保存在布局中。

当打开图形文件并激活布局（即图纸空间）时，将显示新的图纸图像，代表如下打印设置：图纸空间、可打印区域、打印区域、打印比例和打印偏移。如果在"打印"对话框中修改了打印设置，布局图纸图像将在进行打印后反映出新的打印设置，可以使用新的"页面设置"对话框在不打印图形的情况下进行打印设置。如果图形显示在布局图纸图像的黑色虚线内，则打印图形时将使用选定的打印设置。如果有部分图形显示在虚线外面，则外面的部分在打印时将被

剪裁掉。

1）指定图纸尺寸

当前打印设备支持的图纸尺寸决定了在"打印设置"选项卡的"图纸尺寸"中列出哪些图纸尺寸。根据厂商的规范，每种图纸尺寸都有各自的预定义可打印区域。对于有些打印机，同一图纸尺寸可以使用横向或纵向规格。这些打印机在"图纸尺寸"列表中将同一图纸比例列出两次，如 ANSI A（8.5*11）和 ANSI A（11*8.5）。在选择图纸尺寸时，请选择大小和方向都相符的图纸尺寸，如图 11-28 所示。

图 11-28 指定图纸尺寸

还需注意的是，图纸尺寸的可打印区域是随打印设备的图纸方向而改变的。请查看"打印设置"选项卡"图纸尺寸"列表下的"可打印区域"文本框，确定当前图纸尺寸的可打印区域。

2）指定打印旋转

打印旋转现在由图纸尺寸和图形方向控制。"图形方向"下的白纸图标表示打印设备的图纸方向，图表中的字符"A"代表图纸上图形的方向。

如图 11-29（a）所示，白纸图标表示图纸尺寸为 24*36，图形方向为横向，在这种情况下，在打印设备中需要放置宽度为 24 的滚筒或纸张。将图形从打印机中取出后，要将图纸旋转 90°来查看。

如图 11-29（b）所示，，白纸图标表示图纸尺寸为 36*24，图形方向为横向，在这种情况下，在打印设备中需要放置宽度为 36 的滚筒或纸张。将图形从打印机中取出后，不要将图纸旋转 90°就可直接查看。

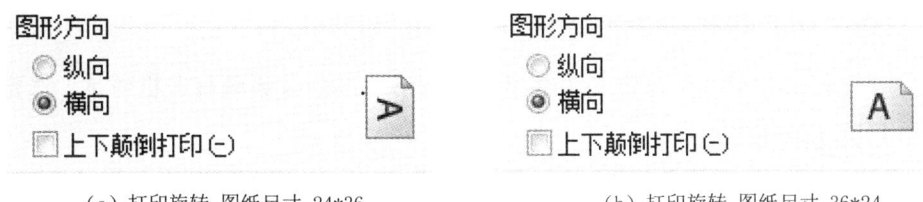

（a）打印旋转 图纸尺寸 24*36　　　　　　（b）打印旋转 图纸尺寸 36*24

图 11-29 打印旋转

3）指定打印区域

如果打印区域设为"布局"，则打印选定图纸尺寸可打印区域中的全部对象。图纸图像

图 11-30 指定打印区域

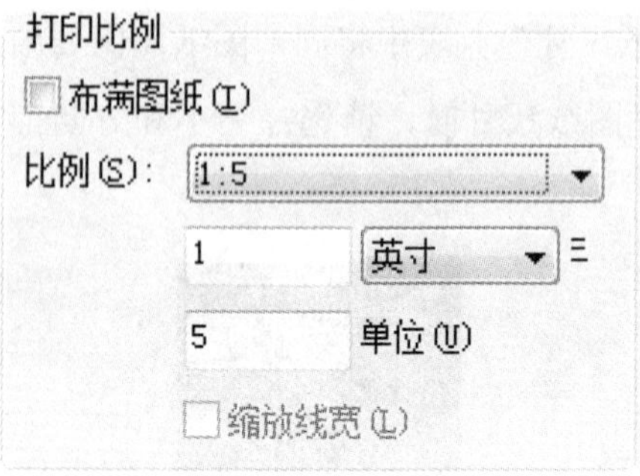

图 11-31 设置打印比例

背景中的虚线表示当前图纸尺寸的可打印区域，如图 11-30 所示。

如果打印区域设为"范围"，则打印由 limits 命令设定的绘图区域内的图形。

如果打印区域设为"显示"，则打印当前屏幕所显示的图形范围。

如果打印区域设为"视图"，则打印指定的视图。

如果打印区域设为"窗口"，则可以通过鼠标确定一个窗口，来打印该选定窗口范围内的图形内容。

4）设置打印比例

比例：此处列出了一系列标准的工程图纸绘图比例可供挑选，其中的"按图纸空间缩放"是指不论图形尺寸如何，系统会按用户输出设备的图纸大小，自动计算一个合适的比例，使得整个图形能够全部缩放并全部画出在图纸上。

自定义：毫米或尺寸＝图形单位

系统在这个位置要求用户指定图形在打印输出时的绘图比例。这个比例的关系来自两个长度的比值：一个称之为打印长度——毫米或英寸，另一个称之为绘图长度——图形单位。

打印长度和绘图长度其实表达的是同一个东西，例如在图形文件中绘制了一根线，这根线在图形文件中的长度为绘图长度，打印出来之后的长度为打印长度。所以，如果想把一张图纸缩小 5 倍打印出来，其比例应为 1∶5，如图 11-31 所示。

缩放线宽：如果图形中使用了线宽，则需要在测试性打印时按照打印比例减小线的宽度。在布局中工作时，可以在"打印"对话框中选择"缩放线宽"选项。图形的尺寸会相应缩小，效果就像是给图形拍摄了一张照片。只有在打印布局时，才能使用"缩放线宽"选项。

11.2.5 创建用户自定义图纸尺寸

用户定义图纸尺寸值就是自定义图纸尺寸。对于 Windows 系统打印机而言，选定的打印机必须支持自定义图纸尺寸。

1）在 Autodesk Heidi 打印机设备下创建用户自定义图纸尺寸

可以在"打印机配置编辑器"的"校准与用户定义的图纸尺寸"节点使用"自定义图纸尺寸"向导，创建 Autodesk HDI 打印驱动程序的自定义图纸尺寸，如图 11-32 所示。

创建自定义图纸尺寸的步骤：

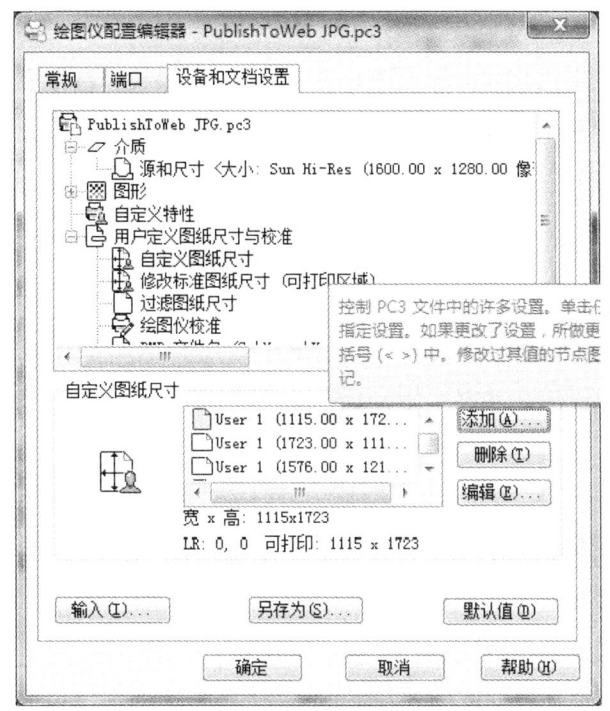

图 11-32 打印机配置编辑器

(1) 在"打印"对话框中选择使用自定义图纸尺寸的设备。

(2) 选择设备名旁边的"特性"运行打印机配置编辑器。

(3) 在"打印机配置编辑器"中,在列表下不选择"自定义图纸尺寸"。

(4) 在"打印机配置编辑器"中,选择"添加"运行"自定义图纸尺寸"向导。

(5) 在"自定义图纸尺寸——开始"页中,单击"创建新图纸"。

(6) 在"自定义图纸尺寸——介质边界"页中,选择单位"英寸"或毫米,如图 11-33 所示。

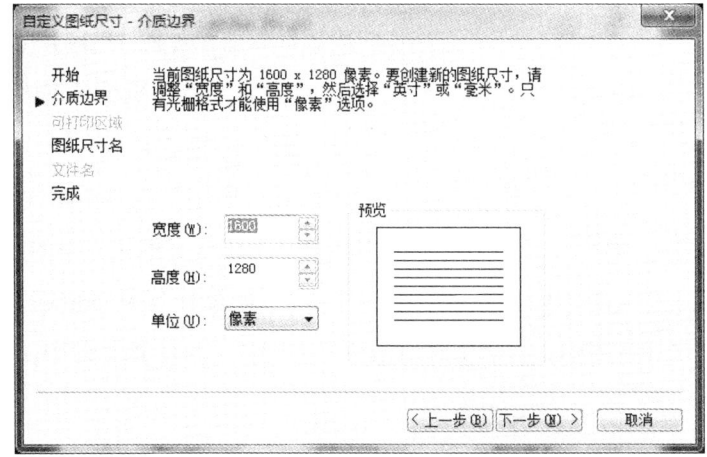

图 11-33 自定义图纸尺寸——介质边界

（7）在"自定义图纸尺寸——介质边界"页中，选择"宽度"和"长度"，单击"下一步"。

注意：如果创建的图纸尺寸比标准图纸尺寸大，则需要检查打印机是否能够按照新的尺寸打印，可以在"完成"页上选择"打印测试页"按钮进行测试。

（8）在"自定义图纸尺寸——可打印区域"页中，使用"上"、"下"、"左"和"右"指定非打印区域。

（9）在"自定义图纸尺寸——图纸尺寸名"页中，键入图纸尺寸的名称。

（10）在"自定义图纸尺寸——文件名"页中，键入 PMP 文件名称。

在"自定义图纸尺寸——完成"页中，指定图纸来源为"单页送纸"或"卷筒送纸"。然后单击"完成"退出"自定义图纸尺寸"向导。

在"打印机配置编辑器"中，单击"确定"保存修改的内容。

在提示保存打印机配置文件时，选择"将修改保存到下列文件"，然后选择"确定"，包含新图纸尺寸的打印机配置文件已经创建，并将显示在"打印"对话框的"打印设备"列表中。请确定打印时选择了该打印配置文件。

2）在 Windows 系统打印机设备下创建用户自定义图纸尺寸

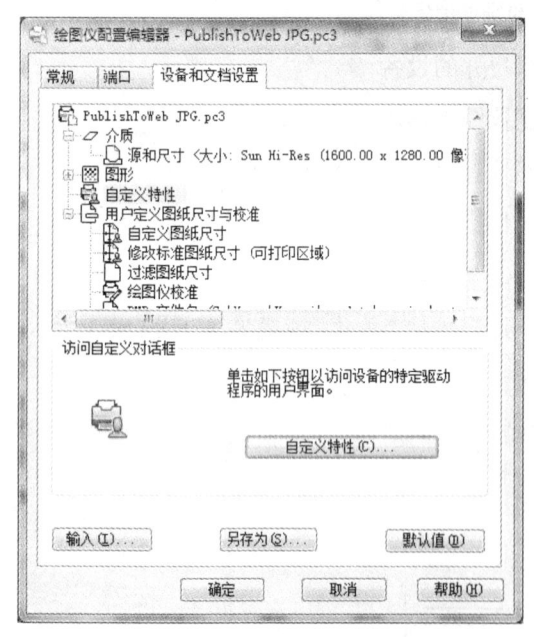

图 11-34 自定义图纸特征

对于 Windows 系统打印机，设备的驱动程序必须支持自定义纸张大小。要了解用户自己的 Windows 系统打印机驱动程序是否支持自定义纸张大小，请按照下列步骤进行：

（1）在"打印"对话框中选择要使用的自定义图纸尺寸的设备。

（2）选择在设备名旁边的"特性"启动打印机配置编辑器，如图 11-34 所示。

（3）在"打印机配置编辑器"中，选择"自定义特征"启动选定 Windows 系统打印机的自定义属性对话框，在该对话框中查找打印机驱动程序是否具备自定义纸张大小的能力。

（4）如果使用 Windows 系统打印机的自定义属性定义了图纸尺寸，请确定在提示时将修改保存到打印机配置文件中。

11.2.6 修改标准图纸尺寸的可打印区域

AutoCAD 根据厂商的规范确定打印机或绘图仪的图纸尺寸和可打印区域，这就是标准图纸尺寸。如果用户的图形在打印时被剪裁了，或者用户已经知道需要在标准图纸尺寸的基础上采用更大的区域进行打印，就可以修改标准图纸尺寸的可打印区域。一旦修改了标准图纸尺寸的可打印区域，布局图纸图像中的虚线和打印预览就会反映出所做的变化。

修改图纸尺寸的可打印区域的步骤：

（1）在"打印"对话框的"打印设备"选项卡上，选择要修改图纸尺寸的设备。

（2）选择设备名旁边的"特性"启动"打印机配置编辑器"。

（3）在"打印机配置编辑器"中选择列表下部的"修改标准图纸尺寸"，如图 11-35 所示。

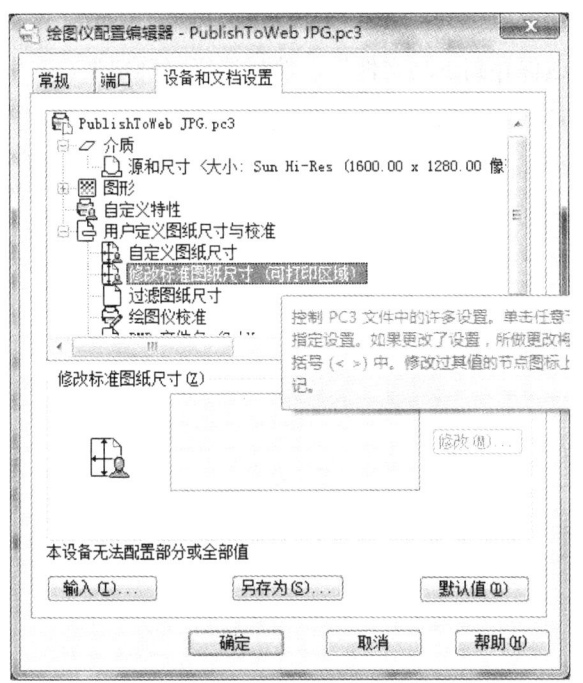

图 11-35 修改图纸尺寸的可打印区域

（4）在"打印机配置编辑器"中选择要修改其可打印区域的图纸尺寸，然后单击"修改"运行"自定义图纸尺寸"向导，如图 11-36 所示。

（5）在"自定义图纸尺寸"向导中指定需要的可打印区域，选择两次"下一步"，然后选择"完成"。

注意：在制定图纸尺寸的非打印区域时，需要指定四个边的页边距。

（6）在"打印机配置管理器"中，选择"确定"保存所做的修改，在提示保存打印机配

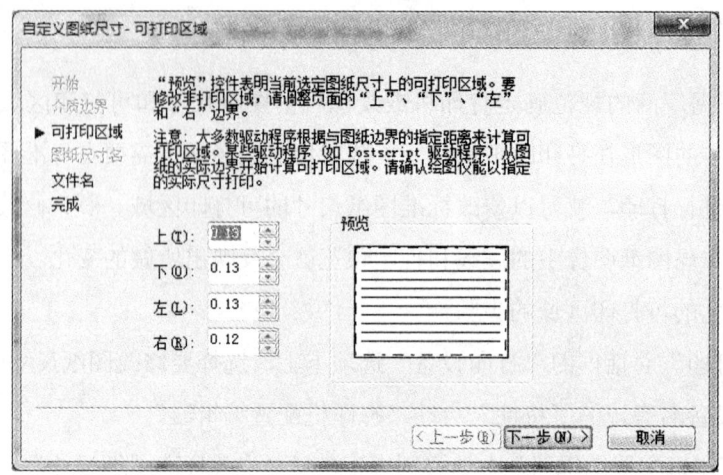

图 11-36 设定可打印区域

置文件时,选择"将修改保存到下列文件",然后选择"确定"。

此时,包含新图纸尺寸的打印机配置文件已经创建,并将显示在"打印"对话框的"打印设备"列表中,请确定打印时选择了该打印配置文件。